［美］杰伦·拉尼尔（Jaron Lanier） 著

赛迪研究院专家组 译

虚拟现实

万象的新开端

DAWN OF THE
NEW EVERYTHING

ENCOUNTERS WITH REALITY
AND VIRTUAL REALITY

中信出版集团·北京

图书在版编目（CIP）数据

虚拟现实：万象的新开端 /（美）杰伦·拉尼尔著；赛迪研究院专家组译 . -- 北京：中信出版社，2018.4
书名原文：Dawn of the New Everything: Encounters with Reality and Virtual Reality
ISBN 978-7-5086-8634-9

I. ①虚… II. ①杰… ②赛… III. ①电子计算机工业－工业企业－研究－美国 ②虚拟现实 IV. ① F471.266 ② TP391.98

中国版本图书馆 CIP 数据核字（2018）第 030890 号

虚拟现实——万象的新开端

著　　者：[美]杰伦·拉尼尔
译　　者：赛迪研究院专家组
出版发行：中信出版集团股份有限公司
　　　　　（北京市朝阳区惠新东街甲 4 号富盛大厦 2 座　邮编　100029）
承 印 者：北京楠萍印刷有限公司

开　　本：880mm×1230mm　1/32
版　　次：2018 年 4 月第 1 版
京权图字：01-2018-2259
书　　号：ISBN 978-7-5086-8634-9
定　　价：69.00 元
印　　张：14.25
印　　次：2018 年 4 月第 1 次印刷
广告经营许可证：京朝工商广字第 8087 号
字　　数：276 千字

感谢本书中提到的和未提到的所有人，谢谢你们成就了我。

目　录

推荐序

虚拟现实（virtual reality，简称 VR），是利用计算机模拟产生一个三维空间的技术，为使用者提供视觉、听觉、触觉等感官的模拟，让使用者可以身临其境般及时地、没有限制地观察三维空间内的事物。VR 是多种技术的综合，包括实时三维计算机图形技术，广角（宽视野）立体显示技术，对使用者头、眼和手等的跟踪技术，以及触觉反馈、立体声、网络传输、语音输入与输出技术等。

几十年来，VR 技术已经深入人类生活的方方面面。凭借其技术和各类设备，人们可以畅游电子游戏中光怪陆离的幻想世界，或星际遨游，或仗剑江湖；可以成为出色的全能音乐家，一个人组建一支乐队；可以体验最真实的电影场景，而不只是做一个观众；可以进入别人的梦想王国，最直接地感受别人的内心世界并和他互动。

VR 不仅可以带给我们顶级的娱乐体验，还具有深远的现实意义。通过 VR 实现的外科手术模拟器极大地提高了医生的业务熟练度，对手术结果预测有十分重要的意义；VR 在室内设计中的应用，帮助消费者在 VR 中体验各种可能的家居功能和改造，这本书中提到的日本厨房设计工具就是一例；VR 还可以用于能源勘探，书中提及的早期可视化地理数据融合模型就已经应用于开发不同的钻井策略；城市规划中，VR 的应用广泛而有效，它不仅能用于规划建筑修复，在高速公路和桥梁建设方面也有着非常广阔的应用前景；VR 还能用于各类运输工具的设计开发，波音公司就是关键的"增强现实"的早期驱动者之一，而且我们所乘坐的每一辆商用车辆几乎都采用了 VR 原型；VR 在精神病学中的应用重点在于帮助医生进入虚拟病人的身体，将抽象的精神问题转化为具体形象的神经动作；VR 在军事工业中的应用谨慎而广泛，虚拟环境的构建、创伤后应激障碍军人的恢复性训练中，都不乏 VR 的身影……

随着 VR 在各个领域的应用日益广泛、深入，承载 VR 的相关工具也得以发展进化。贯穿这本书的 VR 头戴设备就是最基本也最重要的工具之一。头戴设备利用头部跟踪来改变图像的视角，体验者的视觉系统和运动感知系统之间就联系了起来，感觉更逼真。体验者不仅可以通过双目立体视觉去认识环境，而且可以通过头部的运动去观察环境。但是这种视觉主导设备中几乎不存在任何交互，从视觉主导过渡到信息时代，在 VR 中，一个人的眼睛越来越不重要。

VR 数据手套的出现使体验者可以与虚拟世界进行交互，并对其产生影响。通过 VR 手套，我们可以触摸虚拟世界，用双手对虚拟世界产生真实的影响。人类用双手实现进化，虚拟世界也必须如此。但 VR 手套并不完美，也许最严重的问题就是手臂疲劳。此外，计算机速度不够快，跟不上手部的移动速度，因此体验者会下意识地大大减缓自己的动作，保证缓慢的传感器和计算机图形处理器能跟得上，大部分体验者都会经历时间扭曲。

当然，手不是人体唯一的输入设备，杰伦·拉尼尔一直在尝试用舌头作为输入设备。他相信人们很快就能学会控制舌头界面，实现一次控制多个连续参数。舌头的灵活性各不相同，但是大多数人的舌头都可以大幅度变形，所以它有一天可能会成为指导虚拟世界中几何设计过程的最佳方式。

不同于以上将视觉和触觉等作为输入途径的方式，数据衣能带给我们更为深刻和精准的体验。当我们在 VR 中编织新的身体时，我们也将延展大脑，这会是虚拟世界冒险的核心，其最深刻的意义可能在于——与身体连接的大脑的大部分觉醒。

当前我国正处于深入实施《中国制造 2025》，加快建设制造强国的重要时期。VR、产品和服务既是制造业新的战略性发展方向，也是支撑制造业创新发展、模式转变的重要手段。面对快速发展的 VR 和应用，我国需要更加重视它对实现制造业转型升级的重要促进作用，加大政策支持力度，加速突破关键核心技术，力争在制造业与 VR 的融合发展进程中，形成新的竞争力和竞争优势。

国家制造强国建设战略咨询委员会

序 言

虚拟现实的时刻

　　20世纪80年代末的一天，一个大信封被投进了加州雷德伍德城一家初创技术公司大门的投信口里。信封上标有"请勿用X射线扫描"的醒目字样，内附一个软盘，存有一整个城市的首个数字模型。我们已经为此等了一个上午。"拉尼尔，拿到啦！快去实验室！"伴随着呼喊声，一名工程师跑过来第一个抢走了信封，撕开它，跑向实验室，将软盘插入计算机。

　　此时，我要开始进入一个全新的虚拟世界了。

　　我眯起眼睛看着屏幕上自己的手，在湛蓝的天空下，我巨大的手掌遮盖了整个西雅图市区，从我的手腕到指尖，可能有1 000英尺①的距离。

　　当然，这里的漏洞显而易见。一只手的大小应该刚好能捡起一个苹果或棒球，绝不会比摩天大楼还大。你不该用英尺这种单位计量手的长度，更不用说上千英尺。

　　这是一个抽象的城市。在VR的早期阶段，大部分的建筑形象都用橡皮泥模型代表，而这些色彩对西雅图来说太过鲜艳、热闹，

---

　　① 　1英尺=0.304 8米。——编者注

乳白色的雾也太过均匀而显得不太真实。①

我的第一反应是要消除和修复这个漏洞，但我还是花了一点时间来进行实验。我"飞"了下来，试图在波光粼粼的普吉特海湾轻轻推动一艘渡轮。成功了！我竟然控制住了这只手，简直出人意料。虽然它大得吓人，但我仍然可以操控自如。

VR 中偶尔出现的漏洞恰恰展示了人们与世界和彼此相互关联的新方式，这是最神奇的时刻。每当此时，我都会停下来思索，企图抓住一闪而过的灵感。

在遇到过数次 VR 漏洞后，你不得不问自己："是谁在虚无中停留，经历了这种种？"是你，但又不完全是你。当你可以通过虚拟技术改变你的身体甚至整个世界时，你自己还剩下些什么？

通过一根从天花板上悬挂垂下的回线，电缆将我的"眼机"（Eye Phone）连接到一排冰箱般大小的计算机上，这些计算机的降温风扇发出隆隆的轰鸣声。我戴着数据手套。缀有光纤传感器的光滑的黑色网眼织物和更粗的电缆，将我的手腕与天花板上的圆环相连。灯光点点，屏幕闪烁。眼机的橡胶环在我的眼周留下了湿润的红色凹痕。

我置身于这个奇特的世界中，无比新奇，然后我又回到现实，回到我们的实验室。目之所及的是老旧的壁毯和来自太空时代的廉价仿木纹书桌，这些是硅谷建筑中常见的物品，充斥着丝丝铝金属的气味和脏水味。

一群技术怪才凑在一起，跃跃欲试。一个穿着短夹克衫的大胡子壮汉陷在扶手椅中一动不动。汤姆一直表现出充分的专业素质和分析能力，虽然就在几分钟前，他还告诉我他整夜都在疯狂地探索虚拟旧金

---

① 该版本的虚拟西雅图是由一些西雅图人建造的，它符合真实的城市面貌。它的建造者都是研究人员，这些人后来加入了华盛顿大学 HIT 实验室。该实验室是由曾经的军事模拟器先驱汤姆·弗内斯（Tom Furness）创立的一个早期 VR 研究部门。

山。安似乎在想："天啊，为什么我又成了这间屋子里唯一的成年人！"

"像西雅图吗？"

"有点儿，"我说道，"这……很奇妙。"所有人都凑在计算机屏幕前。我们的项目中每一次微小的迭代都会带来改进。"有一个漏洞。人物的手太大了——大了好几个数量级。"

单单是我的手在 VR 里穿梭，也让我乐此不疲。当你置身其中时，就不仅仅是一个观察者了，你是当事人。但要确定虚拟的手应该怎样抓住虚拟的东西，每个微小的功能细节都不容忽视。

虚拟指尖可能会不小心穿过要拿起的物体，但在避免这种情况时，又可能无意中将手变得过分庞大。在这个全新的世界中，一切都相互关联，每一次规则的调整都可能产生令人惊讶的超现实漏洞。

图 P-1 20 世纪 80 年代末，我在现实世界和 VR 中的造型。

漏洞是 VR 中的梦境，它们改变了你。

在这一时刻，这只巨大的手不仅改变了我对 VR 的感受，而且改变了我对现实世界的感受。此时，在这个房间里，我的朋友看起来就像半透明的生命体，有节奏地跳动着，透明的眼睛里满是真意。这不是幻觉，而是感知的升华。

现实世界在新的视角中展现。

前 言

虚拟现实为何物

VR 就是人们戴着的那个巨大的头戴设备，虽然看起来滑稽可笑，但人们因为戴着它所经历的一切，内心感到无与伦比的惊喜。它是科幻小说中最常见的桥段，也是退伍军人克服创伤后应激障碍的一种手段。有关 VR 的奇思妙想点燃了关于意识和现实的无数遐想。就目前来说，VR 技术是为数不多的无须用监视他人换取利益，就可以在硅谷迅速筹集数十亿美元的途径之一。

作为当今时代的一种前沿科学、哲学和技术，VR 是一种创造全面幻想的手段。在 VR 中，你可以想象自己所处之地与众不同，你可能身处幻想的外星环境，也可能拥有非人类的身体。而在人类的认知和感知方面，VR 又是研究人类存在的最具影响力的手段。

VR 是一种人们感悟美好和体验恐惧的最强大的媒介，它将带给人们前所未有的体验，比之前所有媒介更能鲜明地突显人们的性格特质。

这就是 VR，但它远不止如此。

我和我的朋友在 1984 年创立了第一家 VR 创业公司，即 VPL 研究公司。这本书讲述的就是我们的故事，此外，我还进一步探讨了 VR 对人类未来来说可能意味着什么。

图 I–1　根据最初的定义，在首个 VR 系统中，多人共存于同一虚拟世界中。这是 VPL 中的 RB2，即"双人现实"。在每个人背后的屏幕上，你可以看到他们在彼此眼中的形象。这张照片来自 20 世纪 80 年代末的一个贸易展。

　　当今的 VR 爱好者可能会惊呼："1984 年？这不可能！"但事实的确如此。

　　几十年来，关于 VR 折戟沉沙的流言不绝于耳，但事实并非如此。VR 只在大规模推出低成本的娱乐产品方面遭遇了失败。在过去近 20 年里，你所乘坐过的每一种海陆空交通工具，其原型都是以 VR 的形式呈现的。此外，VR 已经被广泛地用于外科手术，人们甚至开始表达对其过度使用的担心。（尽管如此，没有人建议全面停止使用 VR，这就是成功！）

什么事书本能办到，VR 却办不到，至少目前办不到？

　　VR 的浪漫理想始终在蓬勃发展。与现实相反，在理想的 VR 中，科技为呆板乏味的技术赋予了神秘的嬉皮士气质。VR 是梦幻般的高科技，或是让人们在同一时间感受无限经历的万能钥匙。

　　我希望能够充分呈现 VR 的雏形。它为人们打开了新世界的大门，使人们第一次身临其境地进入虚拟世界，看见他人的虚拟化身，第一次作为虚拟化身体验自己的身体，这些都让我们目瞪口呆。相比之下，技术领域的其他方面都黯然失色。

　　可惜我不能使用 VR 与你们分享这种经历，至少目前不能，因为就 VR 的功能而言，它还不属于内在状态的一种媒介。对我来说，随着人们对 VR 日渐熟悉，无须对这一点多加说明，但在很多时候，人们仍需要我对其加以解释。

　　偶尔有人提起 VR 时，几乎总是将它视为心灵感应的魔法，将任意现实与不同大脑连接起来。恰恰因为 VR 并非真的无所不能，所以它本身的奇妙之处很难解释清楚。

　　最终，一种新的文化，一种大规模的陈词滥调和 VR 交易的技巧可能应运而生，而我通过这种文化，利用 VR 技术，就可能向大家解释早期 VR 是何种体验。我花了好几个小时幻想一种成熟的表达文化在 VR 中将会如何呈现，正如我曾经所说的那样："这将是电影、爵士乐和编程的跨界组合。"

第 1 个 VR 定义：21 世纪的一种艺术形式，将电影、爵士乐和编程这三种 20 世纪伟大的艺术结合在一起。①

即使没人知道 VR 的表达能力最终能达到什么样的高度，但只要一想到它的理念，总会有点激动。自由的体验，以对话的形式与他人分享，一切尽在掌控。它是一种整体表达的方法，分享的是一个清晰的梦境，是摆脱现实束缚的一种方式。而我们苦苦追求的，恰恰就是摆脱这个世界既定环境的纠葛和束缚。

如果说我可以冷静客观地讲述 VR 的故事，那大概是谎言。对我来说，VR 的价值就是以人为本。我只能通过自己的故事，告诉你们 VR 对于我的意义。

如何阅读这本书

大多数章节的故事都开始于 20 世纪六七十年代，那时我还是一个小男孩，直到我在 1992 年离开 VPL。

本书中穿插的部分章节解释或评论了 VR 设备的方方面面，例如介绍 VR 头戴设备的章节。这些"相关"章节包括少量的基本介绍、丰富犀利的评价以及一些随意编排的逸事。无论你喜欢听故事，

---

① 这是本书中众多 VR 定义中的一种。

还是更倾向于科学或评论，只要想了解我对 VR 技术的想法，你都可以跳过不喜欢的内容，直接选择感兴趣的章节。

我把一些故事和看法放在了页下注中。如果你有时间读一下这些页下注，相信会有所收获，当然你也可以留待以后再读。另外，本书还有三个附录，内容是我当时想法的延伸，但这些内容更关注未来，而非过去。如果你想要了解不包括"人工智能将随时毁灭人类"在内的明智的世界观，就可以阅读这些内容。

为了保持进度，我将更多地讨论经典 VR，而非混合现实①，虽然我最近的工作更侧重于后者。（混合现实是指真实的世界并不完全被虚拟世界隐藏，你可以看到真实世界里的虚拟事物，就像最近微软的全息眼镜 HoloLens 所提供的体验那样。）

遇到年轻时候的自己

从来没有想过我还会再见到你。

　　我一直担心的是，你老了，继续吃着老本，就像其他作家一样。

你简直大错特错。跟你没有任何关系，顺其自然才更轻松。我从来没有像现在这样自在。一想到你，我就会想到令人厌烦的老一套，这让我感到不安和郁闷。你只是想引诱我再犯错。我这样做，只是因为想让其他人了解你。

---

①　在《虚拟现实：杰伦·拉尼尔访谈录》[凯文·凯利（Kevin Kelly）、亚当·赫尔布朗（Adam Heilbrun）和芭芭拉·斯塔克（Barbara Stacks），《全球评论》，1999 年秋，64 期，第 108 页，12 段] 中，能找到我在 20 世纪 80 年代使用"混合现实"一词的实例。

VR 到底发生了什么？它叫作 VR 吗？

是的，现在大多数人都叫它 VR。

你是说我们赢得了这场术语之争？

没人记得也没人关心这场争论，它仅仅是纸上谈兵。

但 VR 有任何优势吗？

嗯，我们很快就会发现的。这本书可能会在 VR 普及时出版。

我的天，希望他们别搞砸了。

是呀，谁知道呢……你知道，要把 VR 做好是很难的。

我希望 VR 并不这么……怎么说呢？希望沉迷其中的人们不要对它施加太大压力。

可你会想念他们的。或许令人难以置信，但在这个年代，相信奇点的怪人与自由主义者相互依存，他们对新事物的热切追求是技术文化的主要驱动力。

太糟糕了，比我想象的还要糟糕。

你其实在期待一个完美的世界，这让我很尴尬。

是不是因为你学会了接受这些"垃圾"，就认为自己很高贵、很有文化？我才感到尴尬呢！

算了，别吵了。外面有很多人够你吵的。

行吧，那么来说说你提到的即将交付的廉价 VR。人们正在构建自己的 VR 世界吗？人们身处 VR 中时一般不会构建世界，但很多人的确有可能实现这一点。

如果你不能在 VR 里即兴构建世界，这又有什么意义呢？那里只会有更多的现象阻碍感官，甚至不如自然世界好。有人会在乎吗？你得想办法阻止这些。你到底是怎么回事？

哥们儿，我又不是 VR 警察，又不是我在负责。

为什么呢？难道不应该由你负责吗？

看到这些年轻人重新创造 VR 当然很好。这些都是小型 VR 初创公司和大公司里的 VR 团队。其中一些甚至让我想到了你和 VPL，虽然他们的风格普遍更加直接。

你说有人让你想到了我，如果这些人只是把 VR 看作一种奇观，你这么说会让我觉得这是对我的侮辱。难道他们不知道这将很快变得俗不可耐吗？即兴构建现实的梦想到底怎么了？共享的清晰梦境？我是说，如果只是为了制作华而不实的电影或电子游戏，那有什么意义呢？

你看，如果你认为你比其他人更好，你就不会有服务于他人的奉献精神。VR 并不是完美的，但它仍然是伟大的，它会继续进化，应该会真正强大起来。你要放松一点，享受这个过程，尊重那些人。

真是一派胡言。这些鬼话你自己信吗？

这个嘛……这本书……

好吧，那么谁会实现廉价的 VR？ VPL？

不是，VPL 早就成为过去了。微软推出了一款独立的混合现实头戴设备，这种可携带设备无须基站。它绝对会让你印象深刻。

微软？我的天……

嗯，我最近在微软实验室里工作。

你是已经被体制化了吗？等等，你刚才说了你的确是。

得了吧。经典 VR 装置也要出现了，这与我们之前卖的东西可不一样。一家社交媒体公司用 20 亿美元收购了一家名叫 Oculus 的小公司。

你说什么？20 亿美元买一家还没出成果的 VR 公司？天哪，未来听起来像天堂一样。社交媒体又是什么？

人们通过社交媒体彼此交流，经营人际关系，社交媒体还利用一些算法构建人类模型，有针对性地推送相关内容。这些公司可以通过调整算法影响人们的心情，或引导人们的投票倾向。社交媒体可以说是很多人的生活中心。

但是，把这些与 VR 相结合，可能会出现菲利普·K. 迪克（Philip K. Dick）小说中描述的情景。天哪，未来感觉像地狱一样。

一念天堂，一念地狱。

但是桀骜不驯、充满智慧的年轻人不会希望通过某家公司的计算机来过自己的生活……

奇怪的是，新一代的代沟据说是年轻人更喜欢和构建数字社会的公司打交道。

　　你说得好像这只是你可以忍受的另一个事实。我是说，他们不会变得像奴隶一样吗？他们难道不能更多地陪陪父母？这个世界都疯了，一切都颠倒了。

但对这个世界来说，这就是正常的。这是历史的演进。

　　我真想给你一耳光。

也许吧。

20 世纪 60 年代：

伊甸园中的恐慌

边境

　　我的父母在我出生后就逃离了大城市。他们游荡了一阵子，最后在当时一个阴霾密布的破地方落了脚。这是得克萨斯州的最西边，恰好位于埃尔帕索以外的新墨西哥州和墨西哥的交汇处，是一个几乎不属于美国的内陆地区。这里非常贫穷，治安状况糟糕，与国内的其他地方有天壤之别。

　　为什么选择在这里落脚？我从来没有得到过确定的答案，可能是因为我的父母当时正在逃亡。我的维也纳裔母亲在集中营中幸存下来，我父亲的家族在乌克兰大屠杀中几乎被灭门。我记得他们说过，我们必须尽可能低调地生活，但不能离优秀的大学太远。于是，他们选择了这个折中的地方，因为在新墨西哥州附近有一所很好的大学。

　　我的母亲曾说过，墨西哥的学校更像欧洲的学校，那里的课程比当时得克萨斯农村地区的课程更加高级。墨西哥小孩在数学方面的起步要早好多年。

　　我问："欧洲人想把我们都杀光。欧洲有什么好的？"她回答道："任何地方都有美好的一面，即使是欧洲。你要学会挣脱邪恶世界的束缚。另外，准确地说，墨西哥也并不属于欧洲。"

　　我每天早上跨越国境到墨西哥华雷斯城的一所蒙特梭利学校上

学。这在今天听起来可能很奇怪，因为这条国境线附近好像已经成了世界上最臭名昭著的监狱，但在当时，人们对那里的警惕性并没有这么高，嘎吱嘎吱的小校车整天在这条国境线上来回穿梭。

这里的学校与我本来应该在得克萨斯州就读的学校属于两个世界。这里的课本里到处都是阿兹特克神话里的奇妙图案。老师在节日里盛装打扮——五颜六色的面料，20 世纪 60 年代的剪裁风格，穿在银链子上的活的彩虹色大甲虫在肩上爬来爬去。每隔一个小时，他们就用眼药水瓶子喂给这些甲虫鲜艳的糖水。

在这所蒙特梭利学校里，我们可以像甲虫一样到处游荡，而我发现了一个新大陆——在我们孤零零的校园里，一个低矮的书架上躺着一本破旧的艺术书籍，我看到了希罗尼穆斯·博斯（Hieronymus Bosch）的三联画《尘世乐园》（*The Garden of Earthly Delights*）。

窗口

记得上小学的时候，我曾因为开小差而挨骂。我总是注视着窗外，仿佛被催眠了似的，从来没有停止过。但我并不是在发呆，而是在专注地沉思。

"集中注意力！"

《尘世乐园》深深地震撼了我。我幻想自己在乐园里畅游，抚摸那些如天鹅绒般柔软的巨鸟，在遍布饱满透明球体的游乐场上爬行，弹拨吹奏那些庞大的乐器，它们互相交错，最终穿透我的身体。我能想象那种感觉，那是一阵强烈的瘙痒，是遍布全身的温暖。

博斯乐园中的一些人物从画布里看着外面的世界。如果我是其中之一会怎样？当我凝视窗外时，我看到的是画外这个所谓的正常世界，不受任何凡尘琐事的打扰。我这样持续了几个小时，老师被惹恼了。

"你在看什么？"

我有时会看到一个光身子的小孩跳进小小的沙坑里，跑来跑去，直到被抓住，就像在画中一样。远远望去是一片长满枯草的操场，穿过长长的栅栏，目之所及的是一条尘土飞扬的喧闹街道。

巨大的卡车上涂满了狂欢节的色彩，一群头发斑白的汉子戴着破旧的草帽，坐在装有玻璃窗的车头里，风驰电掣，一阵轰鸣后，黑色的烟雾四处飘荡。饱经风霜的昏暗街区向遥远荒凉的山际蜿蜒，最终隐匿在岩石的层层纹理之中。偶尔有闪闪银光划过天空，庞大的飞机里挤满了乘客。街对面矗立着一幅壁画，有两层楼高，画中的羽蛇神爬上了停车场的墙面。

"我看到了奇迹。"

再靠近一点，就在栅栏后面，更多的细节在我眼前展开：乞丐卷曲的胸毛；小儿麻痹症患者拖着成捆的报纸，步履蹒跚；少年穿着绿色衬衫，衣摆上沾着污垢，他骑着晃晃悠悠的自行车，车把手上挂着的仙人掌被修剪成金字塔的形状，在阳光下翠绿得耀眼。我还看到一辆严阵以待的墨西哥警车，一名阴郁的犯人坐在烟雾弥漫的后座上，布满疤痕的脸庞在炫目的警灯下越发清晰。

三重彩

学校里的人是聋了还是瞎了？他们为什么这样无动于衷？难道没有人感到震撼吗？我无法理解他们。

我开始沉迷于这些无用的猜想。如果我在河对面的得克萨斯州上学，那会怎么样？那里的学校应该会更加秩序井然。如果你把《尘世乐园》的复制品带去得克萨斯州的学校，这些光身子的小孩往外一看，可能会觉得很奇怪，或者会说："哇，我们从来没见过这么无聊的地方！"

也许整个宇宙的每一个地方都很奇妙，人们只是在自寻烦恼？也许其他小孩只是坐在那里，假装一切都很正常？

当然，那时的我无法清晰地表达这些内容，我实在太小了。

我一次又一次地盯着那幅画，然后看着窗外，一会儿又转回来。每一次，我都感到自己内心的色彩在漂移，就像血液不停地在脑海中进进出出。这幅画为什么这么神奇？它有什么东西深深地吸引着我？

如果可以一边听着巴赫的音乐一边欣赏这幅画，那就更棒了。教室里有一台老旧的唱机，还有两张唱片——一张是由 E. 鲍尔·比格斯（E. Power Biggs）演奏的巴赫管风琴作品，另一张是格伦·古尔德（Glenn Gould）演奏的钢琴曲。

我最喜欢将《D 小调托卡塔与赋格》调得很大声，然后一边欣赏《尘世乐园》，一边吃着碗中的墨西哥肉桂巧克力。可惜这基本是不可能的。

情绪

我儿时的回忆是相当主观的。一切都是鲜明的、情绪化的，充满各种风味。每一个小地方和每一个时刻都像是广袤无边的香料柜里的新鲜香料，也像是一部无穷无尽的字典中的新词汇。

我总是觉得，要把自己的想法传达给无法立刻理解这些的人，真是太难了。想象一下在午夜时分，一轮满月高挂天空，柔和的月光下你沿着新墨西哥州高高的山脊向上攀登，俯瞰脚下，刚下过雪的山谷银装素裹。过一会儿，耳畔传来两个旅行者的声音。

他们一个充满浪漫的气质，另一个则客观理性。浪漫的那个可能会说："瞧，这太神奇了！"而另一个则会说："能见度相当高，满月。"

我那时是一个超级浪漫的孩子，甚至不能理解"能见度"这种务实的概念，因为"神奇"的经历太让我着迷了，让我几乎无法接受除此之外的任何东西。我儿时的经历总是感官大于形式，体验大于诠释。

随着时间的推移，我学会了表现得更正常一点，或是更无聊一点。我曾经无法忍受从一个地方飞往另一个地方，因为情绪和环境的转变让我难以承受。我难以适应从纽约飞往旧金山后着陆的感觉，即使我已经经历过数百次。旧金山的空气是清新的，夹杂着汽油和海洋的味道；而纽约的空气则更稀薄、单调而少有变化。单单适应这种感官的转变，我就需要好几个小时。

多年来，我一直在尝试克服这种主观的感受，在我快 40 岁时，终于取得了进步。现在，我可以轻松自如地从一个地方飞往另一个地方。我最终熟悉了这些机场。

旋转

我对父母都是直呼其名。我母亲莉莉（Lilly）出生于维也纳的犹太家庭，少女时代还是一名天才钢琴家。她的父亲是一名教授，也是一名拉比，是马丁·布伯（Martin Buber）的助手。他们住在一幢漂亮的房子里，生活优越。我的外祖父母下决心要等到纳粹暴政结束的那一天。他们坚信，人类的沉沦也是有底线的。

莉莉是一个早熟的聪慧少女。她长着一头金发，皮肤白皙。虽然你们也许觉得这些无足轻重，但她正是凭借这一点，才伪装成雅利安人逃出了集中营，然后伪造文书，在外祖父被处以极刑前救出了他。

可惜这样的策略也只能在大屠杀伊始，种族屠杀愈演愈烈之前，才有可能实现。最终，我母亲的家族几乎被纳粹灭门。

一些人逃了出去，辗转到了纽约。刚开始，莉莉只是一名小裁缝。但很快，她就拥有了自己的内衣品牌。她学会了绘画，年纪尚轻的她还成了一名舞者。她自力更生，追求自己的梦想。照片里的她看起来像电影明星一样耀眼。

我们的关系十分亲密，好得像一个人似的。我曾经为她和她的朋友弹奏贝多芬的奏鸣曲，那种感觉像是我们合二为一，共同弹奏。虽然这种解释听起来有些无力，也有些俗气，但确实如此。

后来，我的父母把我转送到得克萨斯州的一个公立小学。那里没有艺术书籍，窗外也全无有趣的东西。我的父母还很担心我学到的东西根本没法帮我融入美国。

的确是这样。在上学的途中，我必须要穿越邻家恶霸孩子的领地。他们说话时带着牛仔的腔调，穿着脏兮兮的靴子。我的父母后来不得不送我去学空手道，这让我感到十分意外。

除了服装还算酷外，有关空手道的一切都让我十分厌恶。当母亲到得克萨斯空手道馆看我训练时，我就静静地站在那里，任凭另一个男孩打我、踢我、捶我。可我并不记得自己感到害怕或羞耻，相反，在我看来与另一个人打架才是愚蠢至极，我总觉得不对劲儿，感觉糟透了。况且那孩子也并不是真的在揍我，他根本伤不到我，但我的母亲被吓坏了。我第一次看到她对我这么失望，我感觉天都要塌下来了。

第二天早上，我照旧踩着硬邦邦的土地，穿过光秃秃的草地准备去上学，那群恶霸孩子围住了我。我当时带着一个细管上低音号，它看起来就像一个迷你大号。对一个 9 岁的孩子来说，它其实就像大号一样大。突然，我脑子里有了主意。

我开始像直升机一样旋转，手里的"迷你大号"变成了盾牌，虽然它表现得更像一只准备战斗的公羊。这些孩子懵了，几次想与我正面交锋，最后都被撞到了旁边，摔倒在地上。他们没办法重新攻破我的防线。我记得当时一共有三个人，一会儿他们就鼻青脸肿地跑了。虽然我有点头晕，但"音乐"救了我。

我正为自己的胜利陶醉不已，突然一阵尖叫让我立马回过了神。我们的前门开了一道缝，莉莉站在门后失声痛哭，好像刚才是纳粹来抓我一样。她没有穿衣服，所以没有出来。多年后我才意识到，她可能又想起了在维也纳的痛苦经历。

我当时被她的反应吓到了。我在空手道馆站着挨打让她很沮丧，但在这里，我打了一架，让她惊恐万分。突然间，我感觉到我和她之间曾经的亲密关系在断裂、消失。那种感觉让我十分迷茫、悲伤，我不知道如何是好。我几乎是逃跑般到了学校。那是我最后一次见到她。

不可挽回

一个五官棱角分明的阴郁男人，穿着熨烫得十分平整的军装，敲了敲教室的门。他是来找我的。我很高兴，因为我不用在教室里听老师讲无聊的阿拉莫之战了，但事情感觉有些不对。

没过多久，我看到校长也在门口。这个男人让我跟着他们去校长办公室。从来没人用那么正式的语气和我说过话，我也从来没去过什么校长办公室。办公室里有一面旗帜，还有一幅裱在镜框里的约翰逊总统的照片。我心里嘀咕，难道是因为我打了那几个孩子吗？

这些陌生人告诉我，我的母亲死了，我的父亲在医院里。

那天莉莉正好进城去参加第一次驾照考试。车管所离家大约有一个小时的车程，就在埃尔帕索市区附近。去的时候是我的父亲埃勒里（Ellery）开车。之后，母亲通过了考试。

回去的时候莉莉开车。在一条宽阔的高速公路上，他们的车突然失控，接着翻下了高高的立交桥。校长给了我一份刚做的剪报，好像这会有什么帮助似的。

多年来，我一直在想，那天早上那段让莉莉崩溃大哭的回忆，会不会就是她在路上突然失控的原因？我一直感到十分内疚。我是那场车祸的元凶之一吗？

几十年后，我的一名工程师朋友读到了一些材料，了解到当年那款车可能存在缺陷，而这个缺陷与那次事故的原因吻合。虽然不能再提起法律诉讼，因为早已过了时限，但这件事依旧让我耿耿于怀，为什么我的父母要买大众牌汽车？虽然那款车并不是希特勒设计的"甲壳虫"，但它依旧产自德国。

我的母亲做出这个选择，一定是因为她想寻找欧洲的"善"。

当年告知我母亲死讯的军人原来是一个远房亲戚，警察一直在追捕他。我的母亲在遗嘱中提到了他。他驻扎在布里斯堡，这个军事基地覆盖了埃尔帕索的大部分区域。但在那之前，我从来没听说过这个人。

我的父亲清醒之后，我被带到医院去看他，他的身体像烤焦了一般，到处都缠着绷带。我们俩哭得天昏地暗，那种感觉让人窒息。

记忆像一堵墙，被冲刷得干干净净。我几乎记不得母亲死之前的任何事情了。

声音

在那之后的很长一段时间里，我把自己封闭起来。后来，我染上了致命的传染病，被隔离起来，不省人事。我有一年的时间都住在同一家医院，几乎没怎么动过。

埃勒里全心全意地照顾我。我的病床旁边摆了一张简易小床，他就一直睡在那里。四季更替，我终于开始恢复意识。我还记得醒来后第一次环顾周围时的情形。

这个医院十分拥挤、闷热、嘈杂。破破烂烂的豌豆绿色墙砖贴到墙的一半高，装有细铁丝网的窗户总是油腻腻的，窗框裂开了，暗绿色的漆也在脱落。这里的空气中夹杂着药物和尿液的味道。五大三粗的护士皱巴巴的脖子上戴着小小的十字架，她们走起路来像坦克一样，对所有人都熟视无睹。

我把床单卷起来支着书，开始阅读。

随后，我读到了一些句子，突然感觉到了两个不可磨灭的光明瞬间。

其中一个来自一本讲述犹太文化的儿童书籍中关于"选择生活"的犹太警句：生活是有逻辑可寻的，因为不管怎样，死亡很快就会到来，而选择生活至少是一次合理的赌博。就像"帕斯卡的赌注"[①]一样，只不过这次的赌注是生活。（不过我在孩童时代并没有听说过帕斯卡或他的赌注。）我当时的想法就是，"选择生活"的路还很漫长。

很显然，你也许还没意识到这一点，但这个警句告诉你，生活

---

① 帕斯卡的赌注是法国思想家布莱士·帕斯卡（Blaise Pascal）的一种论述，即：我不知道上帝是否存在，如果他不存在，作为无神论者没有任何好处，但如果他存在，作为无神论者将有很大坏处，所以我宁愿相信上帝存在。——编者注

是一种选择。此外，它还表明，只要你认识到你已经选择了活着，那么你就可能发现，你还可以做出进一步的选择。我太需要这些了，因为一直以来，我从不认为自己有任何选择。在读到这些之前，我能做的就是躺在那里，等待接下来可能发生的任何事情。

这句话的含义远不仅如此。你在做出选择时，也许并不知道其中的意义。我们生活在尘世间，仅仅是因为我们与未知进行了一次豪赌。也许在这样的不确定性中，我们能找到平静与幸福，从此再也看不到其他地方。

亲爱的读者，我猜想你们可能很想知道，我是否将成年人的想法强加进了自己童年的回忆？事实并非如此，因为这一段回忆异常清晰。我当时沉迷于哲学，这对我很有帮助。

第二个光明的瞬间则来自悉尼·贝谢（Sidney Bechet）的自传。贝谢是早期新奥尔良最伟大的管乐演奏家之一。他在自传中提到，他通过吹单簧管克服了童年时期的呼吸道问题，而我当时正好患上了严重的肺炎，持续了数月，还伴随着其他的呼吸道障碍。因此，我让埃勒里给我买了一个单簧管。虽然这让护士十分头疼，却也慢慢治好了我的肺病。

这听起来有点像一个我们熟悉的励志故事，但你还应该知道，我和父亲再也没有提起过母亲。

我们曾经如此亲密，沉默并不代表遗忘。事实恰恰相反，我们仍然会在她的忌日为她点亮蜡烛。多年来，我们从未停止过哭泣。

几十年后，我才明白，大多数时候，我的父母必须强迫自己不去想起那些逝去的人，这是为生活腾出空间的唯一办法，因为有的人死得非常可怕。

埃勒里有一个哑巴阿姨，但那并不是天生的。大屠杀时她还是个孩子，她和姐姐躲在床下，她屏住呼吸逃过了一劫，而紧挨着她的姐姐却被一剑刺死。

对于埃勒里来说，莉莉只是众多死去的人中的一个。心理医生、日间电视节目主持人和社交媒体都建议我们这些人谈谈这些经历，但对我们来说，这是一种奢望。

超越残酷

在反复生病、长期卧床后，我发胖了，但我自己毫无感觉。我麻木了。直到我终于回到校园，面对同学无情的嘲笑，我才意识到这一点。

很多时候，孩子的讥讽嘲笑带来的远不止是创伤。一群少年牛仔恶霸吹嘘道，他们在附近的游泳池溺死了一个矮小的奇卡诺① 小孩，在成人世界中，这会被正式确定为一次意外事故，虽然大家都知道是怎么回事。

这群恶霸说我就是下一个。我相信他们说的话。这里的奇卡诺小孩并不多，他们满身伤痕，不愿意与任何人有目光接触。

一位老师在课堂上意有所指地提醒我们，是犹太人杀死了耶稣，他们仍然在为此付出代价。她又说，这个历史久远的巨大罪恶可能与我母亲的遇难有关，我的母亲在劫难逃。

我现在才明白，这位老师是在尽量对我好一点。她的意思是，生为犹太人，并不是我所能选择的。同样，她也希望白人孩子对墨西哥人更富同情心，因为墨西哥人没那么"聪明"，也不是他们所能选择的。

此后，我一直被洗脑，被要求转变信仰。我对那个学校的记忆

---

① 奇卡诺（Chicano）是指墨西哥裔美国人，也就是出生于美国但祖先是墨西哥人的美国人。——编者注

里充满了永无止境的伤害、种族主义和暴力。在那里，大人告诉我，有些孩子永远比不上其他的孩子。

我比同年级的其他孩子要小几岁，个子也比他们矮，很好辨认。一个臭名远扬的小牛仔来挑衅我，身后跟着一群起哄的人。他像个花花公子似的，穿着黑色的西式衬衫。战斗一触即发，我突然想起了在空手道馆学到的东西，虽然那已经是很久以前的事情了。我用尽全身力气，一拳打向那小子，他随即仰头倒在地上。

如果是在好莱坞的故事里，从此之后我是不是应该成为一个英雄，被崇拜者高高举起？可惜不是。我发现我比以前更加孤立了，还经常遭遇偷袭和殴打。

与其他人接触，也就是交朋友，对我来说是可怕的，陌生人对我来说也是危险的。我也不知道这种恐惧有多少是来自环境，又有多少是遗传自我的父母。

现实总是变幻莫测。这个地区怪异的人口组成最终让我接触到了各种各样的人，并慢慢学会了与不得不接触的怪人愉快相处。有一次，我走进了主街上的一家无线电器材店，遇到了一个来自布里斯堡的士兵。他彬彬有礼，穿着一套有点旧的米色制服。

那个人有点笨手笨脚的，一直低着头，走路的时候小心翼翼，好像地板不知道为什么在来回摇晃。他发现我对那些装着电子零件的抽屉很感兴趣，向我打了个招呼。

他看起来很年轻，甚至和我相比都很年轻，还没有真正蓄起胡须。他捣鼓着雷达设备，并没有和我多讲。

是什么让人们变得大方？是什么让陌生人开始冒险？这个士兵开始向我介绍电子技术。几天后，他把一些零件带到我们的小房子里，有一些电阻器、电容器、电线、焊料、晶体管和电位器，还有一个电池和一个小喇叭。我们就这么做出了一个收音机。

第一次实验

这家无线电器材店隔壁是一个杂货店，里面有一个杂志架。在互联网出现之前，杂志可是门大生意。你甚至不需要翻阅它们，杂志的封面已经足够吸引人了，那上面有可爱的狗，还有漂亮的船。

这个架子由厚厚的、卷曲的、闪闪发亮的金属丝制成，看起来很漂亮，但也有点廉价。你必须要想好什么时候去，因为一到下午，沙漠的阳光会穿透那扇大窗户，照得那些金属丝闪闪发亮，看杂志时会很刺眼。

这个杂志架总会带给我新奇。在强烈的阳光下暴晒大约一周后，那些杂志封面上的新鲜墨迹逐渐干掉，变成了蓝色，你可以由此判断一本杂志的发行时间。杂货店后面好像还有一个房间用来放黄色杂志，但我从来没有看到过。

这些杂志中有些文章是关于业余电子节拍的，大部分文章是介绍收音机制作的。我读到了一篇文章，其中介绍了一种名叫"特雷门琴"的电子乐器，于是，我学会了制造这种乐器。你可以在天线附近的空气中移动你的手来弹奏特雷门琴，无须接触任何东西，这种弹奏方式会让你有一种与虚拟世界接触的感觉。

我还对精致、顺滑、波动的利萨如图形十分着迷，你可以通过音乐信号和示波器来制造这些图形。我在垃圾箱里找到了一个旧电视机，把它制成了一个简易的利萨如图形显示器，然后和特雷门琴连接。通常特雷门琴会发出幽灵般的颤音，所以我成功地制造出了幽灵般的颤动图形。

万圣节即将到来，我脑子里有了一个计划：我可以用这个电子装置制造一个奇妙的鬼屋，吸引和我志同道合的人来玩儿！一定少不了像那个好心士兵一样的人。他们就像沙漠中的乌龟一样，在你看不到的地方四处游荡，你要做的就是找到他们。

我把床单挂在小小的前廊四周，装了一个旧的放大镜，把电视机里的利萨如图形投影到床单上。

太阳一下山，这些图像就会变得鲜明起来，我会周身环绕着曼妙的舞动着的图形。通过神奇的特雷门琴天线，周围任何人的动作都会改变这些图像，就像无形的木偶提线一样。

我很好奇是否有任何女孩对这些东西感兴趣，她们对我来说是非常神秘的。我想没人会不感兴趣吧？

我的鬼屋让我十分兴奋，但对别人丝毫没有吸引力。我从这个幻想和自由的宫殿往外看，一个又一个孩子穿过街道，躲得远远的。当时，我从来没有想到他们会被吓到。他们从来没有见过这样的东西。

万圣节后，这些恶霸就不敢再欺负我了，因为我让自己充满了恐怖的神秘气质。也算有进步。

付之一炬

关于我的母亲，还有另一件令人吃惊的事：她是家里的主要经济来源，至少在我们搬到西部去时是这样。在那个时代，一般都是男人在养家。

在母亲生前和去世后，埃勒里始终对此耿耿于怀。"男孩子的父亲应该自力更生，强壮有力。你让他失望了。如果一直这样的话，他会成为一个笑话。"有些好公民总是过分自信，完全不管我是不是在那里听着这一切。

我的母亲通过电话在纽约交易股票，她算得上是时代先锋了。她离富豪还差得远，我们只算是中产阶级，甚至不属于中产阶级的上游。我们每周都在一家连锁汉堡快餐店买东西吃。

股民通常都是华尔街或任何其他广泛开放的平台中富有或野心勃勃的人，而我的母亲只是小赚一笔。她能不能做得更好？也许她不希望太高调，不希望被人注意。

我能记得的事情还有更多。我记得她有一天挂掉电话，兴高采烈地说刚刚做了一笔大买卖，赚的不是几百美元，而是几千美元。这个场景一直在我脑海中挥之不去，因为她就是用这笔钱买了出车祸的那

图 1-1　莉莉·拉尼尔（Lilly Lanier）

辆车。第二天早上我们就出去买了车。颜色是我选的。

母亲去世后，我们经历了第二次危机，因为埃勒里和我没有了经济来源。

在我住院的时候，埃勒里加入了一个项目，获得了小学教师资格证。这解决了我们的收入问题，但随后又出现了新的问题。

我们之前早就知道房子租约到期后又得搬家，这已经发生过好多次了。那时我的父母最终选择了买房，这样我们就不用被迫搬家了。

这是一幢在建的地区性住宅，位于埃尔帕索的边缘，档次不高，但比我们之前的任何住处都好。它甚至还有一个车库！我只在房子在建的时候去过一次，就已经被它的蓝图深深吸引，全神贯注地研究起来。我从中学到了关于草图和建筑的知识。我已经等不及要搬进去了。

当我还在住院时，房子就建好了，但第二天就被烧成了废墟。

新闻并没有报道，是埃勒里告诉我的。我想这一定是个梦，在出院时我仍然稀里糊涂的。

　　警方告诉埃勒里，这次事故是故意纵火，但没有证人，也没有嫌疑人。埃勒里喃喃地说，这有可能是针对我们的，但也有可能是随机作案。那段时间真的很不走运。

　　银行和保险方面也很糟糕。因为这次火灾，我母亲投到房产里的钱血本无归。埃勒里还得为清理废墟出钱，心里很恼火。

　　这件事发生在我的鬼屋实验后不久，我们只好搬了出去，无家可归。

营救"宇宙飞船"

着陆

埃勒里干了一件不可思议的奇事。母亲去世后，新房子付之一炬，我们破产了，我在恐惧和隔离之间浮沉。之后，埃勒里在新墨西哥州买了一英亩①的废弃土地。

这块地很便宜，他用手头所剩无几的现金买了下来。他还在那里找到了一份教师的工作。

埃勒里买的地坐落在沙漠还未开发的荒凉角落。我们已经没有钱打井了，更不用说建房子，只能先住在帐篷里。我们全部的家当都裹着塑料布，放在露天的垫子上，整日接受大漠风沙的洗礼，就算是母亲的三角钢琴也不能幸免。

埃勒里在新墨西哥州拉斯克鲁塞斯中心地区的一个贫民窟教六年级的孩子，他的课充满了艺术气息。他让孩子们用纸板搭建飞船，整天都待在里面。他们制作火箭模型，并用沙子探索微积分理论。孩子都叫他"秃子老师"，因为他的头光光的，就像一颗抛光过的宝石。

每次我回到拉斯克鲁塞斯，人们就会围过来，带着新墨西哥州奇卡诺人的特有口音对我说："你的爸爸埃勒里改变了我的一生。我

---

① 1 英亩 =4 046.856 4 平方米。——编者注

的哥哥在坐牢，而我却是美国国家航空航天局（NASA）的工程师。"

我们在帐篷里住了两年多，比计划的时间还要长。

等埃勒里教书的工作有了收入，我们首先考虑的就是要有一个遮风挡雨的地方，要有电，有电话，有水井，还要有屋外厕所。

这个高原沙漠冷得刺骨，我记得在冬天的早上，我冻得瑟瑟发抖，像个弹簧提线木偶似的。我们附近买地的人大多住在拖车和移动房屋里。对此我们也讨论过。虽然我们可以这样做，但这会从我们的大计划中抽出一部分资金，不太划算。

我们还种菜，养鸡。

住在帐篷里也没那么糟糕。它让你清楚地知道怎样才能生存下去，这对每个人都至关重要。况且那些移动房屋真是太丑了。

宇宙在哪儿？

在我们所处的新墨西哥州，有一种反常的社会现象：白沙导弹靶场雇用了一批精英工程师和科学家。他们随处可见。能在这里看到这么多技术人员，对我这种困惑多多的孩子来说是一件好事。

我们的邻居是一个名叫克莱德·汤博（Clyde Tombaugh）的可爱的小老头，他年轻时发现了冥王星！当我认识他时，他在白沙导弹靶场研究光学感应。

克莱德教会我打磨镜片和镜子。直到今天，我在研究 VR 头戴设备的光学技术时，仍然会想起他。他在后院支起的望远镜让我印象深刻，那时候我经常摆弄这个望远镜。我永远不会忘记他向我展示的球状星团——一个栩栩如生的三维图像，它是和我一样的实物，像我的表亲一样，在我面前就像世界上任何其他东西一样真实。突然间，这个宇宙让我有了归属感。[1]

我在新墨西哥上了公立学校。这个学校给我留下的回忆并不多，可能就是还行，至少我没有恐惧的经历。

我们刚到那儿，我一个孩子也不认识，之后发生了一件奇事。有一天晚上，当地的电话系统突然出现了大故障，只要拿起电话，就能听到所有其他人的声音。

无数的声音回荡在这个我所知的"第一个社交虚拟空间"中，有些听起来很遥远，而有些好像就在身边。我从未有过这种体验，一群孩子瞬间组成了一个社交圈，他们比我之前接触过的其他任何孩子都要聪明优秀。

这些"飘荡在空中"的孩子对彼此都很好奇，但也很友好。在这里与陌生人交流比在现实生活中更轻松。一个小男孩说道："我似乎拥抱了这世界上的每个女人，就像抱枕头一样。"而那些真正的女孩子也能听到这一切。

夜已经深了，但我们都没有要离开的意思，尽管在那个只有挂锁保护的小小胶合板棚里，我只是独自一人。

第二天早上在学校，一切都好像没发生过，没有人说起。我环顾四周，好奇地想昨晚电话那头是他还是她。如果将连接我们的媒介进行改变，人类历史是不是可能突飞猛进？

从那以后，我一次又一次地尝试这一构想。可能是因为其新颖性，这种正面影响仅发生过那一次。无论怎么努力，一直以来，设

---

① 对于最近提出的将冥王星降级为著名的柯伊伯带天体这一计划，我并不赞同。冥王星在太空中独树一帜的轨道，对每个困惑的孩子都是一种鼓舞。难道我们是不成熟的行星？只有我们够资格的时候，你们才会接受我们吗？就让冥王星永远都是一颗行星吧！如果提出将冥王星降级的人要对我们的世界进行这些荒谬的严格分类，那为什么不说欧洲根本不是一个大陆？那会更有用处。

计一个给人们带来负面影响的虚拟空间显然更加容易。

我在附近遇到的很多人都看到过幻象。在我上学的路上，会路过一道灌溉沟渠，我经常遇到人们干完地里的活儿在休息。他们讨论天气或棉花价格，但也经常讲到奇迹。

"你知道艾丽西亚吧。她在医院快死的时候，巫师说玛利亚要去看她，结果玛利亚真的去了，整个人散发着落日的光芒。艾丽西亚后来就好了。现在她每天都在念叨我，好像我干活儿不努力一样。"

故事一直在继续，没个头。我等了片刻，想找个空当和大家说再见，可惜没有机会。这时候你就可以径直往前走，或许还把头微微扬起，好像下巴底下垫了一个隐形的球似的。

在这个边境地带，有着各种奇奇怪怪的人——有福音派教徒，有印第安人，有天主教徒，还有嬉皮士。这就意味着可能会有麻烦。一名来自墨西哥铜峡谷地区的萨满教士就曾经激怒了我。他有一个玛瑙做的假眼球，身上戴着丝带。他在我面前大放厥词，说联系到了我的母亲，找我要钱。我想他有可能已经从埃勒里那儿骗到了一些钱。我们俩都很脆弱，经历过磨难，觉得人生毫无意义。

幸运的是，我至少可以信任学校的那些孩子，他们虽然暴力，但是很真诚。友善的人却有可能很阴险，这是深刻的教训。

这里的人们也经历着世俗的幻象，当地的飞碟文化就是其中之一。孩子把坠落的外星飞船残骸带到学校让大家看，没有人会怀疑它们的真实性，当然老师除外。我们住在世界上最大的导弹测试场附近，这些奇特的碎片总是从天上掉下来，我还在山上发现过非常精美的卫星碎片。

我从来不相信这些真的来自外星球，但这并不影响我成为这种狂热文化中的一分子，为我们的飞碟感到骄傲。直到现在，每当想起我们的竞争城市新墨西哥州罗斯威尔在 20 世纪 50 年代的劣质飞碟坠落案，我仍然觉得十分愤慨。我们的飞碟残骸更好！

根源

埃勒里肯定认为，多年来，他一直在为新墨西哥州的生活做准备。

在我出生之前，他身兼数职，之后我也是这样。他在库伯联盟学院学建筑，与他的建筑师父亲一起建造摩天大楼。他还是梅西百货的橱窗设计师，和莉莉一起在多个著名展览上展出他们的立体画。

埃勒里有点神秘主义倾向。他在巴黎与乔治·葛吉夫（George Gurdjieff）在一起，在加州又与奥尔德斯·赫胥黎（Aldous Huxley）在一起，还跟随不同的印度教和佛教导师学习。

虽然信奉神秘主义，但埃勒里并不迷信。他很讨厌废话。在 20 世纪 50 年代，他在电台圈还小有名气。他在首档电台电话舌战节目中，进入了半决赛。这档节目是由先锋电台人隆·约翰·内贝尔（Long John Nebel）主持的，他对超自然的兴趣众人皆知。

他们在电台里调侃古怪的 UFO（不明飞行物）和超自然狂热爱好者，最终还揭发了很多骗子把戏。埃勒里并没有像搞恶作剧那样杜撰，也没有说《世界大战》电台秀[1]里面的台词。他说他编造了纽约下水道鳄鱼的城市神话。这倒很有可能。

埃勒里有一次在电台直播节目中惊呼："传说中噪声巨大的反重力装置可能刚刚升起来了一点。"而当听众打进电话来一本正经地询问时，他又解释说这是个笑话，但听众根本不相信。[2]

埃勒里还为雨果·根斯巴克（Hugo Gernsback）在 20 世纪 50 年

---

[1]　这是奥尔森·韦尔斯（Orson Welles）臭名昭著的 1938 年广播剧，其中模仿了一次来势汹汹的外星人入侵，在无知的群众中造成了恐慌。

[2]　在 20 世纪 70 年代末的一天，我让埃勒里打电话到当时还在播出的内贝尔电台秀。他与莱斯特·戴尔·雷和内贝尔开始互相羞辱——我总算知道这个"秀"为什么这么"红"了。

代的科幻小说杂志撰写过专栏。他曾经是《惊奇故事》《奇幻历险》和《惊异》杂志的科普编辑，负责解释出版故事中的相关科学知识。例如，艾萨克·阿西莫夫（Isaac Asimov）的一篇故事就与最近的火星研究有关。

埃勒里的一个专栏与"制造自己的宇宙"有关，其中提供了一个配方——你可以在一个大玻璃罐里制造浑浊的液体。随着你的搅拌，一些与星系相似的微型构造就在里面形成了。

埃勒里是纽约科幻小说圈中的一员。这个圈子里的人喜欢恶作剧，经常互相打赌，看谁能以最荒谬的方式赚钱。①

阿西莫夫采用极简主义做了一个广告："快，投一美元到邮箱中。"没有任何解释，但投进去的美元源源不断。

埃勒里和莱斯特·戴尔·雷（Lester del Rey）也做了一个广告，提供为婴儿的第一片脏尿布镀铜的服务，顾客要提前付款。婴儿用过的尿布被寄往了不同的地方，最终寄给了美国纳粹党。

许可

我们的大计划非常疯狂，它也是我们能想到的唯一出路。埃勒里让我来设计房子。我必须要提交一份设计稿，并得到主管部门的批准。我们慢慢开始量力而行地买建材，决定靠自己的双手搭建房子，也不管要等多久才能搬进去。

埃勒里曾经学过建筑，还曾协助他的父亲完成过一些工程，例如将纽约一栋摩天大楼加高。他意识到，如果要我重新振作起来，

---

① 荣·哈伯德（Ron Hubbard）是这个圈子早期的一员，到处宣扬他的赌注，后来举一反三地运用了这些技巧。

就必须让我重拾对生命的兴趣。

最开始，他给了我一本他小时候很喜欢的书，名叫《植物发明家》（*Plants as Inventors*），书中有各类植物的精美插图。我对这本书很着迷，其中一些植物好像很适合博斯的花园。

球体特别吸引我，只有 5 种方法才可以得到完全规则的球体。这些方法自古就有，而这 5 种解决方案的平面版本被称为"柏拉图立体"。植物被限制其中，只能以这些形式生长。

我开始坚信，我的家应该模拟植物的球体结构。埃勒里说，这样的话，我可能会喜欢另一本书。

这本超厚的杂志并不精美，名叫《穹顶书》（*Domebook*），是斯图尔特·布兰德（Stewart Brand）《全球概览》（*Whole Earth Catalog*）[①] 的一个分册。巴克敏斯特·富勒（Buckminster Fuller）一直在推广网格穹顶，他认为这是一种理想的结构，体现了这个时代的技术乌托邦精神。

我最开始对网格穹顶保持怀疑。我抱怨道："我想让我们的房子与众不同，而所有人都在建网格穹顶。"埃勒里反驳说，我的设计必须获得当局的批准，而在这个郡的嬉皮士聚居地，已经有一些网格穹顶房屋了。如果融合了这种反主流文化的常见风格，我的设计看起来就不会那么怪异。

我开始用吸管制造我的模型，然后计算角度和负载。必须要说明的是，我根本没必要算得很精确。

---

① 《全球概览》是斯图尔特主编的系列杂志，你需要好几个小时才能看完，其中描绘了一些做着有趣事情的人们，以及你可以从他们那里买到的有趣的东西。它提出了一种很不错的模棱两可的乌托邦原则：人们回归土地，同时也生活在未来。《全球概览》有时候会被看作谷歌早期那些最丰富多彩的内容的纸质原型，至少史蒂夫·乔布斯是这样认为的。

　　我的设计策略是将"传统"的网格穹顶与诡异的不规则连接元素相混合。这个穹顶将会很大，跨度约为 50 英尺，与另一个中型穹顶通过一个奇怪的通道相连接。这个通道将会被用作厨房，由两个相交的倾斜九面金字塔构成。另外还有两个二十面体，通过另一套复杂的形状与大穹顶相连接。这些二十面体将被用作卧室，内部的连接部分将包含一个卫生间。

　　一个悬臂式的、刀刃般的七面金字塔将会凸出来，在特定的时刻精心地指向特定的天体，但我记不得是哪些了！时间太久远了。在这个被称为"针"的凸出结构的侧面，你将穿过一扇门。

　　穹顶的整体结构让我觉得有点像"企业号"星舰，前提是你把这个设计中的圆盘和圆筒填充成球体。它有两个引擎，连接到主体和前方凸出的圆盘上。我总是觉得应该这样做，因为星舰是在深邃的天空中移动，而不是在行星上方的大气中移动。我把无处不在的悬臂式结构放在了非穹顶的部分，想要创造出一种错觉——这个飞行器还没有完成着陆。

图 2–1　我的一个吸管模型躺在地上，真正的建筑将在这里拔地而起。

这个设计还有点像女人的身体。你可以把这个大穹顶看作孕妇的肚子，把两个二十面体看作乳房。

无论如何，我很喜欢这个结构，埃勒里也表示赞同。施工许可审查的手续繁多，埃勒里最后不得不干预其中，帮忙说明设计的合理性。最终我们拿到了许可证。

建造

我其实希望埃勒里当时没有给我那本《穹顶书》。它看似提供了解决方案，但实际上报道的都是正在进行的实验。《穹顶书》倡导使用铁矿石，这是一种造船材料。我本应该先从造船专家那里了解一下这种材料，但我相信了这本书。

"要用猪环形钩扣！"《穹顶书》中写道。这种工具是套在猪鼻子上的一种小环，可以让猪老实一点。在这本书的创新想法中，金属拉网要与猪环形钩扣固定在一起，再将混凝土压成层。这是一个糟糕的主意。拉网的密度不一致，结果出现了龟裂。

大约 10 年后，我与斯图尔特·布兰德第一次见面，我对他说的第一句话就是："我从小住在一个网格穹顶中。"而他对我说的第一句话是："漏水了吗？"

"当然漏水了！"

因为预算不够，我们只能先住进中型穹顶。从帐篷搬进这里，有一种奇怪的感觉，就像对人类历史做了一场深刻的总结。

在穹顶的内部，我们将闪闪发光的银色垫子钉在支柱之间，实现密封。本来我们想贴石膏板，但那样做又费钱又费力。内部空间看起来比较宽大，闪着银光，就像一个太空站。完美！

又过了一年，我们可以买更多的材料来完成房子的其余部分了。

我记得我们为大穹顶浇筑水泥地基，拼命地想要将所有的沙漠小春蛙及时赶出去，免得它们被埋在里面。我们不得不爬上奇怪的展开的三角形框架来搭建整个结构，就像是蜘蛛在织网。邻居们都说我们是"空中的蜘蛛"。

我们还安装了凸出的半球形窗户，透过它可以看到千变万化的奇景。

栖息地

这是一个庞大的住所。躺在大穹顶下，仰望着宽大的银色天花板的曲线，你几乎可以感受到无边无际。你仿佛可以看到一个固体的天空，有点像卡尔斯巴德洞窟里的大房间。①

图 2-2　我大约 13 岁时的一张照片。

---

①　每一个在新墨西哥州长大的孩子都梦想着住在巨大的洞穴里，大得连天空都是它里面的石头。一个来自意大利的朋友说它比梵蒂冈还要好。

我们把它称为"穹顶"或"拉尼尔地球站"。我们会说"回顶"，而不是"回家"。

在这个穹顶里集合了缤纷多彩的好奇心。埃勒里有一个旧望远镜，是他在为美国海军准将佩里（Commodore Perry）的家族写文章时获赠的。佩里好像就是用它首先发现了日本，这也许是真的。我现在都还留着这个望远镜。在 12 岁左右，我在安装时却有点儿把它弄坏了。

我还有一块碎布，好像是来自希罗尼穆斯·博斯一幅油画的原作，我还有一些来自维也纳的古董。第二次世界大战后 10 年，一名好撒玛利亚人机缘巧合地看到了纳粹抢走的属于我外祖父母的一些物品，并把这些东西寄给了我在纽约的父母。其中有一个华丽的闹钟，还有一个花哨的箱子。另外还有一些五颜六色的大型几何模型、生物反馈机器，还有很多很多画、埃勒里以前的实验色彩风琴，以及堆得像山一样的书。

大穹顶里没有常规的卫生间或厨房。浴缸、水槽和淋浴被我用奇怪的形状连接到上下水道，插入整个结构中。水槽比地面高很多，你只有踩在凳子上才够得着。在这里，传统的隐私、睡眠规律或学习习惯基本是不可能存在的。

图 2-3　埃勒里站在即将完工的"拉尼尔地球站"前面。

图 2-4 大穹顶内部

我喜欢这个地方，在这里睡觉时都会梦到它。

多年后我才意识到，埃勒里让我设计我们的房子，对我来说是一次信仰的飞跃。他本可以更多地干预其中，但我认为他更想要我学会冒险，在错误中成长。

如果是这样的话，那他的确太成功了。在我搬走后，埃勒里决定继续住在大穹顶里。他在那里住了 30 年，直到房子的零件开始出现故障。有一次，他刚走出房子，离地面最近的大穹顶的第一个环轰的一声坍塌了。整个半球一起塌了下来，垂直的高度没有了，但没有损坏里面的任何东西，就像是气动升降机上的卡通房子一样。等到我去看的时候，他已经换上了一个新的穹顶。

可惜"针"已经没有了，还有我设计的另外一些奇怪的形状也没有了。

埃勒里在尚有余力时继续教书，他已经把这当作终身事业了。

从新墨西哥州公立学校退休后，他又开始在白沙导弹靶场教小学。他在穹顶里住到了近 90 岁，直到生活不能自理为止。

我虽然搬走了，但从没有完全离开过。由于我从小生活在这样一个奇特的环境中，我发现生活在正常的地方挺不容易的。我很难适应直角墙壁和正常作息。在我 30 多岁的日子里，我花了很长的时间强迫自己以传统、整洁的方式生活。之后，我遇到了我的妻子。她的母亲有洁癖，因此，作为一种逆反，我妻子很喜欢乱糟糟的生活。我们扩建了我们的家，建造了一种类似于以前那个"针"的结构。在某种意义上，我们又搬回了穹顶。

03
03

批处理

从原子到比特，再反过来

在我还未满 14 岁时，我参加了新墨西哥州当地大学举办的化学夏令营。和我一起的有来自全国各地的数百名孩子，但也许只有几十个，我记不太清楚了。

我们在大巴车上坐了很久。透过一排倾斜的劣质铬合金窗户，沿着山路，我看到了远处缓缓盘旋的沙漠和点缀其间的仙人掌。我把自己想象成一个光子，一路上受到沙漠热气的干扰。

对窗外的风景，我早就习以为常，但强烈的阳光在大巴里投射出的条纹让我着迷。阳光下，孩子的脸变得半透明，活像薄薄的玛瑙片。

颠簸在泥巴路上，有一种疲惫与清醒交织的感觉。我们在龟形的山顶上通过望远镜看到了真正的白沙，远处就是以白沙命名的导弹靶场。作为唯一的本地孩子，这是我唯一一次感到比其他孩子知道得更多。

我记得我还遇到了一对长相精致、长着雀斑的双胞胎姐妹。她们来自科罗拉多州，用同龄人的口吻与我聊天，虽然我比她们小好几岁。"我们的父母都是化学家！"很奇怪的体验，也很让人开心。

对我来说，化学蕴含着纯粹的美感和巧妙性。我们的宇宙就是一堆基本粒子，它们通过创造奇妙的形状，即电子层，形成了有趣的原子。这些原子恰好形成了有趣的分子，最后进化出了我们。

我和父亲建造了一个几乎不具功能性的精致结构，这个结构与我们人类在自然的核心里发现的水晶对称结构相同。所以，我非常了解这种结构到底有多么脆弱。整个方案在现实中似乎不大可能实现。这些粒子本身并没有机会进化，那它们是怎样完美地向我们呈现了这场大秀？只要它发生了小小的改变，整个宇宙就将崩塌，就像一个错误的比特可以摧毁整个程序一样，或像一个猪环形钩扣可以让整个网格穹顶崩塌一样。

这种问题总会有答案。多年后，我遇到了一位名叫李·斯莫林（Lee Smolin）的物理学家。他提出，宇宙实际上可以进化，黑洞内部会产生新的宇宙，这要建立在拥有有趣属性的粒子群上。

我当时对这样的理论十分敬畏。我学会了制作各种化学物质，比如水果气味和爆炸物这种常见的东西。"拉尼尔先生，你能不能考虑一下今天在街对面的空地上结束你的实验？"

直到夏天结束，我也根本没想过要去上高中。我直接去了大学。

我并没有提供高中同等学力证明，也没有正式办理入学手续，而是直接登记入学了。我不记得这到底是怎么发生的。大概是我本来应该读高中，但我接受了大学教育。我作为全日制学生注册了所有课程，根本就没有上过高中。

到底是侥幸还是作假，我也不记得了，反正我很快就成了全日制大学生。

权限

大学里有很多奇妙的地方等待我去探索。

我在音乐系旁听作曲课，学会了分类对位法和管弦配器法。我有一段时间对钢琴小品的写作很感兴趣，就像萨蒂（Satie）或韦伯（Webern）那种类型。一位作曲老师反复要求我写长一点，我也照做了。我写了一篇又一篇，直到有一天，他对我说："拉尼尔先生，你让我感到十分惊讶。这些作品真是天马行空。"

学校里有一个上锁的房间，放着一些难得用一次的管弦乐器。我在这个房间里练习了倍低音巴松笛、钢片琴和其他来自高贵欧洲文化的奇妙乐器。

我的母亲去世后，单簧管成了我的寄托。她还给我留下了一架维也纳齐特琴，上面印着一些花的图样，另外她还给我留下了一把小提琴和一架钢琴。我以无比严肃的态度，全身心地投入钢琴弹奏中，可惜在我母亲死后，我发现自己再也不可能成为古典钢琴家。我迷上了光怪陆离又激情四射的即兴表演。

我把母亲留下的齐特琴当作实验仪器，用调音扳手的手柄背面敲击它，制造出一种具有英雄气质的声音，我觉得这种声音非常适合为超人电影配乐。母亲去世之前，我只上过一两节基础的小提琴课，而在后来的几十年里，虽然我一直保留着母亲的小提琴，但几乎没看过一眼。令我高兴的是，我在 50 多岁时，又发现了作为初学者开始学习这件乐器的乐趣。

学校里还有一个电子音乐实验室，里面有一台穆格电子音响合成器，还有其他一些高级设备。（我发现大学都喜欢买昂贵的设备。我最终让他们购买了昂贵的 VR 系统。）

鲍勃·穆格（Bob Moog）用简单的合成器模块创造了一种经久不衰的技术语言。我很喜欢摆弄这些东西，并在磁带上创作了一些有趣的音乐作品。通过设置一个反馈通道，合成器可以接入一个均衡器。这种设置非常灵敏，你在附近的空气中拍手，都会产生令人震撼的共鸣。

数学系里一些留着大胡子的怪人花了数天时间证明阿尔贝群定理。虽然我不太懂所谓的定理，但在数学大楼里围观这一过程，仍让我有一种进入圣殿的感觉。这就是我梦寐以求的地方。当我第一次理解了为什么 e 的 i 乘以 π 次方等于负 1 时，我激动得夜不能寐。埃勒里曾经告诉过我这种感觉，但我一直不相信，直到我亲自"证明它"。

可恶的比特

因为邻近导弹靶场，新墨西哥州立大学设有当时很优秀的早期计算机科学系。

起初，计算机科学远不及数学或化学这么火。研究亘古不变的真理要比研究计算机程序这种人类发明高贵得多。

尽管如此，我仍然认为计算机才能化解我的焦虑。作为一个 14 岁的孩子，我对地球轨道十分担心，认为它真的是岌岌可危。在我看来，我们只是在太空中旋转，任何恰巧经过的重物都可能把我们撞向太阳。虽然过去的数十亿年里都没有发生过这种事故，但令我担心的是如果某一天发生了，是否有任何设备可以保护我们地球的轨道。我们还需要一个自动调节系统，这个系统必须由计算机控制。因此，我选择学习计算机。

当时，如果学生要使用计算机，一般是拿一张打孔的卡片到服务窗口，交给技术员。技术员将你的卡片交给另一个更高级的技术员，这个高级技术员再将卡片插到一台大多数本科生根本没有机会看到的高级机器中。这样；你就预约了使用计算机的机会。

沙漠中的风十分狂躁，走路时必须倾着身子，风衣会被吹得像喷溅电动机一样来回摆动。你经常可以在天空中看见卷着打孔卡的旋风，卡片像松鼠一样跳动着。惊慌的学生尖叫着追赶自己的卡片，但我十分怀疑这些人能否把吹到半空中的卡片追回来。有一次，我的卡片也被吹走了，我也尖叫着追赶它，不愿意接受丢失卡片的事实。

有一天，我在窗口前排队，我的打孔卡被放在一个和墙一样长的布满凹痕的架子上，压在一本旧的《万有引力之虹》（*Gravity's Rainbow*）下面，上面还盖有牛仔竞技和美式足球的海报。

《万有引力之虹》的作者托马斯·品钦（Thomas Pynchon）从未公开露面，没人知道他长什么样。

站在我后面的那个人喃喃自语："这人就是个浑蛋。"

说谁呢？我吗？

我转过去，看到了一个军人。他穿着制服，戴着呆呆的眼镜，目光犀利，金发修剪得整整齐齐，很帅气。

我问道："什么情况？"

"品钦！他不让我们看到他！信息不对称！他看得到我们，但我们看不到他。这是一种权力炫耀。"他怎么能这样说一个伟大的作家？

"小说家没啥权力吧？"我说道，"我的意思是，他可能只是不想被打扰。他又不是控制着导弹的军政人物。"

"你没懂我的意思，呵呵。"

我最后尝试着说服他："如果一个作家想低调一点，这没什么坏处吧？这只是保护隐私，就像旧雕塑上的一片无花果叶子一样，对我们来说并不重要。"

"无花果叶子是终极信息武器。孩子，很显然你没听懂我的意思。"

终于轮到我取卡片了。

"好吧，很高兴认识你。你叫什么名字。"

"我不会告诉你的，孩子。"

我现在都很好奇，他到底是怎么回事。

山羊

大学学费很低，那个年代都是如此，现在看来真是低得让人难以置信。可再低的学费也是一笔开支，埃勒里当老师挣得并不多，上大学都是我干出来的荒唐事。最后的解决方案是山羊。

我与住在穹顶附近的一只山羊交上了朋友。它是一只可爱的吐根堡山羊，像一只小鹿，性格很大方。

有了一只羊，就会有第二只。羊群一般都有自己的名字，而我的羊群叫"地球站羊群"。

接下来就是学习制作乳酪，然后弄清楚怎样卖掉这些乳酪。这门生意有一定的市场，而且竞争不大。东部人为了健康搬到了沙漠，他们有时候喜欢更容易消化的羊奶制品。

我最大的客户是当地的一个嬉皮士食品"合作社"，另外还有一些散客。我挣的钱足够缴清大学的费用，而且我还很节约。

靠着羊奶生意支付大学学费，听起来有点奇怪，但这是里奥格兰德式的农业之旅。新墨西哥州立大学还有一个很大的农业学院（那里的美式足球队名叫"阿吉斯"），我所做的这种生意其实很普遍。

每天早晚挤羊奶是很累的活儿。此外，我还要修剪它们的小蹄子，喂给它们成堆的干草，但我依然很爱我的羊。

信不信由你，我的羊都知道自己的名字，它们已经被驯服了。大部分羊是以昴星团的星星命名的——阿尔库俄涅、梅洛普……我学会了呼叫山羊，还和它们说话。我养的羊是努比亚山羊，它们的叫声并不是普通的"咩咩"声，而是一种听起来有些吓人的惨叫声，有点像亚美尼亚杜杜克笛的声音。每到挤奶的时候，我会用英语夹杂着山羊的叫声，挨个儿叫它们的名字，听到呼唤的羊会冲进穹顶，站到挤奶台上，我就在那里给它们挤奶。和其他挤奶方式比起来，这样更卫生，也能更快地进行冷藏。

我还为它们吹笛子，就像彼得·潘一样。我为"地球站羊群"感到自豪，一想到要杀掉小羊，就会感到很难过。唉，可惜大多数雄山羊除了被杀掉，没有其他很大的经济价值。为此我研究了每个有关民间山羊养殖的无稽之谈，然后用奇怪的酸东西喂它们，并鼓励它们跳上穹顶。虽然我的试验规模太小，不足以有普遍意义，但确实成功了，我的羊群几乎不生雄羊。另外，我还想提一下，我的一只名叫安利斯的羊，还在有一年的新墨西哥州博览会上获得了最佳乳房奖。

大学要求学生选择一项运动或家庭经济选修课。我当然没法在运动方面赶上比我大很多的同学，他们通常是来自大型农业学校的大男子主义者，所以我成了班上唯一选修缝纫课的男孩。我比选修课上的女孩小得多，她们认为我很可爱。如果我和她们一样大，可能就会成为嘲笑的对象。有一阵子为了省钱，我的衣服都是自己缝的。我还记得我做了一件罗宾汉斗篷。

我刚进大学的时候比大多数学生都要小，几年后才开始适应大学生活。我终于成了一个小伙子，虽然我仍然不是一个完全正常的普通人。

埃勒里教我开车，但我一路上都在尖叫。"你必须时刻准备好应对突发事件。有的司机可能喝醉了，有的可能是杀人犯。你的车还有可能突然爆炸。"

我的大学生活相对比较平静安全，这正是我想要的。

今天，一些在研究方面出类拔萃的年轻人告诉我，他们多年来一直在激烈的竞争中挣扎，根本没办法放松，这严重影响了他们的创造力。除非他们出生于富有的家庭，否则他们的未来其实早就被规划好了，那就是拼死拼活地偿还天价学费。他们只能在退休后或卖掉初创公司后才能享受生活。

在我搬离新墨西哥州很久之后，埃勒里在 80 多岁时又回到了校园，获得了同一所大学的博士学位。他的论文主题是"女性运动员的生理学"。

真实生活中的像素

我还记得一名教授教我"像素"（"图片元素"）这个词的情景，这个深奥的词语对他来说是十分奇怪、拗口和新鲜的。"像素"一词已经使用了十来年，主要与卫星数据有关，但几乎没有任何计算机实际支持交互式像素。

后来，学校买了一台名叫"泰拉克"的像素绘画计算机样机，我整夜都在黑暗中，用迷幻曼荼罗在这台计算机上编程。在那个时候，要找出一种数学算法来制作足够快的动画是很困难的。我偷偷地帮助女孩子们潜入数学大楼的地下室，整夜沉迷其中，直到天亮。这是一种无须花言巧语就能给人留下深刻印象的方法。

我习惯从内心深处与媒介相遇。穆格合成器中的振荡器和滤波器以一种独有的方式打动了我，因为你可以感受到它们。实验室里的扬声器用漂亮的柚木套管和羊毛套制成，这些材料不会造成声音的改变，至少不会造成明显的改变，但扬声器对我来说不仅仅是声音。每个扬声器都是一个整体，你可以看到它，感觉它，你不会被迫将声音想象成远离其他现实的抽象的东西。

世界上的每一样东西都有自己的存在，即使高科技也是一样，但这台装有屏幕的交互式计算机着实与众不同。

在玻璃里面，像素看起来是硬邦邦的、遥远的。第一次启动泰拉克时，我就一直盯着这些像素，什么都不做，试图感受它们。这并不是因为它们是硬邦邦的，或是被玻璃隔离的，而是因为它们太抽象了。没有任何具体的东西能够解释像素。我不知道怎样运用没有任何内在特征的人造原子激发创造力，但我仍决定深入其中。

一位教授建议我申请国家科学基金会的经费，用于开发交互式数学教学软件。这太激动人心了。这笔钱会比养羊挣到的要多，而且更为持久，不过我需要参加大型会议，展示我的作品。我在泰拉克上编写了一个小型的烟花演示程序，用来奖励通过课程的学生。

书架

新墨西哥州立大学图书馆丑陋的金属书架靠在煤渣砌块的墙上。宽大的棕褐色地砖上遍布凹槽和划痕，再小的声音也有回声，周围有什么人你都会发现，这简直是躲藏的绝佳地点。我经常泡在那里。我还记得那里最酷也最容易被遗忘的部分。

图书馆的一角放着来自纽约的奇怪的艺术期刊。有一些期刊上印有裸体行为艺术家的模糊照片，如果这些照片清晰一点，就更具有挑逗性了。还有一些期刊上刊登了排版很糟糕的诗歌，但仍然很吸引人，因为这些诗歌并不是很难懂。20 世纪 70 年代的概念艺术出版物散发出粗暴冷酷的气息。让人气愤的是，在纽约或旧金山的图书馆，这些东西半年前就有了。

大多数情况下，我都保持着对图书馆的敬畏。这里有古乐谱和有关奇怪几何的杂志。这些科学和数学单元是图书馆里最棒的部分，就是它们让我了解了最前沿的科技。（我曾经是一名考克斯特迷。[①]）

最早的一些有关计算机运算的非技术书籍分为两部分。其中一

---

① 哈罗德·斯科特·麦克唐纳·考克斯特（Harold Scott MacDonald "Donald" Coxeter）是 20 世纪最伟大的几何学家之一。他探索了对称形式这一宏大的领域，而网格穹顶只是其中非常小的一部分。除了在数学上的地位外，他还是网格穹顶建筑师巴克敏斯特·富勒和艺术家 M. C. 埃舍尔（M. C. Escher）的直接灵感来源。

部分讲的是一种现实与人类未来的系统方法，这部分非常诡异；另一部分则是个人计算经验，这部分令人欣喜若狂，充满着启示。

其中一个例子是斯图尔特·布兰德的《两个控制论前沿》（*II Cybernetic Frontiers*）。书的前半部分是对格雷戈里·贝特森（Gregory Bateson）[1]的采访，主题是控制论将如何改变社会以及我们认识世界的方式。另一半是向首个网络电子游戏《太空大战》（*Spacewar!*）及其所做出的卓越贡献的致敬。

另一本书是泰德·尼尔森（Ted Nelson）的《计算机解放／梦想机器》（*Computer Lib / Dream Machines*）。这本书印刷模糊，就像纽约的概念艺术爱好者杂志一样，而且字体极小，几乎没法看，但它穿过重重迷雾，勾勒出了一幅应许之地的草图，十分吸引人。这本书有两个封面，一个封面描绘了计算机是怎样激发乌托邦政治灵感的，具体内容并没有详细描绘，或者是描绘得不太清楚。把书翻过去，然后倒过来，你就会发现故事和图片的蒙太奇，它们暗示了数字化迷幻的命运。这种效果引人入胜，同时也让人迷惑。[2]为什么要以令人费解的形式推动文化和社会的大众革命？

这些书揭示了计算机文化早期的分裂，而且这种分裂从未消失。它对计算机运算和个人计算的思考，提出了一种大图景的思考方式。

我更青睐个人计算，因为比较有趣。这种大图景的计算方法倾向于推动乌托邦的幻想，因此极具危险性。

对图书馆的深度回忆，让我想起了很久以前，我在华雷斯就读

---

[1]　格雷戈里·贝特森是人类学家，也是最杰出的控制论哲学家。我无法在这里总结他的工作，但我会说，他从维纳（Wiener）所揭示的可怕未来中找到了一条路。他谦卑地提出了一种技术方法，身处其中，人们不会把自己看作万物之灵，而看作一个更大的系统中的一部分。

[2]　几十年后，泰德会说，他最大的遗憾可能是那本书的字体太小。

的小学校里探索书架和唱片的情景。我很怀疑自己还能否找到可以与《尘世乐园》相媲美的东西。

奖励

奖励具有伪装性，它可能隐藏在最无聊的学术期刊中。我最终臣服于伊凡·苏泽兰（Ivan Sutherland）惊人的工作。

现如今，人们有时称我为"VR 之父"。我通常都会反驳道，这取决于你是否相信存在"VR 之母"。

VR 实际上是一大群科学家和企业家长期共同努力的成果。

伊凡在 1963 年的博士论文中提出了"画板"的概念，由此开启了计算机图形学的全新领域。这是人们第一次可以在屏幕上使用计算机生成的图像。

画板与你可能正在用于阅读本书的设备不同。例如，它没有像素，因为像素在当时并没有得到广泛的应用。

在画板中，通常由电子束来回扫描，在老式阴极射线管电视上形成图像。在这项技术里，被捕获的不是像素，而是电子束。你可以像握着铅笔写字那样将它控制在屏幕周围，直接绘制形成棒状图和轮廓图的线条（和我在鬼屋中的玩法一样）。

就凭着这个单薄的技术，伊凡发明并建立了当时人类体验的主要途径之一：屏幕上的交互活动。它的影响力巨大，被认为是有史以来最好的计算机演示。[1]

---

[1] 伊凡的另一个竞争对手是道格拉斯·恩格尔巴特（Douglas Engelbart），他在 1968 年首创著名的生产力软件演示。恩格尔巴特演示了文本编辑、窗口、屏幕上的事项指向和选择、协同编辑、文件版本、视频会议等多项设计，而这些设计如今已构成了我们生活的基石。伊凡的演示有时被称为"有史以来最好的演示"，而恩格尔巴特演示的演示则被称为"演示之母"，尽管伊凡的成果时间更早。

不久后，也就是 1965 年，伊凡提出了一种头戴式显示器的概念。他把这种显示器称为"终极显示器"。1969 年，他制造了一个显示器实体，今天被称为"达摩克利斯之剑"，但实际上这个名字是指从天花板上吊下来支撑目镜的一种支架。通过这些发明，你可以看到一个由计算机程序支持的世界。伊凡把通过他的头戴设备看到的地方称为"虚拟世界"，这一术语来自艺术理论家苏珊·兰格（Susanne Langer）。

我已经能听到 VR 专家的抱怨了。在 VR 的故事中，没有任何细节不涉及优先权的争议。VR 仍然是一个巨大的未知领域，召唤人们去征服它。参与其中的每个人都想提出新的术语，或宣布其优先权，都想要流芳百世。这就意味着，这个领域是很有前途的，甚至可以载入史册。

第 2 个 VR 定义：一个假冒的新前沿，可以唤起探索时代或蛮荒西部的宏伟回忆。①

这本书传达的是我的个人观点，我并不想让它成为一部全面的历史书或辩证著作。即使这样，我也尽量保证公平的态度。

---

① 希望大家不会介意我在这里引入一个讽刺性的定义。讽刺对年轻人来说是很平常的，但随着年龄的增长，即使你没有以前那么爱讽刺了，讽刺也会成为一种"抱怨综合征"。我就正在"讽刺商"的自我评价过程中。现在，我只希望这本书里的讽刺不会太过。

费尔科（Philco）发明了与 VR 中使用的头戴设备相似的最早的头戴显示器，比远程显示设备（指高级遥控机器人）还要早数年。当年还有莫顿·海利格（Morton Heilig）①制作的立体电影观看设备，更不用说在 20 世纪 50 年代把电视机放在头盔里的很多极端艺术家——他们通过这种行为，讽刺当时的人们太过沉迷于新兴的电视流行文化。

所有一切都早于伊凡的成果，但没有任何一个涉及一种互动式的另类世界，这个世界中的无限变化能够补偿头部运动（个人之外的一切都是静止的）。因此，在我看来，第一个可以被看作 VR 设备的头戴设备是伊凡发明的。

伊凡的成果看起来朴实无华，并没有马歇尔·麦克卢汉（Marshall McLuhan）的成果华丽，但在 20 世纪 60 年代这个圈子里的所有人当中，他对未来媒介的影响是最大的。你必须要理解其中的精华，因为他的成果看起来并不那么引人注目。

我很喜欢回忆计算机科学的早期阶段，因为你可以从中看到，计算本身就是一种发明行为。

---

① 莫顿在 1962 年左右制作了一种被他称为"传感影院"的街机原型。你走上一个台子，放松你的眼睛，观察立体观看器。这个设备不仅可以播放立体电影，还可以播放立体音轨。它会抖动你，向你吹风。其中一个体验项目是骑摩托车。我最喜欢的是在游乐园里和女孩约会的项目。这种东西会让你有 20 世纪 60 年代初的纯真感觉。传感影院还被大胆地加入了投影机、录音机、吹风机和电动机。莫顿必须维护这些机器，保证它们运转正常。退休后，他设计并制造了自己的系列踏板车。莫顿还去跳蚤市场兜售这些踏板车。他告诉我，他很喜欢做生意。"我给人们做了一点小贡献，而他们给了我很多。"当我的女儿到了可以玩这种踏板车的年龄时，莫顿已经去世很久了。此时我想起了他，忍不住流泪。

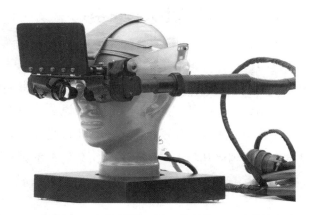

图 3-1　20 世纪 60 年代后期，伊凡最早的 VR 头戴设备之一。

图 3-2　伊凡获得了 2012 年京都奖。

关于计算机，没有什么东西是不可避免的。我们把如此大量的信息放入其中，以致我们根本记不得，我们身处其中的这座大厦中的每一个砖块都是当时一些人出于特殊的癖好放上去的。

缠着陌生人打听伊凡

在童年时期，我曾经想象过一个实验，现在已经可以成为现实了：在中规中矩的得克萨斯州（而不是在戏剧化的墨西哥州）观赏《尘世乐园》。阅读有关伊凡作品的内容对我来说是一种挑战，因为每个句子都让我十分震撼，我不得不停一会儿再接着看下去。可能因为我没有办法看到伊凡的动态演示影片，只能想象那些场景，所以我的这种感觉尤其强烈。

第 3 个 VR 定义：
能够搭载梦想的媒介的希望。

我的梦比较多。我经常会觉得自己是一朵在山腰翻滚的云朵，或是山腰本身，感受着几个世纪以来在我的躯体上铺开的村庄，石头的大教堂刻进了我的肉里，而农民在挠我痒痒。我曾经梦到无法描述的奇妙场景。我与其他人身处一个共同的世界，感到迟钝、无力、僵化。我渴望看到其他人的脑子里在想什么。我想让他们看到我在梦里探索的东西。我幻想着一个永远不会让人厌烦的虚拟世界，在那里，人们会给彼此带来惊喜。如果没有这个工具，我会感到束缚。为什么它还没有到来？

当时，实际的虚拟世界仍然是由轮廓和贴图组成的，就像画板一样。结构很简单：代表地板的网格，以及一些简单的几何形状。

直到最近，终于出现了计算机渲染的三维物体填充静态图像。这并不是移动式或交互式的图像，即便如此，在某本计算机科学杂志上还是出现了一个带有侧面阴影的立方体！当时的计算机就像是一个学着画蜡笔画的幼儿。

虽然只是一个立方体，但它是由计算机制作的，而计算机将会变得越来越强大。总有一天，计算机将绘制出树木、天空、生物和海洋。也就是说，总有一天，计算机不仅可以绘制《尘世乐园》，还可以绘制任何乐园！

你终将通过这台从天花板上吊下来的设备，创造出任何地方并身处其中。其他人也可以和你一起，就像斯图尔特·布兰德编写的网络电子游戏那样。除了星舰，你们还可以去其他任何地方。这是一个强大的想法，我心潮澎湃，不得不在地上坐了一会儿。

我一瞬间就迷上了这种潜力——多人分享一个地方，实现一种新的认同现实。在我看来，虚拟世界的"社交版本"应该叫作虚拟现实。这又反过来要求人们把身体放在 VR 中，从而能相互看见。但所有这些都必须等计算机技术有所进步才能实现。

我当时 15 岁，兴奋得难以自已。我必须告诉别人，任何人都可以。我有时会冲出图书馆大门，因为我无法保持安静。我会在新墨西哥州强烈的阳光下，冲向人行道上的陌生人。

"你必须看看这个！我们能用计算机将人们放到彼此的梦里面！任何你想象中的场景都可以！这些东西将不再仅仅出现在我们的脑海里！"我有时会随便找一个可怜的家伙，向他挥舞立方体的图片。那个人可能会礼貌地应和我。为什么这些人能够对这个世界将要发生的最惊人的事情视而不见？

别忘了，这是在互联网出现之前发生的事。因此，要与陌生人交谈，你只能亲自走上前去。

我为何喜爱 VR

（关于基础）

回想一下，这本书有两种内容。一种是讲故事，另一种是探索有关 VR 的主题。本章是关于第二种内容的首次出现。在这里，我将展开与 VR 有关的科普。之后的另一个相关部分将讲解 VR 系统的不同方面，例如可视化显示器。

镜中显现

尽管 VR 的使用越来越广泛，但 VR 中的很多乐趣仍存在于思考本身。

思考 VR 的一个方式是超现实的思想实验。想象一下，如果在宇宙中切除了一个人形的腔体，对这个腔体周围向内的表面，我们应该怎样描述呢？

第 4 个 VR 定义：用模拟环境界面替代人与物理环境之间的界面。

你可以将理想的 VR 设置想象成一个感觉运动镜，或者说人体的反像，随你喜欢。

例如，为了让 VR 的可视部分起作用，你必须计算在你向四周张望时应该在虚拟世界看到什么。在你的眼睛四处张望时，VR 计算机必须不断地尽快算出你要在虚拟世界中看到的图像。当你向右看时，虚拟世界必须往左偏转作为补偿，以创造一种错觉，让你觉得这个世界是静止的，是外在独立于你的。

早些时候，我习惯于像这样对从未听说过 VR 的人们解释它的最基本原则。人们第一次体验 VR 时，简直是乐不可支！

无论是人类身体哪个部位佩戴传感器，比如眼睛或耳朵，VR 系统都必须对这个部位施加刺激，创造一个虚幻的世界。譬如，眼睛需要可视化显示器，而耳朵需要扬声器。但与之前的媒介设备不同，VR 的每个组件在发挥功能时，都必须密切地反映人体的运动。

第 5 个 VR 定义：人类感官和运动器官的镜像，你也可以把它想象成人体的反像。

或者，更具体地说，可以是下页的第 6 个 VR 定义。

终极 VR 系统将包括足够的显示器、驱动器、传感器等设备，保证个人能体验任何事情。你可以成为任何动物或外星人，置身于任何环境，做任何事，并拥有完美的现实体验。

"任何"这类词在 VR 定义中经常出现，但在使用 VR 后，大多数研究人员都会渐渐对"任何"这个词产生怀疑。这个看似无害的词到底有什么问题？

第 6 个 VR 定义：一组越来越多的共同运作的小工具，与人类感官或运动器官相匹配。目镜、手套、可以滚动的地板，这一切可以让你感觉在虚拟世界中走了很远，而实际上你是原地不动的。这个清单无穷无尽。

我的立场是，在特定的年份，不管我们能预想到多远的未来，最好的 VR 系统也无法完全囊括人类的所有感觉或人类对所有事物的衡量。不管 VR 到底是什么，它总是在追寻一个最终目的，一个永远无法实现的目的。不过并不是所有人都同意我这个观点。

一些 VR 狂人认为，VR 最终会超越人类的神经系统，到那时，就没必要再对它进行改善了，因为它将会与人类的感知媲美。

我不同意这个观点。一是因为人类的神经系统经过了数亿年的进化，已经可以根据具体情况将自己调节到现实的量子极限。譬如，视网膜可以对单个光子做出响应。当认为技术可以全面超越我们的身体时，我们忘记了自己对身体和物理现实的了解。宇宙中不存在无限细度的颗粒，而身体可以在需要时将自己调节到任何细度。

总会出现这样一种情况：无论一个媒介在技术层提供的错觉有多么精细，与无中介的现实相比，它都会显得有点不对劲儿。伪造的总是更粗糙、更笨拙，多少有些不自然。①

但这不是解释我们的模拟不能超越身体的最佳理由。

在高品质的 VR 面前，我们会越来越挑剔。VR 会训练我们具备更好的感知能力，可是最近出现的花哨的 VR 设置看起来不再具有高品质了。提高 VR 的整体意义就是让 VR 一直保持淳朴。

通过 VR，我们学会了感知是什么让物理现实变得更为真实。我们学会了利用身体和思想不定期地进行新的探索实验，其中大多数探索都是无意识的。高品质 VR 的到来，提升了我们辨别和体验物理特性的能力。关于这个主题，我会在之后多次探讨。

我们的大脑不是一成不变的，它们具有很好的可塑性和适应性。我们本身并不是固定的目标，而是创造性的过程。如果人类发明了时光机器，就有可能将一个人从当下投放进高度复杂的未来 VR 设置中，而且这个人会信以为真。同样，如果我们过去把人们投放到我们现在的 VR 系统中，他们也会信以为真。

改编一句亚伯拉罕·林肯（Abraham Lincoln）的名言："你可以用当时的 VR 愚弄一些人，也可以用未来的 VR 愚弄所有人，但你不能用当时的 VR 愚弄当时的所有人。"

原因就是，人类的认知永远在进步，而且通常都会超越 VR 的进步。

---

① 关于这个观点的争论十分普遍，尤其是在 20 世纪 80 年代。从当时到现在一直存在的观点是，我们最终将通过一种假设的终极纳米技术掌控物理现实中的每个细节，这样，VR 和物理现实之间就不再有区别了。例如，增强的人类解剖学假设的未来怎么样？如果我们通过增强的感觉器官更好地看清这个世界，我们是否也能直接利用模拟数据来提供同样的器官？这些争论无休无止，但我仍然认为，在探测伪造方面，大脑会不断进步。请记住，我们不能超越现实的交互性。如果我们有一天利用超高分辨率的人工视网膜提高了我们的视力，因而能看到更多的颜色——即便到那个时候，感知的关键仍然是交互性，是探测。如果到了那个时候，我们环顾四周，VR 也不会与我们通过新眼睛看到的世界一样真实。

第 7 个 VR 定义：相比之下，较粗糙的模拟现实促进了我们对物理现实深度的认识。随着 VR 在未来的进步，人类感知也会相应进步，并让我们学会更加深入地挖掘物理现实。

由于 VR 技术在未来会进步，我们人类也将会成为更加优秀的"天才侦探"，具备新的技巧来区分幻觉与现实。

现在的天然视网膜和未来的人造视网膜都会有缺陷和错觉，因为所有的传感器都是如此。大脑会不停地运转和测试，并学会观察这些错觉周围的情况。微小的感觉力量不断流动——手指压在柔性材料上，皮肤里的传感细胞就会激发神经元，将按压信号反馈给大脑——这样的流动就是感知的血液。

用动词，而不是名词

在描述人们与现实之间的交互时，VR 研究人员更喜欢用动词，而不是用名词。人类与宇宙其余部分之间的界限更像是一个战略游戏，而不是一部电影。

身体和大脑不断尝试着探索和测试现实，而现实是一种回归。从大脑的角度来看，现实就是对下一刻的预期，而且这种预期必须不断调整。

在 VR 中，可以感觉到一种随时面临预期的认知动力。[①]

所以我们怎么可能模拟出一个人的替代现实？实际上，VR 与模拟现实无关，而是与刺激神经预期有关。

第 8 个 VR 定义：一种能使大脑填充空白并掩盖模拟器错误的技术，从而使模拟现实看起来比原本的更好。

VR 的可操作定义总是关于接近理想的过程，而不是实现理想的过程。不管怎样，是接近，而不是实现，让科学成为了现实。（如果你觉得这种理解科学的方式不够清楚，请阅读页下注。）[②]

[①] 有人建议说，这和"太极"中的"极"是一个意思，但我对此不太了解。

[②] 以下这个例子能证明，科学是关于接近，而不是关于实现的：20 世纪给我们带来了两个物理理论——量子场理论和广义相对论。这两个理论都非常完美，目前还没有人成功设计出任何实验来反驳它们的准确性。但在某些有关宇宙整体或黑洞的极端情况下，这两个理论又相互矛盾。

因此我们认识到物理学尚未"完成"。这并不意味着进步是不真实的。相对论让我们的 GPS 传感器具备精确性，而量子场理论让我们可以将结果数据存入海底的光纤电缆。如果没有这些理论，我们是不可能做到的。但仍然有更多的东西等待我们去发现。

科学并不意味着一定要得到最终结论，这样说可能会带来情绪上的不满。我们的大脑会产生思想，也想要现实和思想一样，立场鲜明，具备柏拉图精神。但科学只意味着逐渐的进步，在无尽的黑暗中点亮烛火。

大脑可以产生固执的想法，并希望现实以某种指定的方式发展和结束。唉，我们从未完全地、即时地理解永恒的现实。

由于科学并不能绝对实现，人们可能觉得在情感上被科学欺骗了。这就像我们想要一个完美的国王，但我们得到的只是不完美的政客。这种感觉很糟糕。（接下页）

科学的逐渐进步是一个宏伟的过程。人们需要一段时间才能适应这种进步，一旦你见识了它，科学的逐渐升华就会成为一种美，一种信任的基础。

鉴于这种感性精神，我很欣赏完美的、完整的 VR 形式的无限魅力。完整的现实永远不会为人所知，VR 也是如此。

第 9 个 VR 定义：一项研究，有关连接人与世界间感觉运动的循环，以及该研究通过工程进行调整的方式。这项研究永无止境，因为人在研究中会不断变化。

（接上页）

我也有这种感觉。我有时希望科学可以完美一点，但其实你只能习惯事物真实的现状。我们能进步，这本身就是一个奇迹，一个惊喜，一件令人惊叹的好事。我们可以理解的比以前更多。即使这样，一想到我们并不是全能的，也让人颇为沮丧。

我们理解中的缺陷，可以让我们以抨击政客的方式来抨击科学。气候变化否认者和反抗疫苗人士认为，如果科学没有完全实现，那么，任何事情都不会得到解决。有时候，某些人工智能人士可能认为，因为我们了解到了一些关于大脑运作的知识，我们就一定了解了大脑运作的所有关键信息。

我感受到了这些夸张想法背后的情绪，但科学值得信任的原因就在于，它并不承诺万能。只有江湖骗子才会承诺自己是万能的。科学已经解决了一些问题。朋友，虽然你想要的是一切，但要接受其中的一部分，有那么困难吗？

当你抨击体面但不完美的政客时，你只会得到假装成国王的更糟糕的政客。当你抨击不完美但有效的科学时，你就给了骗子可乘之机。

避免恶习

有一种流行的隐喻，认为神经系统的运作，就像日常物品遵循它自己的原理运行一样，而事实上物品与大脑的运作原理完全不相干，这种隐喻已经变成了理解的障碍。譬如，人们常常会认为眼睛就像照相机，耳朵就像耳麦，大脑就像计算机。我们将自己想象为 USB（通用串行总线）发言人。

一个更贴切的比喻是：我们的头是一个间谍潜艇，被派往世界各地执行大量的实验任务，看看各地到底有什么东西。放在三脚架上的照相机拍出的照片通常比我们手持相机拍出的照片更加精确。眼睛则恰恰相反。

如果你将自己的头部固定在一个老虎钳上，更具体地说，如果让负责眼珠在眼眶里转动的肌肉失效，也就是模拟眼睛放在三脚架上的场景，你暂时会和以前一样看得到东西，感觉像是正在看电影。然后，一些可怕的事情发生了。你周围的世界将会褪成灰色，然后消失。

视觉依靠的是神经系统进行的连续实验，主要通过头部和眼睛的运动来实现。看看你的周围，注意当你尽可能以最小幅度移动头部时会发生什么。真的，先别看书了，就向周围看看，注意你看东西的方式。[①]

当你尽可能以最小的幅度移动头部时，仍然可以看见离你不同距离的物体的边缘以不同的方式排列起来，响应头部运动。这在业界被称为"运动视差"，是 3D（三维）感知的一个重要组成部分。

你还会看到很多东西在光照和质地方面的细微变化。看着另外一个人的皮肤，你会发现，当你的头部移动时，就能看到皮肤内部。（皮肤和眼睛共同演变，以实现这一点。）如果你在看另外一个人，

---

① 如果是盲人，这个原理同样适用于听力。

你会看到，当你仔细观察时，各种不可思议的细微的头部动作信息在你们之间来回跳动。这就是所有人之间的一种秘密视觉运动语言。

如果你不能感知到这些东西，你可以进入 VR 一段时间，然后跳出 VR 并再次尝试。

视觉实现的方式是追随和注意变量，而不是常量。因此，在即将看到的东西中，存在一种神经预期。神经系统的运作方式和科学界有点类似，它拥有贪婪的好奇心，不断地测试我们对外界事物的想法。当一个 VR 系统暂时说服这个"圈子"一致支持替代假设时，它就成功了。（如果 VR 能获得永久性的成功，一种新形态的灾难性政治失败就会发生在我们身上。但我们对成功的临时 VR 体验越熟悉，就越不容易陷入这个悲惨的命运。）

一旦神经系统得到足够的线索将虚拟世界视为预期的基石，VR 就可以开始提供真实的感觉。从某种意义上来说，这种感觉太过真实，简直是泄露天机。

神经系统作为一个整体，会在某个时间点选择一个让人信服的外部世界。VR 系统的任务则是将神经系统提升到超过一个阈值，使大脑在一段时间里相信这个虚拟世界，而不是物理世界。

第 10 个 VR 定义：从认知的角度来看，现实是大脑对下一刻的期待。在 VR 中，大脑在一段时间里被说服期待虚拟的东西，而不是期待真实的东西。

关注自我的技术

VR 是一个难以解释的课题，因为它很难被限制在某个领域内。它直接与其他学科相关联。我曾经为了 VR 这一学科的工作，请教过数学、医学、物理、新闻、艺术、认知科学、政府、商业和电影领域的人士，当然还有计算机科学领域的人士。

第11个VR定义：VR是最中心的学科。

对我来说，VR 最大的价值就是去除杂味。

每个人都习惯了生命以及我们的世界中最基本的体验，我们认为这是理所当然的。而一旦你的神经系统适应了一个虚拟的世界，等你回过神来，就有机会体验在微观世界中重生的感觉。最普通的表面、廉价的木材或普通的土壤，都在短时间内因其无限的细节大放异彩。甚至凝视另一个人的眼睛这件事都变得颇具冲击力。

VR 在过去和现在都是一种启示，而不仅仅是重新揭示一个外部世界这么简单。在某个时刻，你会突然注意到，即使一切都在变，你还是在那里，在世界的中心体验存在的一切。

在我见到了那只巨大的手之后，我自然地转而利用动物、各种各样的生物，甚至是有生命的云朵来做实验。当你将身体转变到一定程度时，就能开始感受到强大的效果。有关你与你的世界的一切都可以变化，但你仍然在那里。

这种体验太过简单，以致很难传达。在日常生活中，我们已经习惯了活着，但其实活着就是一个奇迹，只是让人觉得平凡。我们开始感觉到，仿佛包括我们在内的整个世界都只是一种机制。

机制是模块化的。如果将一辆车的所有零件用直升机的零件替换掉，那么到最后你将会得到一架直升机，或是一个垃圾组合，但绝不会是一辆汽车。

同样，在 VR 中，你可以一个一个地替换体验中的元素。你拿走房间，用西雅图替代它。然后拿走你自己的身体，用一个巨大的身体替代它。即便所有的元素都消失了，但你还在那里，体验着剩余的一切。因此，你与车和直升机是有区别的。

即使身体变化了，整个世界的剩余部分也变化了，你的体验中心仍然不会变。VR 剥离了现象，揭示了意识始终存在并且保持真实这一道理。VR 是一种将你暴露给自己的技术。

我并不保证 VR 体验者一定会注意到那些最重要的景象。我之前也没有注意到我正在研究的东西中最基本的元素，直到我发现了 VR 中的漏洞，比如那只巨大的手。我想要知道，怎样的元素阈值可以让其他人欣赏到 VR 体验中最基本但最深刻的本质。

第 12 个 VR 定义：
VR 是关注体验本身的技术。

技术改变一切，因此，我们有机会发现这样一个道理——通过尽可能地推动技术发展，我们就能重新发现自身中超越技术的一些存在。

VR 是一种以最人性化的方式接近信息的方法。它暗示了一种以内在为中心的关于生命和计算的观念，这与大多数人熟悉的观念几乎是相反的①，而这种反转具有巨大的影响。

VR 研究人员必须承认内在生命的现实，因为如果没有它，VR 将是一个荒谬的想法。一个人的 Facebook（脸谱网）网页可以在他死后继续存在，但他的 VR 体验将不复存在。如果不是你的 VR 体验，那还能是谁的呢？

VR 让你能够以纯粹的方式感受自己的意识。你存在于系统中一个固定的点上，除此之外，其他的一切都可能发生改变。

在 VR 里，你可以体验与朋友一起飞翔的感觉。你们都能变成散发着光芒的天使，翱翔在镶满黄金尖塔的外星球上空。想想当你在这些黄金尖塔上方翱翔时，到底是谁存在于这个世界中？

大多数技术会让人觉得，现实只是一片由小玩意儿构成的海洋，你的大脑和你的电话以及云计算服务融合成一个超级大脑。你对 Siri（苹果智能语音助手）或微软小娜讲话，就好像它们是真人一样。

VR 这种技术强调了你的主观体验的存在。它证明了你是真实的。

---

① 这是一个对某些人来说显而易见的观点，因此他们会觉得我说这些有点儿无聊，而另一些人则会觉得有点儿困惑。如果你觉得困惑，可以看看这本书后面有关人工智能的章节（从第 19 章"宗教的诞生"一节开始）。

系统漏洞

（VR 的黑暗面）

疯狂的机器人

在我的母亲去世后，一个警句帮助我离开了医院："选择生活。"我当时才十几岁，靠着这个警句，我回到了生活中。

在我刚上大学时，埃勒里给了我一本诺伯特·维纳（Norbert Wiener）的《人有人的用处》（*The Human Use of Human Beings*），那时我对计算机科学产生了兴趣。这是一本很可怕的书，因为在当时来说，这本书相当超前，对一些基本术语，维纳都必须做出定义。他在书中阐述了一种未来计算方法，并称之为"控制论"。

维纳意识到，终有一天，当计算机完全融入人类事务时，我们只能把人类和计算机理解为一个系统的不同部分。这点现在看来可能是显而易见的，但在当时是一个跨越性的伟大预见。①

在计算机技术的开始阶段，维纳并不是一个很受欢迎的人，遭受了各种批评。他是个怎样的人，对我来说并不重要，重要的是他有着清醒的头脑，第一个占领了这些新理论的高地。

"人工智能"一词是 20 世纪 50 年代末于达特茅斯举行的一次会议上提出的。这一术语出现的原因之一就是，维纳的一些同事很讨

---

① 维纳是与计算相关的"系统"著作的鼻祖，但由于所处的时代实在太过久远，他的作品少了点迷幻色彩，而《两个控制论前沿》和《计算机自由／梦想机器》这些书就颇具迷幻色彩。

厌他，他们认为必须要提出一个新的名称来代替控制论，因为当时控制论开始流行，而它与维纳相关。然而，这些人提出的替代术语和控制论指的并不是同一个东西。

"人工智能"的目的在于，在不提及人类的情况下描述未来计算机的特质。这表明，即使人类都死亡了，计算机仍然会作为独立的实体存在，虽然在那时，已经没有任何人再关注它们了。

相对来说，"控制论"的目的仅在于，计算机和人类在彼此存在的背景中理解对方。这与形而上学无关。

维纳说的对，人工智能搅浑了一潭池水。在这本书结尾，我会回溯到对人工智能的看法，但现在让我们想想维纳的想法对 VR 有什么意义。

恐怖方程式

一个方程式就可以总结出，为什么维纳的书这么可怕：

$$图灵^{摩尔定律} \times （巴甫洛夫、华生、斯金纳）= 僵尸启示录$$

第二次世界大战刚开始就给人们留下了恐惧感，人们担心人类的能动性可能会受到技术的威胁。纳粹利用电影宣传等新技术，在发明工业化版本种族灭绝时招揽了一大批追随者。在这样的阴霾中，我的母亲就像是一个微小的像素，一个本来无法存在的幸存者。

战后，每个人都感到迷茫，这到底是怎么发生的？还会再发生吗？我们能在最开始发现它吗？发现之后又该怎么办？

战后的人们担心思想被控制。伊万·巴甫洛夫（Ivan Pavlov）、约翰·B. 华生（John B. Watson）和 B. F. 斯金纳（B. F. Skinner）这

样的心理学家已经表示，可以利用受控反馈来改变行为。威廉·巴勒斯（William Burroughs）、托马斯·品钦和菲利普·K.迪克的作品被视为赛博朋克流派的代表，常常带有现代偏执的黑暗金属风格，而大部分现代科幻小说也具备这一风格。这一切都是从一些科学家向惶恐的普通人炫耀实验室权力开始的。

最初的一些行为主义者处处透露着嚣张气焰，好像他们有权宣布怎样在实验室或社会中设计其他人一样。他们还带有极权主义倾向，好像除了行为主义，了解人类的其他任何方法都无关紧要。

巴甫洛夫就是在狗吃东西时摇铃的那个人，他证明了只用铃铛就能让狗流口水。华生进行了残忍的"小艾伯特"实验。当动物出现在婴儿周围时，他就会吓唬这个婴儿，他证明了可以让人类永远害怕动物。斯金纳则设计了一个实验盒子，在实验室中了解动物的条件反射。

流行文化中的行为主义已经沦落为一些小玩意儿了。就算是美国总统，你也可以发推文请客，以此引起人们的注意。当听到"狗哨"时，你马上就会"流口水"。斯金纳盒子就是一个原型。在斯金纳盒子里的人会有一种掌控一切的错觉，但实际上是他被盒子控制，或是被盒子背后的人控制。

关键区分必不可少，而正确区分并不容易。我曾经被行为主义者的文化所排斥，虽然它并不是属于实用科学的行为主义本身。过去我考虑用训练山羊来证明行为主义的有用性，但在今天，我可能会提出认知行为疗法。

我大学时痴迷于研究怎样划分实用科学和恐怖的权力炫耀。我的大脑飞速运转，彻夜不眠。"我们需要科学来生存，而且科学本身富有美感。但科学家可能是怪胎，由怪胎编排和驱动的科学可能造成可怕的伤害。如果我们不够好，配不上科学，我们又怎么能研究科学呢？"

行为主义让我感到最沮丧的地方就是它包裹着反人类的感觉，通过残忍的实验哗众取宠。你可以使用任何技术来设计新形式的残酷实验，但这又是为什么呢？

行为主义并不是偏执的唯一来源。遗传学是有用的、有效的，但遗传学家有时会转而支持反人类的邪恶乌托邦思想。对被杀害的我的家人，被囚禁和折磨的我的母亲，以及千千万万和他们一样的受害者来说，有些科学家也是帮凶。

如果你想感受我最开始学习计算机科学时的那种偏执精神，我推荐你观看原版电影《满洲候选人》(*The Manchurian Candidate*)。影片中，一名美国士兵被洗脑，而洗脑不是通过宣传、斯德哥尔摩综合征或任何其他人类交互范围内的诡计实现的，而是通过残酷的算法、无菌刺激和反馈实现的。《发条橙》(*A Clockwork Orange*)以及许多其他小说和电影，也描绘了像斯金纳一样的心灵黑客。

试想，你就像是游戏里的人物一样，某个蠢货可能正在操控你，而你毫无所知，这种感觉是不是糟糕透顶？

从第二次世界大战后到世纪之交，这段时期的电影和小说往往是关于这样一个主题：催眠或一种假设的"真话血清"将用于控制人类。这不仅仅是电影情节！实际上，美国中情局在人们不知情或未同意的情况下，给人们服用致幻剂（LSD），观察它是否会促进精神控制。

维纳推测，计算机可能强大到以更有效、更难探测、更加恐怖的方式运行更完美的斯金纳盒子。仔细解读斯金纳，你就会明显地认识到，只要有足够好的传感器、足够好的算法和足够好的感官反馈，就可以在清醒的人们不知情的情况下，把斯金纳盒子安置在他们附近。维纳同时指出，要搭建巨大的计算设施和通信网络十分困难，因此，这种危险只是理论上的——这让读者松了一口气。

比特两极化

在我刚开始反思计算机图形学后没几个月，我产生了一个令人窒息的想法。这个想法非常可怕，我必须马上停止它，之后它消失了。但多年后，我又在某些奇怪的时刻重新遇到了这个黑暗的想法，并逐渐发现了一种一致性，而且后来我还想到了更多。

这个可怕的想法就是，虚拟世界技术在本质上是终极斯金纳盒子的理想设备。虚拟世界完全有可能是有史以来最恐怖的技术。

请记住，当时的虚拟世界仅由一些斯巴达单线条渲染构成，只能在一些实验室通过巨大的工业级装备才能看见。

在我的白日梦中，也有可能是在夜里的梦中，充满着有关这种新技术的各种想象。它将是美丽的、善于表达的、敏感的。它将是希罗尼穆斯·博斯加上巴赫再加上巧克力。我的手大到可以测量，然后变成无约束的附肢，可能仍然是一只手，也可能是一个翅膀。我将在某一天飞过曼德尔布罗特集合，我将以跳舞的方式来编程，我会与我的朋友一起种植想象的植物，音乐从中生长出来。

恐惧来自上一段中的某个词，那就是"测量"。

维纳考虑到了计算机适应世界的方式。直到那时，计算机还主要用于抽象的政府工作，比如破解密码或计算导弹轨迹。成堆的打孔卡被交给窗口的技术员，然后在某个离散的时刻，技术员向计算机中输入数据，可能是加密的敌方情报，运行程序，最后读取输出数据。的确，从艾伦·图灵（Alan Turing）到冯·诺依曼（von

Neumann），计算的正式定义都首先围绕着离散输入、处理和输出阶段。

如果计算机一直在运行，与世界交互，并嵌入世界呢？这正是伊凡·苏泽兰所描绘的原型！

"网络"一词来源于希腊语，与导航有关。当你航行时，必须不断适应风浪的变化。同样，计算机将会用传感器测量世界，用执行器影响世界。潜入世界的计算机就像是一个机器人水手，即使它是固定在原地的。它也许只能从相机中看到外面，接收文本键盘的信息，再将图像上传到屏幕或控制机器。这就是"控制论"。

《2001：太空漫游》（*2001: A Space Odyssey*）中就描述了这一版本的算法。机器人哈尔（HAL）并不住在四处走动的身体里，它就静静地待在那里。尽管如此，它仍然会移动，它控制着整个飞船以及飞船内部的一切。

现在来想象斯金纳盒子。用来对盒子里的生物进行测量的组件是什么？老鼠是否按了按钮？有反馈证实确实如此。食物会出现吗？是什么让测量启动了行为？在原始的实验里，一个人类科学家是控制体，而在今天，算法是控制体。

斯金纳盒子的组件和控制论计算机的组件大致相同。在今天看来，这或许是一种最基本的发现，但在我年轻时，这种联系却令人耳目一新、无比震惊。

为了顺利运作，VR 必须拥有目前最佳的人类活动感知。它也许能够以反馈的形式创造任何实践体验，但它也可能是有史以来最邪恶的发明之一。

第 13 个 VR 定义：最邪恶、最完美的斯金纳盒子的理想工具。

等等，别这样想！快回过神！想点其他的。学习尺八[①]也行，出国旅游也行，反正别再想了。

[①] 尺八是一种中国古代传统乐器，后传入日本。——编者注

06

我的成长之路

穹顶完成

在我 17 岁时，穹顶早已完成。我也快拿到数学学士学位，在研究生班当一名助教了。

我害怕自己会落入学习制造邪恶机器的陷阱。我必须多看看这个世界，得到启示。

碰巧的是，我遇到了一个比我大几岁的男孩，他自称是来自纽约的诗人。我从来没见过有人像他那样做自我介绍。他头发长长的，蓄着山羊胡，在纽约郊区上艺术学校。

我突然感觉自己必须要去那个艺术学校。为什么呢？难道是因为我在图书馆读到的先锋科幻杂志对我来说很有吸引力？还是因为我对康伦·南卡罗（Conlon Nancarrow）①、合成器和实验音乐都很着迷？不是，都不是。我的父母曾经是纽约的艺术家，他们曾经为此痴迷。我必须去那里，去追随我母亲的脚步。

---

① 康伦·南卡罗是墨西哥市的一名作曲家。我曾经在《互联网冲击》（*Who Owns the Future?*）中描述了我与他之间的关系。第二次世界大战期间，"提前反法西斯"的他在西班牙与亚伯拉罕·林肯的军队交战，之后，生为美国人的他拒绝再次踏上这片土地。康伦用手击打自动钢琴来实现完全的自由和时域的准确度。他是一名探索艺术无限意义的先锋艺术家。如果你想听他的作品，试试看能不能找到 1750 年的老黑胶唱片。后来的数字唱片听起来有些干巴巴的，对我来说已经失去了意义。

钱是个大问题。与新墨西哥州立大学相比，艺术学校的学费非常高。我的父亲用穿顶作抵押，得到了一笔贷款。

我遇到的男孩有辆面包车，我们开车穿过了整个美国。在我们往东走时，我看到了绿油油的大地，感到十分惊讶。看到曼哈顿时，我兴奋极了，完全被惊呆了。我们没有在那里停留，而是继续驶向那个偏僻的小校园。

我完全没有想到学校里的人会这么势利。几乎所有的孩子都来自富裕的家庭。我读过索尔斯坦·维布伦（Thorstein Veblen）的作品，他是我父亲最喜欢的作家之一。他在书中曾经描述过这种孩子的生活状态，他们所说的每个词都是抱怨。一个学生在一首民谣中写道："可惜出生得太晚了。"我们真可怜，只能怀念20世纪60年代了。

这里的学生都非常爱炫耀。周五晚上，总会有闪亮的限量版跑车故意制造事故，从而成为周六的谈资。

到处都是装模作样的苦难和贫穷。宿舍就像被炮弹轰炸过一样，这是在模仿纽约——在那个年代，纽约就是贫民窟。当时的潮流就是活得低调、活得朋克。每个人都很激进，对真实的生活、真实的贫穷、真实的苦难，每个人都比别人知道得更多。

最有钱的孩子吸上了海洛因，这没什么大不了。他们彼此崇拜。一个是诗人，另一个就是伟大的电影制作人。

可能在那所学校，除了我，没有人需要自己挣钱。我很想让他们接纳我。我渴望被看作一个真正的艺术家。当然，这根本不可能。我的身上深深地刻着乡巴佬的烙印。

以前，我知道我在某些奇怪的方面拥有一些小小的特权，事实也的确如此。毕竟，在我家附近的游泳池被溺死的人又不是我。我的肤色把我的地位提高了一点点——虽然只是一点点，但这十分关键。

我后来意识到，这种地位是分形的，这种模式在或大或小的不同规模上重演。当行业巨头聚集在一个房间里时，相比之下，总会有一个失败者。当穷苦的小孩聚集在一起时，也总会有一个是头儿。我当初自以为是的特权只不过是因为当时身边的人身份太过低微。

也不是所有的人都不可一世。我也遇到了一些明事理的理智学生。但总的说来，情况就是我上面所说的那样。

电影骗术

艺术学校有一个优点——我在这里第一次有机会谈论我的想法。这里的学生喜欢像学者那样高谈阔论。最常见的话题就是电影。

这个学校是先锋电影制片人的绿洲。一些在这里巡演的怪人只制作过几部电影，每部只有几分钟，但他们很受学生欢迎，包括我在内。斯坦·布拉克黑奇（Stan Brakhage）或迈克尔·斯诺（Michael Snow）这样的人物总是能从我们身上挣到点小钱。电影在一个临时搭建的锈迹斑斑的旧棚子里放映，放映结束我们就可以在廉价酒吧买到食物。酒吧里还有一台自动点唱机，吵得让你无法思考。

天哪，当我一次又一次地想起那些音乐时，仍然感到很震惊。当时大部分的年轻人都喜欢流行乐。不知道是因为那些音乐本来就很糟糕，还是只有我一个人这样认为，反正我认为很多20世纪70年代中后期的音乐在当时听起来就很糟糕，现在听起来仍然很糟糕。

我们不光看电影，还会讨论电影。我们不光讨论电影本身，还会讨论"电影文化"。在每一次关于先锋电影的讨论中，我们都会激烈地争论一个话题：总有一天，每个人从生到死的每一秒都会被拍摄下来。所有的东西都会有记录。

我反复用至上主义者博尔赫斯（Borges）的理论来阐释这个想

法：电影将压倒时间本身。"没有任何东西会被遗忘，因此，现在和过去的界限就不会那么明显。时间不再是简单的线性存在，而是更具扩散性，就像一张展开的地图，而不是一根直线。"

我的据理力争使我成为这个社交圈子里的一员，虽然只是昙花一现。用电影记录一切的想法如此诱人，感觉就像是未来一样，就像是电影战胜了其他一切似的。电影至上是未来！我的话基本说到所有人心窝子里去了。

小众电影文化中的朦胧感就是我们想要的。一想到普通人不认识玛雅·黛伦（Maya Deren），我们就会非常满意。

你可能也不认识她。这个电影制作人的小圈子发明了一些模式和风格，其中的大部分你可以在音乐录音带中找到，它们最终带来的影响可以与史蒂文·斯皮尔伯格（Steven Spielberg）或乔治·卢卡斯（George Lucas）的影响比肩。这些我也根本没有想到。

有一天，我走在一片诡异的迷雾中，突然萌生出一个可怕的想法，一个被禁止的想法：如果我提出"人有人的用处"这种概念会怎样？天哪。

我记得在又一次看完米卡斯兄弟或杰克·史密斯（Jack Smith）的新片后，大家开始天南地北地讨论，我问道："谁将负责拍摄人的一生这部大电影？谁来定机位，调颜色，在不同的摄影机之间切换？"

"电影的拍摄中有一堆的决定，"我继续说道，"这是真正的工作。如果每个人都以自己的一生为题材拍一部大电影，那么，我们也没有时间过什么生活了。电影会扼杀其他所有的事情，结果就是出现停滞、静止的图像。如果电影是由另一个人来执导，则会产生法西斯主义，因为你的记忆会被另一个人控制，这个人会控制你的一切。因此，我们不可能把一切都拍摄下来。我们必须抛弃足够多的记忆，才能获得自由。"

奇怪的是，没有人能接受我的这一论点。这是一种偏执的想法，这群年轻固执的孩子就喜欢这个调调，我本以为会引起他们的共鸣。此外，我感觉这个想法很重要，它有可能是真理。事实恰恰相反，我只听到了沉闷的傻笑。对孩子来说，奉承所带来巨大的愉悦感是无可匹敌的。

虽然我的观点失败了，但这次争论给我带来的最终感受是快乐大过恐惧。我曾经因为对母亲印象不够深刻而自责，但我后来清楚地知道，适当的遗忘有时就是释放自我的唯一出路。

我在正式课堂上学到的东西并不多。事后想来，我的数学和科学成绩并不出众。那时没有计算机，我对此不感兴趣，当然更谈不上理解。我不得不把有关计算机的一切留待以后处理。更糟糕的是，音乐老师都是神神秘秘的，人品也不好——由于发生了一些可怕的事情，我很快就了解了这一点。

在那之前，发生了一件好事情。

初次进城

我会在周末坐火车去曼哈顿，去见我父母的一个朋友。她叫露丝·莫利（Ruth Morley），是一名电影服装设计师，以她在《安妮·霍尔》（*Annie Hall*）和《窈窕淑男》（*Tootsie*）中的设计而闻名。她住在一座紫色的顶层公寓里，就在达科他的后面。她有两个女儿，都比我大一点点。

我父母在纽约的生活仍然有迹可循，这让我感受到这座城市的善意。我从那座紫色的顶层公寓中出来，见识了一场现实版的先锋音乐，和我在郊区的学校看到的装模作样的音乐完全不同，实在是太棒了。我与约翰·凯奇（John Cage）以及当时一些音乐名人一起消磨时间。合成器女神劳丽·施皮格尔（Laurie Spiegel）以及同样可爱甚至更让人惊叹的新星劳丽·安德森（Laurie Anderson）也成了我的朋友。

纽约就像一个巨大的抛物面反射镜，在身后把你放大。当你走在纽约街头时，会接触到数千人的目光，交换潜意识信号。你坠入了最密集的命运中心。如果你想找麻烦，这里就可以。你也可以在这里找到真爱，找到互相喜欢的人，或失去宠爱。

今天却不再是这样了，因为每个人都只看到手机。

有一个富有优雅的年迈寡妇，拥有欧洲贵族血统（其实每个人都是吧），她默默赞助了纽约的许多实验音乐现场。在这些显然经过组织的活动中，总会有这样的人在幕后默默支持。

据说她住在一座巨大的尖顶房子中，听说这座房子是有史以来最大的不锈钢单体建筑。她丈夫的遗骨好像就悬挂在顶尖的一个活动部件中。

她经常邀请凯奇以及其他一些精英一起聚会，彻夜狂欢。我们先跳舞，再在一个富有的名人家中搅得天翻地覆，然后游荡街头，从最高级的餐厅的垃圾桶中翻出被扔掉的高级奶酪。我在早上4点左右才睡觉，疲惫不堪。

当时的纽约犯罪猖獗。由露丝担任服装设计师的《出租车司机》（*Taxi Driver*）准确地抓住了这一点。几乎所有人都被抢过。但在这个先锋艺术圈中，仍然有一种自负的精神，那就是一切都与态度有关。如果你在进入这个城市时心态端正，那么你就不会受到影响。（最终在多年后的20世纪90年代，约翰·凯奇也被抢了。他的信念动摇了，我们的也是。）

一位名叫查利·莫罗（Charlie Morrow）的作曲家组织了一个强悍的游击队，成功入侵了股票交易所，在被保安用哨子驱逐前，我们让那个地方变得热闹无比，而那些保安也被我们视为乐队成员。在一场音乐会上，我用香肠制作了一个巴松管，声音听起来还不错。

我演奏钢琴的风格十分激烈，总有种血洒琴键的感觉。一部分是因为我在尝试用手弹出南卡罗后期节奏极快的自动钢琴的演奏感觉，虽然这是不可能做到的。另一方面，无论音乐中的情感如何，我的情绪总是很激动，甚至到达危险的程度。每当我演奏时，我感到这就是我的生命。

我希望你能听到我的回忆。我记得我活在自己的钢琴世界里。这个世界由强烈的和弦冲突和节奏组成，给几乎消失的精致模式留出了空间。我有很多奇怪的踏板技巧，比如反复开关阻尼器来获得颤音，或在一个音符好像要结束时，继续保持颤音。我弹奏的每一个音符都余音绕梁。我喜欢疯狂的快速琶音，这是跟南卡罗学的，我还能用花哨的翻手来完成这种琶音。不过我记得的东西和别人听到的东西是否一样，这很难说。

我在一家名叫"耳馆"的独具风情的河畔老酒吧弹钢琴，这家酒吧最近重新火了起来，成了作曲家的聚集地。另一个很厉害的钢琴手名叫夏尔马涅·巴勒斯坦（Charlemagne Palestine），他和我争位子，偶尔会把我挤下去。

那个时候并没有很多记录的方法，所以我没有自己以前弹钢琴的录音。但我的确上过一本名叫《耳朵》（Ear）的杂志的封面。《耳朵》是一本众人皆知的先锋音乐杂志，拥有我之前在新墨西哥州的图书馆看到的先锋艺术杂志的风格。这本杂志每次要发行新的一期，就会派人去达科他向约翰·列侬和小野洋子讨要一些经费。我的封面形象是一个单簧管按键系统和当时的地铁路线图组成的变体，还有一个单簧管合唱团在地铁上演奏。

螺旋坠落

回到那个郊外的学校，事情变得越来越糟糕。我有一份钢琴家教的工作。有一天，一个学生眼泪汪汪地说，一个教授想猥亵她。之后，又有另一个学生哭着说，另一个老师想强暴她。再后来，又有第三个学生告诉我同样的事情。

一个男生自杀了。他来自一个特别富有的家庭，却住在最像贫民窟的一个宿舍里。他患有精神分裂症，但并未得到治疗。不知道为什么，他会沦落到这个根本没人关心他的地方。

一次在音乐学院的卫生间里，我偶然听到几个教授把这个男生的死当成笑料。我意识到，对于他们之中至少有一些人，整个学校就是一个骗局。富有的家庭花了大把的钱，把无所事事却自诩为艺术家的孩子送到这里。这样的好事为什么不参与其中呢？

接下来就是我的错了。我总是在错误的地方寻找父母的影子。在我母亲去世后，这就成了我的一个坏习惯。直到几十年后，我自己也为人父，才克服了这个弱点。

我需要一个导师，一个像父母一样的角色。我接触到的所有教职工都对我漠不关心。他们之中的很多人都在普林斯顿这样的大学有"真正"的职位，他们只是把艺术学校当成摇钱树，拿到钱之后就迅速跑掉。

也许我应该去纽约找露丝，但她对我已经很好了，这样做好像有点得寸进尺。我能告诉我父母的朋友自己已经麻木了吗？最后，我选择了学校里的另一个疯子（这种说法稍微有点夸张），他年龄稍大，是一个失败的数学家，游荡在不同的教学楼里骚扰每一个人。

我被这个疯子说动了，开始投身于他的事业，而不是我自己的学业。他想成为学校认可的数学家，得到教师职位，他还想要很多其他东西。他的大话很多，但我没有看到任何实际的东西。我当时无所适从，不知道该怎样改变自己的状况。我日渐消沉，从学校退学了。所有的贷款都打了水漂！我觉得自己背叛了父亲，还有我的母亲。我处处都是失败的，我的人生已经结束了。

纽约是我的快乐之都，也许我可以在这里赚到足够的钱来还贷。

我不能永远依靠露丝生活。有段时间，我在一家餐厅的现场乐队里演奏单簧管，待遇相当不错。当时我与另一名古怪的作曲家或者说数学家在村里合租一个超级小的破公寓。

20 世纪 70 年代的一些事，我很难向年轻人解释。那时空气污染很严重。当你进入曼哈顿时，所有东西的质地和气味都有点不一样，这就是污染造成的。

纽约有时也很美。天气不好的时候，建筑物都染上了煤炭的色调，比起今天，它们之间的差距看起来更大，更具有电影的效果。日落看起来像伤口一样，这里就像是外星球。每次呼吸，你都感到自己似乎要被吞噬。

我在童年时得过呼吸道疾病，不过影响不大。我最难以忍受的是香烟。每次一吸到二手烟，我就会开始感到窒息，同时昏过去。（过敏专家告诉我，罪魁祸首不是烟草，而是加在卷烟纸里的一种化学物质。）

餐厅里烟雾弥漫，能见度非常低。虽然我一直在努力适应，但我确实没法干这种现场演奏的工作。

这次失败对我来说是走到了人生的一个十字路口。我意识到我的身体不允许我从事自己深深热爱的工作。如果我的身体允许我在有人吸烟的地方演奏，而且所有这些地方确实都有人吸烟，那么，我后来可能就不会进入技术和科学的领域。

曼哈顿不适合穷人或消沉的人，这个城市鄙视消极能量，一切拥有消极能量的人都会自食恶果。我又回到了新墨西哥州，这太不可思议了。

卷土重来

新墨西哥州的沙漠是原始的，起起伏伏的山丘随着时间流逝，点缀着生命的痕迹，在玫瑰色的阳光下散发着光亮。如果按照绝对的、严肃的美的标准，或如果你心情不好，那么，这些石头和沙子就只意味着荒郊野外。当我回到新墨西哥州时，那里对我来说就是尘土和垃圾。

我感到十分沮丧和迷茫。我没法回到穹顶。浪费了这么多贷款的钱，我根本无法面对埃勒里。从那时开始，直到好几年后，他的工资全得用来为我的任性埋单。对我来说，穹顶生活成了一种非常极端的生活方式。但我没法回到校园，我已经退学了。

我该如何谋生？我的第一份工作是在商场扮演圣诞老人。这是一次很悲惨的经历。我们必须穿着毛茸茸的厚厚的圣诞老人服，这些衣服从来没洗过，甚至有小孩子在上面撒尿。我们就像刚刚下班的消防员，满身都是汗。各种味道让人窒息。我们的老板扮演一个精灵，她警告我不要向她抱怨工作环境，因为她的兄弟是地区律师。她走到我面前，恶狠狠地悄悄对我说，我的眼睛不够有灵气。

圣诞节后的第二天，我去应聘道路施工人员，一群绝望的肌肉发达的男人排在我的前面。就算是可怜的体力工作我都不太能找到。最后，我去了一家甜甜圈店上夜班，觉得自己真是太幸运了。

我最后找到了一个长期的租处，但它还没有空出来。这是一个古老的土坯小屋，位于托尔图加——这个村庄当时可能已经成了印第安人聚居地，但那些人从来没有与美国政府签协议。

我当时无处可住，又囊中羞涩，最后决定搭便车到墨西哥再次追寻康伦·南卡罗。每次感到绝望的时候，我就会这样做。在路上比在一个地方待着更省钱。

一个比我大一点的女人，20多岁的样子，告诉我她想和我一起去。她已经结婚了，丈夫是白沙导弹靶场的一个工程师。对于她的决定，她的丈夫很不高兴。

与我在墨西哥搭便车的所有经历一样，现在想起来就像做梦，但它确实发生了。我还记得开始很平淡，我与工程师的妻子走向10号洲际公路，然后搭便车去边境。我的皮肤被晒成了龙虾一样的红色，很痛。

几天后，我们在奇瓦瓦市被一群野蛮的奇瓦瓦流浪者追赶，然后搭乘令人眩晕的火车穿过铜峡谷。在粗糙的小提琴上演奏的塔拉乌马拉音乐听起来十分淳朴。

我们在墨西哥城的高档社区拜访了康伦·南卡罗，又乘坐巡回嘉年华的大篷车穿过山区。我记得自己在天空下坐着河马形状的霓虹绿的车子，像在真正的嘉年华游行中兜风一样。车子的座位几乎没有固定，打着旋儿颠到卡车的底部。卡车沿着陡峭的山路蜿蜒而上，往下看是一片可怕的热带峡谷。

奇潘辛戈附近有一个小镇，它是马克思主义的飞地，已经宣布从联邦政府独立。一群年轻人组成的委员会花了好几个小时进行讨论，最后决定允许我们晚上在公社睡觉。

我与一名老妇人在同一个铺位。会发生什么事吗？我不太确定，心里很害怕。

在讲到下一次事件之前，我要提醒读者：想想我的年龄，当时正好在越南战争草案的收尾阶段，虽然没有人被征召入伍，但我仍然感到很害怕。如果入伍参加一次毫无意义、本可避免的战争，给那些从来没有伤害过我们的人带来痛苦，该有多么可怕？

因此，我了解了全部拒服兵役和非暴力行动的历史。我接受过训练，尝试认同一种世界观，那就是，对美国的军工综合体保持最高度的怀疑。今天，我知道世界并不简单。你无法直接指出哪些人是魔鬼，并宣布你已经完全解决问题。如果你成功了，你自己最后都会变成一个魔鬼。

不管怎样，第二天早上在奇潘辛戈附近，一群嬉皮士分裂主义者和穿着制服的联邦军队发生了冲突。这些军人纪律严明，站得整整齐齐，步枪已经瞄准了我们。

突然，我脑子一热，冲向这些步枪，用笨拙的边境西班牙语喊道："别开枪！我是美国人！"

当时，没人会想向一个美国人开枪，但可以肯定的是，我的举动让在场的人都十分愤怒。美国人就可以搞特殊化吗？

军队并没有开枪，我怀疑他们是否真的有开枪的打算。之后，我想起刚才的一幕，浑身发软，吓得直哆嗦。我难以想象勇气和神话之间的界限到底在哪里。

我平静下来后，和他们分开了。我们搭上了一个男人的吉普车，他说自己是墨西哥军队的一名将军。他有一把珍珠手柄的左轮手枪，胸前满是勋章，蓄着讲究的小胡子。他说的话貌似是真的。他开车非常狂野，车子在高速行进中爆胎了，我们差点儿飞出海边的悬崖，这比之前的步枪更让我害怕。我认为他是想吸引和我一起的那个女人。我们主动帮他安装备胎，但拒绝继续搭他的车。

我们去看了一场在海边小镇巡演的马戏团的演出，但演出最后以尖叫声收场——一只猴子攻击了一个小孩，导致小孩死亡——我也是听说的。我很久之后才意识到，这很有可能是马戏团想要将帐篷里面的孩子赶走的把戏，这样他们才能好好休息，准备到下一个镇上演出。我花了近 20 年的时间才把这段记忆理顺，终于不再觉得害怕了。

我们没有 GPS（全球定位系统），没有应对大多数情况的指南，没有手机，没有《银河系漫游指南》(*The Hitchhiker's Guide to the Galaxy*)，也没有万维网。只有你和脚下的路，一切都是神秘的。那段经历已经不复存在了。现在大多数的旅行，即使是"极限"或"冒险"的旅行，都是从一份说明清晰的目录中选择。或者更糟糕的是，让算法替你选择。

如果现实世界真的很安全，我就会对这个有序的伪冒险世界没那么怀疑。如果你在今天想要追随我当年在墨西哥的脚步，你有可能会被毒品团伙枪杀，这不是你能选择的，也不是出于什么崇高的目的。

以前更神秘的世界没那么容易预测，同时也让我们得以缓冲，因为神秘就是一个均衡器。如果没人知道一个陌生人能干出哪些坏事，那么，这个陌生人就不大可能接近其他人。一清二楚的世界让每个人都计算着风险和行为。

我那间在托尔图加的小屋很快就会空出来了，所以我得回去了。在回去的路上，我们路过了加利福尼亚湾的一个小镇，在一个幽闭、拥挤、闷热的墨西哥服装店里，我和我的旅伴挤在一间小小的更衣室中。她赤身裸体，我站在镜子面前，很害羞，心里没底，只能想象自己处在一个小小的核聚变室里。

阿兹特克前哨；车轮

怀着忐忑不安的心情，我们回到了家。我搬进了我的土坯小屋，月租金为 20 美元。这是我第一次一个人住，非常高兴。但当我住进去时，有些东西和想象中不大一样。这里没有漂亮的旧木地板吗？"住在这里的老人需要木头来生火，冬天太冷了。"满脸皱纹、看起来很精明的房东告诉我。难道要我住在泥巴地上吗？最终我还是搬了进去。

某些寒冷的早晨，我会被挨家挨户卖玉米粉蒸肉的老妇人吵醒，有时会被练习部落舞蹈的人吵醒。托尔图加的舞蹈节奏不是对称的，听起来有点奇怪。如果你不是在那儿出生，就永远学不会，反正人们都是这样说的。我从来没搞清楚过那个节奏，虽然我已经学会了世界上很多地方晦涩的音乐。他们还有一套令人毛骨悚然的传统舞蹈服装，包括镶着镜子的高高的黑色面具，带着殖民时期阿兹特克的痕迹。

近年来，托尔图加很难被找到了。它只是新墨西哥州的低端加州式发展的另一个缩影。这里有拖车停车场、便利店，附近的山看起来非常像一只乌龟。

我需要一个计划。新墨西哥州立大学愿意接纳我，这真是一个奇迹。我在一节群论课上担任助教，有几个小时的工作时间，并在一个研究项目中做一些编程，但要谋生还远远不够。

我再一次开始找工作。我和一个为贫困农民接生的助产士谈了谈。她需要一个助手，但请不起真正的护士，也请不起了解这一行的人。我曾经为山羊接生，于是得到了这份工作。

我的角色和医学根本不沾边，我是司机，并负责处理一些杂事。事实上，我只处理过一次医疗事件。一个年轻女子在分娩后不久就被送进了精神病院，她的国籍不明。孩子的父亲刚刚被捕。他试图驾驶自己的道奇达特，在旱季途经格兰德河穿越国界走私，但不知道他走私的到底是什么。在某些地方，这种方法几乎是可以成功的。不幸的是，警察开始追捕他，车子被枪打中，陷在了泥里。孩子的父亲没有中弹，但被抓进了监狱。

孩子该怎么办？助产士担心孩子也会被带走，以后就再也见不到自己的父母了。所以我可以照顾他吗？时间并不长。你懂的，私下照顾他。

我突然有了一个孩子。我带着这个婴儿和它的奶瓶出现在阿贝尔群论讲座上。你要明白，虽然我当时的社交能力有所提高，但我仍然属于青少年嬉皮士和野蛮乡巴佬的结合体。我在研究生数学讲座上带着一个婴儿出现，可能让大家都觉得不可思议。幸运的是，一些数学教授也有自己的孩子，他们教会了我换尿布和冲奶粉。

孩子的爸爸没被关多久就出来了，从我这带走了孩子。让我很惊讶的是，他和我看起来很像，也是一个嬉皮士乡巴佬。可能像我们这样的人还有很多。

他其实是一个敏感细心的父亲，这个家庭又团圆了，过得很幸福。对我来说，这件事当时给我带来了很大的影响。孩子的爸爸对我说："兄弟，非常感谢你照顾我的小天使。有什么需要我帮忙的吗？你需要车吗？"

哇，我当然需要一辆车。如果有了自己的车，我就会和其他人一样，真正进入人类文明。这就意味着我可以在任何地方工作，去见任何人。这个礼物真的太棒了！太幸运了！

"你只需要把车从河里拖出来。我不知道它现在是在美国这边还是在墨西哥那边，但应该没有人会找你的麻烦。你去看看车还在不在那里。"

我在一个饲料店里找了一个人帮我拖车，车就在河里，它是我的了。有着6个倾斜式发动机的道奇达特坚不可摧。当然，车子的底部已经锈掉了，坐在车里你都可以看到车下的路。这里几乎不下雨，所以根本不用在乎水坑。但千万别让脚被排气管烫到。对了，这辆车必须要用螺丝刀启动，侧面还有弹孔。

当那名父亲过来帮我过户时，他把一些保险杠贴纸贴在了弹孔上，这很有用，车子看起来好多了。

车子没有后座，这对我来说是一个机会。我把几捆干草放在后面，把车子变成了一辆山羊豪车。我又开始放羊了。

最开始那几年，刹车老是失灵，我不得不在大起大落的沙漠道路上，让车子的侧面擦着堆起的泥走，以此强迫它停下来。有一次，为了不闯红灯，我蹭着华莱士的一个小公园外面的石头矮墙把车停了下来。我当然不会在意车子外观受到的影响。①

正是这辆车载着我一路到了硅谷，迎来了新的生活。（到那时，它已经有了可靠的刹车。）后来，加州公路巡逻员拦下了我，对我说："你是在开玩笑吧。"我不得不哭着放弃了这辆车。我哭的原因也有可能是，巡逻员发现我在用螺丝刀启动车子，于是把我摁到了地上。

无论如何，当我成为有车一族时，许多大门都向我敞开了。我已经将非暴力左派的言论变成了自己的一部分，并在寻找一条成为大人物的道路。我很怕我的生活就此停滞不前，毫无意义。因此，我进入了另一个阶段。在这个阶段，我敏锐地感受到了数字世界即将到来。我成了一名激进分子。

探索

20 世纪 70 年代最可怕的事情就是可能会发生核战争。

冷战中的核武器军械库是神圣的、不可侵犯的。核武器让美苏

① 这种停车的方法听起来可能有点恐怖，但在汽车历史的早期阶段，这种方法并不罕见，而在我们那个贫困地区，汽车行业仍处于早期阶段。这并不常见，但也不是非常新奇的做法。

双方都不敢轻举妄动。普通公民则对另一个更容易打击的目标很在意，那就是民间核电厂。

在新墨西哥州，人们不认可"原子能为和平服务"[1]，原因有很多。相对贫穷的新墨西哥州人要为一座核电厂支付补贴，而这座核电厂将建在较富裕的亚利桑那州，为更加富裕的加州服务。同时，核废料将被埋回新墨西哥州卡尔斯巴德洞窟附近的一个贫困地区。

虽然我不确定我在一般意义上或绝对意义上是否属于反核人士，但我同意当地很多具体的反核立场。温和地进行调整是不可能的，这真是野兽政治。你必须激起偏执和愤怒，才能把事办成，同时还得祈祷这样做不会惹出更大的麻烦。

我学习了一点法律知识，整天和一群对核问题感兴趣的激进分子混在一起。没过多久，我发现了一个办法，可以就核补贴起诉新墨西哥州公共事业部门。听证会在新墨西哥州首府圣达菲举行。

我不知道该怎样打扮。我几乎身无分文，几个月来，我都在国会大厦旁一条小溪上的桥下面，窝在睡袋里睡觉。我带了一套西装，在公共厕所里换了衣服。我还剪了头发，吹了一个毛茸茸的圆润发型。

在法院的许可下，我查看了相关财务文件，在其中发现了很多荒谬的造假项目。我感觉那就像是一个喜剧作家在编造现实。

公共事业部门为了拿回扣，想出了千奇百怪的方式花钱，比如定制天价派对气球。[2]最让人吃惊的是，负责人已经意识不到这到底有多荒谬了。这个经历告诉我，权力使人盲目。

---

① "原子能为和平服务"这一倡议回顾了美国总统怀特·艾森豪威尔著名的联合国演讲，以及扩大核技术在武器以外的用途的政策，以此消减第二次世界大战时美国向日本投掷原子弹给人们带来的心理阴影。

② 经济学家把这种现象称为"阿弗奇·约翰逊效应"。

为了省钱，我假扮律师，引起了小小的轰动，可惜并未持续多久。我能让那些高价律师感到惭愧，这十分有趣。当我确定普通公民在国家体制中真的拥有权利时，我感到非常开心。我更爱我的国家了。在很短的一段时间里，我甚至认为自己可能会成为一名真正的律师。

一天晚上，我在桥下遇到了一个精心打扮的、干干净净的嬉皮士女孩。她穿着一件柔软的雪纺袍子，皮肤有着瓷器般的光泽。我们开始亲热，就在这时，她的男朋友来了，狠狠地盯着我。他一看就很有钱，深色皮肤，很帅。最后，他们坐上他的豪华摩托车飞驰而去。闯进我们这里的奇怪生物到底是谁？在今天，我也许会用谷歌或必应查一下，但在那个年代，每个人都是神神秘秘的。

在一次精心组织的针对亚利桑那州核电厂的非暴力示威游行中，我被捕了。与一群文化人一起关在监狱里很有意思。我在那里遇到了一个人，他在世界上很多地方的非暴力抗议活动中都被捕过，有一次还是在莫斯科的红场。这在当时并不是玩笑。我很崇拜他，尽管我不确定反对一切是不是真正的反对。这更像是一种精神实践，也许是有用的。

在开着道奇达特回新墨西哥州时，我载了一个搭便车的人。这是一个年轻女孩，骑着自行车。她相信心灵感应——那个时候很多人都相信。她穿着白色的破 T 恤和皮裤，戴着水晶吊坠的项链，鼻子很小巧，红头发，声音很尖。她认为，人们总是在潜意识里相互追逐，精神上的那种，而大多数人并不能意识到这一点，他们需要提示。

"不要告诉任何人你要去哪里。过一阵子，你就会发现好处了。如果能够摆脱无关紧要的心灵感应的旁枝末节，那就太棒了，人们就不会再骚扰你了。这种安静祥和是神圣的。"我不知道这个女人现在在哪里，也不知道她对互联网是什么样的态度。

回到新墨西哥州后，我学会了利用媒体做宣传。我淋得像个落汤鸡，手里举着一个横幅，上面写着"我是干的"。这是针对在卡尔斯巴德附近的一个核废料场发现的盐水袋，而这里本来应该是干的核废料场。

共识和理智

美国曾经有一项被称为"公平准则"的法律，其中宣称，带有电视和收音机信号的无线电波为公众所有。但其实只有几个广播电台是实际存在的，因为这就是模拟电磁工作的方式。

电视很强大，它逐渐成为不可或缺的政治平台。如果只有少数几个电视台相互协调，播出有失偏颇或虚假的新闻，那么，就缺少一个相对强大的机制来为其他党派提供另外的选择。

因此，根据公平准则，任何使用公共无线电波的人都必须表达所有的观点，而不是选择性地表达某个观点。电视是公众的资源。

这种想法在今天听起来很激进，也很古怪，罗纳德·里根（Ronald Reagan）在很久以前就把它淘汰了。但在当时，公平准则对政界的大多数人来说似乎很有道理。即便如此，这项法律并没有经过太多的考验。我和一群朋友决定放手一试。

当埃尔帕索地区的电视台不得不重新申请电波使用权限时，我们进行了"干预"——这是一个正式的法律术语。这种申请通常是例行程序，但我们在听证会上胜诉了，并强制电视台为一系列广告提供资金。这些广告的目的是反对公共事业部门此前出资为亚利桑那州核电厂所做的铺天盖地的核使用倡议广告。

新墨西哥州的一群嬉皮士突然拥有了一笔来自法院判决的广告

制作费。我们能拿这笔钱做什么？非暴力运动往往是社会实验，而社会实验中的一种就是"共识决策"。除了不需要满足每个人这一点之外，它就像维基百科一样，不过这里没有维基百科的精英会把人关在门外。因此，会议时间很长。你开始做白日梦，想象那些自由主义者的快乐。

我们决定用这笔钱拍电视广告。数百名志愿者聚在一起，斟酌脚本、选角、拍摄地等。我们花了几个月的时间。

我根本没想到做出来的广告会如此棒。你知道，它毕竟是通过委员会模式完成的。当广告最终上映时，大部分观众与制作团队中的某个人至少有了间接的联系。因此，我们的小广告赢得了大关注。

我们带来了一种力量，表达出了人们认为大众媒体应该表达的东西，就像是今天的 Twitter（推特）所带来的力量一样。

激动之余，我开始产生怀疑。我们并没有对相关事件产生很大的影响。核电厂已经建好了，废料场也建好了。我们也许对美国核电工业的放缓做出了一点微小的贡献，但对我和我的很多同志来说，这并不是我们想要的结果。

说服人们把核电看成邪恶的事物毫无根据。核电只是一种技术，应该抵制的是大规模的核研究。[①] 要解决这件事，草根政治的力量太微薄了。

作为一名激进分子，我觉得这些冒险都很有意义，这些冒险正是我生命中那段时期所急需的。但我意识到，我的中心部分依旧是空洞的。

目前还没有任何很好的办法能将科学和政治整合在一起。我开

---

① 如果工程师可以证明某项设计是安全高效的、与武器无关的，而且不会产生致命的、不可降解的废料，那么，核电就是非常好的。我不知道这是否会实现，但也没有任何证据表明这不能实现。

始觉得我在浪费时间，我试图利用政治斗争这一工具来影响真正的工程决策，而后者拥有不同的特性。（后来，这种不匹配也使气候变化激进主义变得复杂化。）

激进主义还存在一个内部问题。你开始是在这项事业中寻找自己的价值，而这种构想实在是太狭隘了。激进分子开始胡编乱造，以激励彼此。你虚张声势，唯唯诺诺。在这项"事业"中，我一些最好的朋友渐渐变得抑郁，甚至有几个自杀了。

有一天早晨，我突然明白了，我应该继续前进。但走向何方？事实证明，那就是爱。

07

07

海岸

偶然的遭遇

辛西娅（Cynthia）是拉大提琴的。她梦想搬去维也纳，那里也是我母亲的故乡。在辛西娅小时候，她的父母每晚都在她睡觉前为她演奏巴伯的弦乐柔板。她是我遇到的第一个我能理解的年轻女人，至少我能理解她一点点。

她当时在新墨西哥州看望她的母亲。她的父母在很久以前就离婚了。

我不得不讲讲当时我是个怎样的傻小子。我并没有感到辛西娅有多么吸引我，但我觉得整个世界都因她的出现而有所不同。阿更山脉盘踞在我们的头顶，若隐若现，看起来就像一架管风琴。它不再只是冷冰冰的石头，而是为我们的狂欢精心设计的舞台。听起来可能很蠢，但确实是这样的。

她会跟我讲加州，讲那些树、那片海洋，好像那个地方是魔力之心一样。我在东海岸的时候，从来没有去看过海，因为我当时忙着追寻自己的都市梦想，只是隐约地想象自己站在海滩上的样子。我为她画了一幅光芒四射的海洋图。后来她走了，回去学大提琴。她在洛杉矶，我必须去。

我的车能开到加州吗？我付得起油费吗？我遇到了一个来自加州的长得像个佛爷的音乐家，他是来这儿看一位已经疏远的女性朋友的，他要回洛杉矶，便提出和我分担油费。

我这辆车从来没有经历过长途旅行。我在前面提过，我曾经开着它去过圣达菲，还去过图森参加科幻小说大会。当我的车停在亚利桑那州的边界时，车上坐着那位音乐家和一对同性恋物理学家。一个戴着牛仔帽、长得和博物馆里的蜡像一样无可挑剔的巡警从镜面岗亭中探出头来，问道："你们是疯子吗？"我们都大声地笑了出来，结果被带进去问话。最后他们实在受不了我们了，我们又继续上路。

这段记忆是自己跳出来的，我都有点记不清了。我的确记得车里有4个人，但车子是没有后排座的。难道我现加上了一个后排座？是在干草上面吗？我实在没办法搞清楚事情的来龙去脉了。

我在通过凤凰城的公路上开得太慢，得到了一张罚单。当我们在棕榈泉周围超级高的山间行驶时，已经看不到沙漠了，取而代之的是绿色和棕色的空气。

辛西娅住在帕萨迪纳一座古典工匠风格的大房子里。我刚停下来，可怜的道奇达特就坏掉了。让我很惊讶的是，辛西娅的家人把我带了进去，因此我不需要自己开进去了。

辛西娅一定是经历了宇宙中的时空旅行。她说话带了一点点中欧口音，虽然她是在洛杉矶长大的。她有一张雷诺阿风格的脸，尽管她的大多数朋友都在海滩上晒得黝黑。她的大提琴演奏听起来就像最早期的古典音乐录音。

帕萨迪纳是超现实的，因为这不仅是一个地方，还是神秘的爱情之地。关于它的一切都遥不可及。高耸的棕榈树；不可穿透的神奇空气；修剪得整整齐齐的郊区，面积比你想象的要大得多。我听说那边就有高山，但雾始终没有散去，我最后还是没有看到。来自非洲的新移民走在到处都是小汽车的城市里，头上顶着从电子商店买来的商品，看起来和我一样，有点格格不入。

我深深地迷恋着辛西娅，她是加州理工学院物理系主任的女儿，因此，我们经常在学院里游荡。那里的聪明人对她十分宠爱，比如理查德·费曼（Richard Feynman）和默里·盖尔曼（Murray Gell-Mann）。

我从来没有在加州理工学院上过学，却成了物理系主任漂亮女儿的奇怪男朋友。这也是一种地位。费曼对我很好，他教我用手指做出几何图形，用来思考手性问题[①]，如此等等。他同时还是一位有趣的鼓手，我们会在一起玩儿音乐。

奇怪的是，当时的加州理工学院在计算机图形方面并没有太多研究。我没有找到任何人和我分享对虚拟世界的痴迷。

这也没什么大不了的，谁让我喜欢的女孩在这里。在去圣芭芭拉的路上，她带我第一次看了大海。真正的大海比我想象中的更加明亮，更有力量，气味中蕴含着生命力。我在一个大卵石顶上的小潮池中看到了一只小海葵，这么多年来我第一次看到这样的景象。接着一个浪打过来，海滩变了样，我再也找不到它了。

药片城市

辛西娅决定带着我看看本地人眼中的洛杉矶。一个周六的晚上，我们开着她那辆 20 世纪 60 年代的粉色敞篷跑车到了韦斯特伍德。街上都是穿着糖果色塑料衣服的人，人群涌向一辆凯迪拉克引擎盖上的一对双胞胎矮人，他们在卖甲喹酮。

---

① 手性（chirality）一词是指一个物体不能与其镜像相重合。如我们的双手，左手与互成镜像的右手不重合。——编者注

我和辛西娅就这样在一起了几个月，这是我年轻时光中的一段梦幻岁月，可惜梦总是易碎的。我没有工作，在加州理工学院也没有任何正式身份。我在干什么？这怎么能行？

终于有一天，灾难发生了。我被甩了，第三者是一个满脸痘痘的物理系学生。辛西娅只是通知了我一声，好像没什么大不了的，毕竟我们都只是孩子。

世界仿佛崩塌了。我不知道该怎么办。

我那辆带着弹孔的道奇达特还没有修好。我身无分文，无处可去，住在别人的女朋友家里，始终没法忘了她。

我需要走出下一步，所以我开始探索加州理工学院以外的世界。

洛杉矶是一个秘密。从我刚到纽约的那一刻起，对某座大楼里的人到底是什么类型的，我都会有种直觉，而这种直觉往往都是正确的。但那些住在多肉植物和私人车道环绕的独栋房子中的人，又到底是什么人呢？我无法想象。洛杉矶从不屈服于直觉，可能是因为它充满了幻想——我自己的幻想，每一个人的幻想。

这并不是洛杉矶的全部。洛杉矶的污染和纽约一样严重，带着明显的恶臭味。纽约闻起来是来自建筑的柴油、尿液、水泥和金属粉尘的味道，有时还会夹杂着路人身上浓重的香水味，而洛杉矶闻起来是汽车尾气的味道。纽约的毒气来自其他人，而洛杉矶的毒气来自你自己。你的喉咙后部开始刺痛，那感觉就像数百万人在一个巨型煎锅中被毒油煎炸。

有一天，我产生了一个很"非洛杉矶"的想法——乘公共汽车去参观华兹塔。快要到那里的时候，我已经坐了近一天的车。下车时，离华兹塔还有几个街区。我走在街头，突然，4个穿着灰色风衣的大胡子白人从我后面跳出来。他们把我摁在人行道上，在我耳边乱嚷嚷。

其中一个说道："喂，他是白人！"他们放开了我。另一个人说："说谢谢。"

"谢谢？"

"我们是便衣警察，"他亮出了徽章，说道，"你知道你在哪里吗？"

"华兹？"

"这是个黑人社区。你现在有人身危险。你必须马上从这里离开。"

"但每个人都很好！"

"我们刚刚救了你。"

"嗯，好吧，你能开车送我去汽车站吗？"

"不行，你不能让洛杉矶警察白白为你服务。"他们跳进了一辆棕色轿车，眨眼的工夫就离开了。

总的说来，洛杉矶很让人沮丧。数百万人在这里寻求梦想，但最终发现，现实生活真的很糟糕。

辛西娅的兄弟好心为我指了一条出路：坐在他的摩托车后面，去加州北部，在那里好好理一理思绪。[①]

彩虹的引力

我在圣克鲁斯下车。这是一个波光粼粼的海滩小镇，有一个海边的游乐园，还有一所大学建在红木森林里的山上。

今天的圣克鲁斯没有以前那么多的彩虹，也没有以前浪漫。对

---

① 要知道，几十年过去了，我和辛西娅到现在都还是朋友。这种联系是真实的。她现在是一名职业大提琴手，住在维也纳。

过去神奇经历的记忆到底是否只是幻觉，确实很难弄清楚。当你人到中年，还能以这样的方式记起年轻的岁月，这是多么大的恩赐。

虽然我很伤心，但我的心中仍然有爱。因此，我觉得我的世界仍然充满了魔力和意义。每个人都很有吸引力。

我所记得的这种魔力不仅仅是爱的迷雾。当时，寂静的春天只是可怕的前奏。昆虫、蜥蜴和鸟就在你的周围，青蛙在夜里呱呱乱叫，神经质的人们被沙发和床上巨大的本地甲虫吓得紧张兮兮。

当时的加州比今天更加活跃。细细的藤蔓和苔藓把最破的灰泥小屋的裂缝都穿透了。天空中的星星比现在更亮，晚上躺在沙滩上，你可以看到整个银河系。

我的经济压力很大。我和五六个少年一起，住在一个很破的海滩小屋里，他们大多数是大学生。租金很低，但也不是免费。

我做了一段时间的街头艺人，挣钱支付房租。我有一支邦迪儿童塑料单簧管，有几个月里，我都用它为游客演奏，效果很好。

街头表演是最纯粹的表演艺术。没有人会在意你的身份，你必须要用自己的表演征服陌生人的心。我会讲笑话、变戏法，也学会了以阳光的态度对待每一天，这应该是一种很难得的技能。如果你学会了在街头工作，那么，公开演讲就是小菜一碟。

我后来才意识到，担心没钱付房租转移了我的注意力，让我暂时忘却了我在母亲去世后对死亡的恐惧和无尽的孤独。资本主义让我们把注意力放在避免贫困这一人为制造的"死亡"上，因而产生了一种控制脆弱和命运的仪式。它能带来特别的安慰。

"谷歌原型"

话虽这样说，但街头表演仍然不是一份轻松稳定的工作。因此，我最终找了一份"正常工作"。和新墨西哥州比起来，加州有更多像样的工作。我在报纸上看到了一则招聘广告，去了一栋脏兮兮的灰泥建筑。这是一家废弃的酒店，但它仍然沐浴在海岸彩虹的迷人光芒中，点缀着常春藤和野花的绒毛。

一个年轻男人见了我。他是实际经营者，是很常见的那种典型的小骗子，但我之前从未遇到过这样的人。

当每个人都还是嬉皮士时，他看起来就像我们后来所知的"雅皮士"。西装革履，发型考究，座驾体面。年轻人根本不会是那个样子！

在一个发霉的办公室里，一群衣衫褴褛的嬉皮士少年坐在长桌子前给陌生人打电话，推销乱七八糟的不靠谱商品。订阅杂志、评估屋内害虫等。这有点像街头表演，但更轻松。我在第一天居然挣了 119 美元。

这家公司坏透了。每天，雅皮士老板会向我们提供一份通过非法途径得到的电话簿，名单里是我们的主要推销客户。有些电话标记的是房屋服务，我们就在电话里告诉他们，他们的房子里有甲虫和蟑螂，引起他们的恐慌。另一些是已经退休的人，我们向他们推销保险或奇怪的保健产品。

每天早上，雅皮士老板就会来办公室，拿着电话号码，挑选我们之中的一些孩子做领头羊。长得好看的女员工会拿到最好的单子。"告诉我，你会把这些糖变成蛋糕。"他一边对一个女孩耳语，一边晃着手里从螺旋笔记本上撕下来的一张皱巴巴、脏兮兮的纸。

能拿到这些电话名单，他很得意，认为自己很聪明。在那些年，这些东西都是手写的。有时是通过贿赂拿到的，有时是通过酒或致幻剂得到的。他还经常让员工中漂亮的嬉皮士女孩和他一起去完成交易。他们会去见电话公司、警察局或医院的员工，通常是在小巷或停车场。

很早之前我就已经忘了这份荒谬的工作。但偶尔回想起来，我意识到，这就是几十年后硅谷运作方式的缩影。谁掌握了个人资料，谁就掌控了商业，甚至掌控了政治和社会。数据将成为新的钞票和新的权力。我很好奇那个雅皮士老板最后怎么样了。

刚开始这份工作时，我很高兴，因为我能挣到更多的钱。但没过多久，我就感到内疚起来，进而感到厌恶。这份工作充满了控制欲，让人毛骨悚然，同时也不停地重复，非常无聊。

有一天，我问雅皮士老板是否认为我们在为这个世界做贡献，或者只是社会的寄生虫。他看着我，好像我是他的奔驰车上的一粒老鼠屎。很明显，我完蛋了。

"我们是在寻找有需求的人，然后让他们上钩。我们当然在做贡献！"

"但在他们还不知道要选择什么之前，我们就已经通过联系他们获得了酬劳。我们这样不是在扰乱市场秩序吗？"

"去你的，浑蛋。"于是，我走了。

听众

我已经赚够了钱，可以喘口气了，但我仍然需要找到其他的选择。我根本没想过利用我的计算机知识找工作。我也觉得很奇怪，为什么之前没有想到。可能是因为那个时候，还没有开始流传那些中途辍学的黑客的发家史，技术工作仍然主要由老牌公司或政府机构掌控。或者是因为我认为自己没有学位，毕竟我连高中学位都没有。

我最终还是去山上参观了硅谷。我并不是去应聘工作，而是去参加一场奇怪的嬉皮士空想家演讲。

和今天比起来，那时的加州海岸有更多自称空想家的人。你会经常被邀请到奇妙的地方做客，有可能是在高远的红木森林里，小溪旁的一座翻新的采矿人小屋。你会在那里听到关于飞碟、诵经、致幻剂、另类的性或其他猎奇事件如何拯救灵魂和世界的故事。很多这些事件中都包含技术迷信，虽然那是在很多年前。

技术文化有着不同的参考点。理想主义的技术人员可能会痴迷于巴克敏斯特·富勒以及他的世界游戏概念，或是阿连德（Allende）在智利创建网络马克思主义乌托邦的未竟事业。

这就是我开始做演讲时身边的技术文化背景。

我之前完全不知道自己会喜欢公开演讲，而我的公众人格就像隐匿了多年的沙漠幼苗一样，在一场大雨后第一次焕发了生机。

事实上，我的首次演讲并不顺利。我成功地把自己包装成了一个奇怪的演讲者，很偶然地出现在海边谷仓改成的演讲场所。一群绝顶聪明的斯坦福大学毕业生出现了，准备围攻一个荒谬的嬉皮士。他们抛出了针锋相对的问题，而我毫无准备。

街头表演让我学会了如何取悦听众，但我从未经历过智力上的打击。我感到很郁闷，但我很快就意识到，在我的演说生涯开始时就触到谷底，对我来说何尝不是一种幸运。熬过了第一晚，以后还有什么能让我害怕？

从 1980 年到 1992 年，我在每一个可以想象到的场合进行了数千次有关 VR 的演讲。我曾在可怕的奥克兰高中教室里演讲，里面挤满了帮派成员，在我的旁边是月光监狱的看守，举着棒球棍，警告大家不要闹事。我也曾在瑞士首相和银行家等一大帮权贵面前演讲，我们必须乘坐直升机进场，还有穿着制服、配着机枪的冷面男子监视着我们。这两个场合并非完全没有相似之处。

每当我那容易尴尬的乖巧害羞的人格要在公开演讲时跳出来，

都是信念在支撑着我。我的另一面则是自信的，以催眠的节奏让每个人都接受我的观点。我的榜样是艾伦·沃茨（Alan Watts）。我不知道我是怎样做到的。

我的主要任务是让大家理解，为什么一想到 VR 这个疯狂极端的媒介将在某一天问世，我就会感到十分开心。我认为，VR 的深层使命是找到一种新的语言，或一种真正的新的交流维度，这种维度将超越我们所知的语言。这听起来可能是最具投机性、最遥不可及的计划，但这项使命对我来说迫在眉睫。我相信，VR 是人类生存的必需品。

我很难将 VR 解释清楚。我没有关于它的影片，甚至没有有用的照片。当然也没有现场演示。

首先，我会介绍 VR 的工作原理——头部跟踪渲染等。这个话题在那个年代听起来很奇特，人们第一次听到会感到十分震惊。

我现在仍然在使用我早期演讲时用过的一些简介和图片。在前面章节中出现的"间谍潜艇"的比喻，我在第一次访问硅谷之前就用过了。

简介结束后，我将会开始介绍童年时期、头足类动物的认知以及人性将怎样摧毁一个人，除非艺术无限地深入未来。

手稿

我还保留着最早的演讲手稿。这是其中一部分，我做了少许修改：

> 回忆一下你最早的记忆，然后问自己这个问题："我在那之前经历过什么？"
>
> 这个问题没有完美的答案。答案永远无法触及。你可以观

察小孩子，就像皮亚杰（Piaget）那样。你甚至可以测量他们的脑电波。但对你们来说，要了解这种体验，唯一的方法就是在事实的基础上展开想象。关于你们有记忆之前的体验，我有以下怀疑。

我们每个人在不确定想象和现实的界限时，都会经历一个早期阶段。就是这一阶段的混乱让我们无法分清想象和现实。如果你不确定幻象是否真的存在，那你就很难在这个世界中独行。

在这个阶段，我们完全依赖父母，连基本生活也不能自理，更不用说靠自己过得很舒服。但感到自己如此脆弱的内心体验并不完全是负面的，事实上，你也能感受到光明、力量，甚至神圣。

在那种状态下，好像你想象的任何事情都会成为现实。如果你想象一只镶有宝石的狼蛛从一扇开着的窗户中出现，它就会和那扇窗户一样真实。[1]

如果你不能分辨什么是真的，那么所有东西都是真的，所有东西都是有魔力的。

这时候的你比米达斯王还要厉害。他摸过的所有东西都会变成金子，而你只需想象，所有东西都会变成现实。你就是神。

随后，一场可怕的悲剧发生在你身上。你最终能将现实和想象区分开来了。那扇窗还在那儿，但有时闪闪发光的狼蛛不在了。其他人承认窗户的存在，但不会承认狼蛛的存在。那扇窗和那只狼蛛并不属于同一个世界。

这种认识成长为物质世界中的一种信仰。物质世界是你的

---

[1] 为什么说起狼蛛？因为我那时刚刚去了湾区爬山，看到很多狼蛛聚集在那里交配。

身体所在的世界，你学会了控制它。在适当的时候，你将学会走路、跑步、说话。

但这种认识也会逐渐成为一种严重的侮辱。在任何可能的世界里，这是可能出现的最可怕的退化。在某个时刻，你就是宇宙的主人，制造万物，而在下一个时刻，你就成了一个潮湿的粉红色小东西，永远都那么无助。

这是一剂苦药，难以下咽。我怀疑它是否与"可怕的两岁"有关。你不会自愿或优雅地放弃权力。在试探物质世界的每一步里，你都希望找到一个巧妙的方法，一个隐藏的角度，重新夺回你最近失去的那些千变万化的能力。

这种斗争持续数月，甚至数年、数十年，之后其他的苦药就自动出现了，例如死亡意识。当你从圣坛上掉落时，才会完全长大。

而有一些人永远都长不大。①

我们中的大多数人都还没有完全接受这种过渡。

成为成年人并不意味着完全失去创造力，这仅仅意味着你必须忍受巨大的不便。

在童年时，你可能会召唤一个紫色的章鱼朋友——它的中心部位有 200 英尺高，触手有 400 英尺长。当你召唤它时，它就会游进城，而在其他时候，它会睡在海湾。②

章鱼弯下身来，让你走上它的头顶，这里有一个开口。头里面有一个奇妙的毛茸茸的洞穴，你可以在里面玩儿。里面还

---

① 我强调了"一些"，主要是怕被听众谴责。

② 我选择章鱼也是有原因的。在做这次演讲时，我和一些朋友正试图将一个尼斯湖机器水怪放进旧金山湾的一片不透明水域。你在大多数时候是没法发现它的，但在极偶然的情况下，它会在渔人码头这样的旅游区附近突然出现。

有一张小床，你可以在上面睡觉。在睡觉时想象这个情景，就好像这个大章鱼是真实的一样。

实现梦想需要多长时间？一个小孩子可以想象带有卧室的巨型章鱼存在了很短的时间，比如几秒钟。

作为成年人，你也可以想象这种生物，但那本身就不太真实。只有其他人也经历过的东西才是真实的——不仅电影是这样，整个有待探索的世界都是这样。对一个任何人都可以改变的世界，要有共同的结果，也就是关于改变的共同体验，这个世界才会是真实的。

之前，基于现实的选择是采用技术制作生物的实体。一个巨型机器人？一个转基因巨型章鱼？

在 VR 出现之前，如果要让梦幻般的场景对你和对其他人都是真实的，有时是可能实现的，但是费时费力。这的确相当麻烦！人生太短暂了。

VR 拉动着灵魂，因为它回应了儿时的呼唤。

像这样的手稿还有很多，我希望你能读一读。我会将其他一些早期演讲归纳在附录一中。

演讲成了我生命中不可或缺的一部分，甚至在我后来因为创立科技公司而严重睡眠不足时，我也没有放弃。当你读到这本书后面的部分时，请记住，尽管经历了这一切，我仍然会每隔几周就找一个场合谈谈 VR 和未来。

空想家社交圈的人类学深深吸引了我。事实上，这就是鼓励我去山上访问硅谷的动力。

我注意到，技术嬉皮士怪人都很富有，而其他人都很穷（除了毒贩）。我终于有了头绪。

08

硅谷乐园

现在来讲讲我在 20 世纪 80 年代的硅谷故事。我可以用一个长句来概括：我在刚刚兴起的电子游戏产业工作，挣了点钱，用这些钱来进行被我称为 VR 的实验，遇到志同道合的伙伴，创立了第一家出售 VR 设备和软件的公司，推出了外科模拟等主要 VR 应用原型，制造了一场把我推上行业顶端的文化风暴，让人们疯狂地庆祝 VR 的诞生，之后，为了争夺我公司的控制权，展开了一系列不可思议的斗争，最后我前往纽约。

生命的质感改变了。之前，我是一颗无足轻重的滚石。当你是一颗很轻的粒子时，你是微不足道的，世界对你的印象一闪而过。

猎奇的公路故事讲起来和听起来都很有意思，但其中不能涉及更深的相关利益。当身处某个地方时，你必须面对真实的人。

当被抛弃时，你必须面对你自己。

网络版埃尔帕索

我搭便车去旧金山拿回了我破烂的道奇达特，又把它修理了一下。回去的路上，我紧贴海岸开车，避免陡峭的斜坡。我接下来担心的是能否越过山顶到达硅谷。这辆车通常不能爬山，更别说达到公路的速度了。

有一天，我只好试试。我把剩余的汽油都倒进车里，开车沿着 17 号公路往上爬。

　　我希望在山的另一边看到一个迷人的地方，看到高科技版本的圣克鲁斯，看到有着闪烁灯光和旋转磁带机的《尘世乐园》。

　　相反，我看到的是洛杉矶最令人沮丧的一面。高速公路边是本来就很丑的死气沉沉的低矮工业建筑。就是在这样一个毫无生机的地方，硅谷重新塑造了世界。以前是否也存在这样一个毫无美感的权力和影响力中心？

　　当时，除了在很高级的实验室外，你还不能从计算机里打印东西。我用我父亲的老式便携皇家打字机打字，它与其他杂物一起被放在道奇达特的后备厢里，我用它打了一份简单粗暴的技术简历。

　　细想一下，我实际上已经做了很多。我用国际科学基金会的拨款做科研，在各种不同的计算机上编程，还做了大量数学研究。

　　我把我的破车停在拐角处不引人注目的地方，踏进了一个我永远不会再进入的"猎头"办公室，这是全世界最冷冰冰的房间。

　　我还记得我当时是怎样注意形象的。我并非面无表情、恍恍惚惚地走进去，相反，我时刻保持着警惕。这是我初次尝试自我控制，我试图戴上无处不在的"面纱"，掩盖自己的情绪。

　　前台是一个30多岁的女人，妆化得有点浓，脸上的皮肤紧绷得有点奇怪，有点生气又有点难过的样子。她穿着当时流行的女式商务装，但并不合身，她还戴着一个松散的蝴蝶结，但这种蝴蝶结应该是男式的。

　　"当你看到这些事怎样发生时，就会觉得太不可思议了。他们并不是你心中想的那些人。"她在整理文件时发出了深深的叹息。

　　什么？她在说什么？赢得诺贝尔奖？宣福礼？她说的当然是那些变成富翁的人。很显然，很多人都注意到了这一点，这些新的财富都是偶然所得，这让他们感到不安。"看看这个，就是一个普通的工程师，偶然注册了一家愚蠢的公司，心里根本没有想法，什么都没做。"天哪，嫉妒就是毒药。

这个女人把我带到了一个劣质的木镶板房。我看到了真正的猎头，只比我大几岁。他穿着西装，打着领带，胡子剃得干干净净，绿色的眼珠看起来冷冰冰的。他贪婪地看着我，好像我是那个雅皮士骗子电话单里的目标客户一样。

"你今天可以开始上班吗？"什么？

在那个年代，计算机还没有联网，也不能显示很多文本。我刚才说过，那时还没有打印机。（多年后，人们可以拥有自己的打印机了，我曾开玩笑说，作为一种诱饵，这些打印机正在取代浴缸。）

这个浑身发光的家伙迅速翻阅了一个皱巴巴的手写笔记本，小心地侧过身子瞅着，生怕我瞟见了。他用一种坚定阴险的口气告诉我工资多少，就像街角的非法推销人员一样，这听起来很不真实、不可理解。我当时有点迷茫，不知道该怎么办。我真的可以在这个远离彩虹的、与纳尼亚完全不同的地方生活和工作吗？

优化彼此

很无趣。在见过猎头后，我在硅谷听到的第一个词是"嗨"。但在那之后，到处都是惊喜。"你必须要知道，这里主要有两种人，一种是黑客，另一种是穿西装的。别相信穿西装的人。"

我的一个来自圣克鲁斯的朋友的朋友给了我这个建议。他是一个嬉皮士，看起来漫不经心，穿着粗糙的流苏披风，戴着大大的墨镜，他的爆炸式胡子就像一团黑烟。我们在斯坦福大学附近的一个原生态餐厅喝冰沙，在一个酷热的夏日，我们坐在外面的桌子上，脚下是一些木屑，穿着扎染衣服的女孩坐在角落的一桌，偶尔瞟我们两眼，然后就走了。

"你别误会了，我们需要穿西装的人，但更要提防他们。"

再一次，人们开始组建自己的部落，原因无非是互相不信任。

"穿西装的人只会为了钱做无聊的事情，而聪明人根本无法忍受这种工作。"

我想到了那个来自圣克鲁斯的雅皮士。会有和他一样的人吗？有很多这样的人吗？天哪。

"穿西装的人和女人一样。为了未来，你必须要应付他们，但这真的很让人心烦。"

我从内心深处感到痛苦，有一种恶心想吐的感觉。到底发生了什么？注意自我反应这一能力仍然是新鲜的、不确定的。我很紧张，想要找本书来读。

突然间，我懂了。我希望在世界上的其他女人身上找到我母亲的影子。我并没有好好想过，也没有弄清楚过，但我心中对女人的模糊印象就是我去世的母亲。我希望在一个能感受得到她的地方生活。我曾经认为加州没有新墨西哥州或纽约那么具有男子气概。实际上圣克鲁斯才是那样，至少有一段时间是那样。

硅谷这个我最有可能挣到钱的地方，会把我拽出这个女性世界吗？会让我失去追寻母亲脚步的希望吗？

我当时慌乱不安，只得说："所有穿西装的人都很糟糕吗？我有一个朋友在苹果为乔布斯工作，他似乎认为自己有一些好点子。"

"哦对的，我和乔布斯在雅达利一起工作过，他想在那里成为一名工程师。这个人曾经吹牛说自己优化了芯片，但我从来没有看到他有任何成果。不过至少他能适应自己的位置。"

这是一个古怪的社会。地位与技术成就之间的联系比地位与金钱之间的联系还要紧密。（如果黑客原本是指一个绝顶聪明却无法忍受与金钱打交道的人，那么在今天，这样的硅谷黑客越来越少了。）

还有一个术语叫"骇客",是指那些侵入计算机的人。但由于那时计算机还没有联网,也就没有很多骇客行为。[①] 黑客与骇客之间的区别并不是好与坏的区别,而是更擅长创造的人与更擅长毁灭的人之间的区别。大体来说,毁灭是一件好事,因为我们这个世界实在是太……问题在哪里? 这个世界还未被优化。

可以拿牛仔来打比方,虽然很尴尬,但听起来很有激情。我们黑客就像是流动的枪手,人们说我们是靠着代码生活。有道德的黑客和骇客被称为"白帽子",而不讲道德的黑客和骇客被称为"黑帽子"。

我是在一群真正的牛仔身边长大的。有一些人很好,但有一些人很粗暴,就像其他任何地方的人一样。一般来说,牛仔并没有比任何其他种类的人更自由。因此,从一开始,黑客对我来说就没有什么神秘感。

黑客和牛仔一样,本来就应该通过特别的能力和专业知识在原野里享受自由。我们尽情驰骋,为他人创造现实。当我们在他们的新世界里光芒四射时,普通人只能无助地等待。

在接下来的几十年里,让我感到很惊讶的是,在全球各地,所有那些外来的普通人都选择相信我们的神话。你们让我们重塑你们的世界! 我仍然很好奇这是为什么。

有限与无限的游戏

在我选择硅谷第一份工作的前几天,我参加了一些面试。那些日子犯下的错是值得回忆的,因为第一印象具有深刻的启迪作用,

---

① 数十年后,计算机早就联网了,之前意为"骇客"的"cracker"一词作为一个贬义词再次出现,意思是"穷白人"。在 20 世纪 80 年代,几乎所有的"cracker"都是这个意思。

能让你认清自己以及你遇到的事情。

我当时正在摸索着VR事业，但没有任何与VR相关的工作，因为没有一家VR公司。（在那些年，你不能凭空为一家初创公司筹到钱。）甚至没有人知道"VR"这个词。我连高中文凭都没有，不大可能去美国国家航空航天局或空军这些地方研究飞行模拟器。

我最符合条件的是进入刚起步的电子游戏行业，尽管我有点厌恶这个行业。不过这个行业至少有一个艺术和音乐的外壳。

厌恶？确实是。我不喜欢固定的规则。我无法想象我要在斯金纳的实验室里做一只小白鼠，接受反复奔跑的训练，即使是更先进一点，接受遥控主人设计的小课程，依旧令人难以忍受。一想到成百上千的人同时在我可能发明的迷宫中奔跑，我就觉得头疼。

在这个技术世界里，很多人都沉迷于我认为很无聊的、在某种程度上很羞辱人的游戏，因为你必须接受成为实验室的小白鼠。我把这些游戏看作描绘道德和社会失败的一种数学方式。① 生活中应该拒绝这种幽闭式游戏，而不是擅长这种游戏。最重要的数学就是为了避免固定规则的游戏和提前定下的赢家与输家。

无论如何，游戏是能赚钱的唯一一种交互式艺术形式。除此之外，我别无选择。

我的第一次面试是在金门大桥对面美丽的马林县。乔治·卢卡斯正在创建一个电影数字特效机构，但同时也提供视频和音频编辑服

---

① 囚徒困境是最著名的游戏理论思想实验之一。它已经被改编为游戏节目和电影情节。我不在这里多做解释，读者可以自己查一查。从数学的角度来看，这种观念很有趣，但一想到把它应用到现实生活中，你就会觉得很恐怖，因为现实生活并非这样被清晰地割裂的。一旦人们在游戏节目或其他现实生活中应用囚徒困境理论，就会变得对彼此十分残忍，相互欺骗，我对此感到十分痛心。我怀疑这种邪恶的数学应用是否应该被禁止，因为很多孩子可能会因为糟糕的老师和课本，以这种方式爱上数学。

务，该机构准备进军电子游戏行业。你可能以为我是因为《星球大战》（*Star Wars*）才对这份工作感兴趣，但并非如此，我对它感兴趣是因为我的偶像伊凡·苏泽兰的一个名叫艾德·卡姆尔（Ed Catmull）的学生已经开始从事这类数字特效工作。

我进入了一个没有标志的工业大楼，迎面而来的是阿更山脉的巨幅画作，这就是我小时候常常在新墨西哥州看到的山峰。怎么会这样？原来，这里另一位名叫匠白光（Alvy Ray Smith）的元老级数字大师是来自我们那片沙漠的移民。

看到匠白光，我感到很高兴，又有些迷惑，好像宇宙碰撞一样。他的老家和我的穹顶非常近。关于他，我最了解的就是他的出色成果衍生出了《生命游戏》（*Game of Life*）。

《生命游戏》是由数学家约翰·何顿·康威（John Horton Conway）创建的一个游戏程序，它展示了一个基于简单规则的点状网格，即这些点根据相邻点的闪烁情况而闪烁。通过调整规则和这些点的初始模式，你可以看到不可预知的惊人场景，好像这个游戏就是一个微缩的活跃宇宙一样。

匠白光证明，你甚至可以在这个游戏的范围内，制造一台功能强大的计算机，也就是世界中的世界。多年后，这一想法由斯蒂芬·沃尔弗拉姆（Stephen Wolfram）普及。你自然会开始猜想，我们是否就生活在与《生命游戏》类似的程序中。

还有一种扩展版的"游戏"，它不会把玩家固定在一个小小的抽象监狱里。

匠白光的工作给了我安慰。在知道《生命游戏》这样的确定性游戏可能会产生不可预知的结果后，我心中黑暗的焦虑就消失了。决定论和自由意志之间的关系不再紧张。如果了解未来的唯一方式是实际操纵宇宙，那么，在我的哲学来看，这件事是否是决定论的也就不再重要了。也许有，也许没有。在宇宙的内部，我们永远无法知道答案。这个问题仍有争议。

当然，最有用的物理学可能包括随机性，也可能不包括随机性，但对哲学来说，这已经不再重要。数学不会扼杀自由！对自由意志现实的信念与对它的拒绝同样有意义。

黑客一直在这些想法上进行争论。"拒绝自由意志的能力就是自由意志的一个例证。""你是说，你刚才所说的不能在一个没有自由意志的宇宙中说出来吗？错！我可以编写一个程序，现在就把它说出来。"

匠白光这个人就像他的数学一样安慰人心。他以愉悦的态度对待计算机和生命，我至今都很喜欢这样的态度。抽象是感性的！致力于"宇宙是新兴的、不可预测的"这一理论的物理学家，往往热情洋溢、幽默风趣，就像李·斯莫林那样。

我们还是回到我的故事中吧。

环之天行者

唉，给我面试的人不是匠白光，而是另一个穿着光鲜的年轻人。他显然希望为大制作电影工作，而不是二流数字电影。

"我们最终希望《星球大战》成为现实，这就需要你来操控卢克·天行者（Luck Skywalker）。你要用摇杆控制他挥动光剑。你认为你可以做一个看起来在八位机上发光的那种数字光剑吗？"

"这个嘛……你知道，我认为这不是我的工作。"

"哇……你怎么能这样说？这是有史以来最伟大的事情。"

"我无意冒犯。如果选对了人，这份工作将非常棒。我只是没那么喜欢《星球大战》。"

"去你的！那你在这里干什么？"

"我也不知道这份工作是什么……"

"你怎么会不喜欢《星球大战》？每个人都喜欢《星球大战》！"

"天哪，我也不讨厌它……我真没法解释。"

"说来听听。"

"好吧，是这样的。在我小时候，在新墨西哥州，我曾经在罗伯特·布莱（Robert Bly）朗读的时候为他伴奏。"

"谁？"

"你问那个诗人？你知道……他在朗读他翻译的鲁米（Rumi）的作品，鲁米是古时候的苏菲派人士，"我显然没法表达，"嗯，从根源上说，那是一种伊斯兰神秘嬉皮士文化……哦，这无所谓，让我们回到正题，好吧……我们和约瑟夫·坎贝尔（Joseph Campbell）预约了一次演讲。"

"哦对，我们都知道他。卢卡斯用坎贝尔的《千年英雄》(*Hero with a Thousand Faces*) 作为《星球大战》的模板。"好像这个人是卢卡斯最好的朋友。"等等，你认识坎贝尔？"

"不算认识，只是我们都曾在一个温泉度假村表演。"

"我不相信。"

"好吧。不管怎样，坎贝尔真的很伟大，他有一个理论我不是很喜欢，就是所有人类的故事都是同一个故事的变体。这有点像诺姆·乔姆斯基（Noam Chomsky）所说的语言核心。"

"没听过这个乔姆斯基，但真的，如果你把宇宙故事做成一个纯粹的版本，你就发财了。我们就这样做，而且准备一直做下去。你是怎么回事？你讨厌钱吗？"

"这太狭隘了。并不是钱的事，我说的是关于故事的想法。如果我们真的不理解其他文化的故事呢？我们能说他们讲的故事和我们的是一样的吗？如果只有一个故事，我们怎么能希望未来会有更多更好的故事？如果我们相信只有一个故事，也许就陷入了一个小循环，就好像我们在一个蹩脚的原始计算机程序中一样。在这里工作的匠白光已经证明了可能有更多的程序……"

"你在说什么呀？《星球大战》发生在遥远的过去，而不是未来，它真的很酷！机器人比光速飞船还要快！那将会是一个伟大的未来！"

"但人没有变。他们被困在愚蠢的权力小游戏中，他们是残忍自私的。就算是好人也是排他的、大男子主义的。谁会需要更多的皇室成员？美国就是要摆脱他们。"

"我的天，你这个嬉皮士理想主义者简直是胡扯。"

"可千万别那样说我，我才不是！这么说吧，科幻小说可以讲述的是，人们在越变越好，而不是那些小装置越变越好。我的意思是，在《2001：太空漫游》中，有一种超越的感觉，就像我们可能会从小小的冲突中脱胎换骨一样。嗯，这可能不是一个很好的例子，它确实很抽象，很不正常。那么《星际迷航》（Star Trek）呢？吉恩·罗登贝瑞（Gene Roddenberry）认为，在机器变好的同时，人类也在变好。这令人兴奋得多。我认为这已经发生在人类历史中了。"

"去你的，《星际迷航》？"

"我想我该走了。你会帮我向匠白光说拜拜吗？"

"没门儿。"

你要变得无比古怪才能避免成为行为主义者

卢卡斯的世界并不是我的菜。能对这样的机会说不，感觉是很好的。我还有几百种工作可以选择。

这是一个八位时代。我为不同的公司编了一些游戏，挣了不少钱。大学退学欠下的贷款已经烟消云散。

我最喜欢的是设计音效和音乐。在那个年代，程序员可能会做所有的事情，从艺术和音乐到说明书。

我并不是唯一一个有这种想法的硅谷移民。我开始遇到其他的游戏黑客，他们认为自己是艺术家和科学家，其中有一些最终帮助我创建了第一家 VR 公司——VPL 研究公司。

我遇到了史蒂夫·布莱森（Steve Bryson），他是一个嬉皮士物理学家和音乐家，穿得像罗宾汉。我们在森尼韦尔一栋矮矮的综合办公楼里为八位游戏编程。这栋楼有常见的沟槽，水泥预制板外墙；停车场外面有简陋的篱笆；前门停的都是豪华汽车，我的道奇达特停在后面。

图 8-1　史蒂夫·布莱森

这个不毛之地聚集了一群各有特点的天才。每当回想起那些日子，最让我惊讶的是，很多伟大的程序员同时也是颇有成就的音乐家。我记得我与五六个朋友挤进钢琴室，每个人不仅能熟练地演奏古典曲目，还能以个人的风格弹奏绝妙的爵士乐。例如史蒂夫·布莱森、戴维·莱维特（David Levitt）、比尔·阿莱西（Bill Alessi）和戈迪·科蒂克（Gordy Kotik）。

在 1981 年前，我终于联合设计了我的第一款商业电子游戏。我与一位名叫伯尔尼·德克文（Bernie DeCoven）的玩具和游戏专家合作，为这款游戏取名为《奇异花园》（*Alien Garden*）。这款游戏很成功。随后，我独立设计了自己的第一款游戏。

我的第一款独立游戏名叫《月之沙》（*Moondust*），1983 年发布时，位居家庭计算机游戏前十名。（在那个时代，这个世界还没有被优化，因此行进得非常缓慢，发布一个程序需要数年的时间。）

《月之沙》以卡带的形式售卖！以前有一种大商店，主要卖黑胶唱片，同时有一部分用于出售电子游戏卡带。我看到商店里专门有一个落地式展示架用来出售《月之沙》，宣传海报高高地挂在墙上，我感到十分自豪。

《月之沙》最好的版本是在康懋达 64 位机上运行的，感兴趣的读者可以去找找。音乐是算法式的，非常美妙，带着回音和湿度，这在当年是很奇特的。音乐是由动作驱动的，这在游戏界是首开先河。图形有着闪耀柔软的质地，而不只是块状的。在当时进步很慢的硅谷，这也很奇特。

这个游戏的玩法很怪。你会操纵整队飞船，试图让它们将一条飘逸的彩带拖进一个幽灵般闪烁的目标中，如果你成功了，将会高潮起伏。这个游戏太复杂了，很难进行分析，你必须要靠直觉。这个游戏还有一种奇特的性感气质。

有很多顾客买了《月之沙》，这真是太棒了。我怀疑他们是被图形和声音所吸引，但很快就不想玩儿了。这个游戏太奇怪了，太开放了。

禁足

到了硅谷没多久，我就在帕洛阿尔托租了一个四处透风的小屋。这间老铁路工人的小屋建在一条泥泞的小路上，由于年代久远，已经有点倾斜了，它位于小溪旁一个废弃的果园里。

你可以从一个人对房地产的态度来判断他是否真的了解硅谷。我记得一个房地产经纪人曾说了一些话，暴露了她就是一个根本什么都不懂的蠢人。

"你疯了，为什么不买维多利亚式平房，再过几年，这些房子的价值就会是现在的 10 倍。"

我的一个黑客熟人就在附近，他过来纠正她说："代码将直接运作世界。钱只是未来代码的一个近似值，我们只需等着计算机降价、联网。我们在创造一种新的力量，这比钱更重要。钱已经过时了，或者随时即将过时。"是的，黑客就是这样说的。每个人都感受到了这种说法的号召力。

这个房地产经纪人看着我们，就好像一无所知的恐龙看着带来世界末日的小行星。

我的昔日旧居，即使是那条古老的小溪，在 30 年后的今天也已经无影无踪了，测绘卫星只能检测到千篇一律的公寓。我记得路上的砂砾和脏兮兮的霉木头中散发出的乡村气息，从里到外都记得。曾经的加州闻起来也有青草味，听起来到处都是虫鸣蛙叫。

帕洛阿尔托是硅谷的精神中心。它虽然不会像森尼韦尔一路上平淡无奇的景色那样让人沮丧，但对我来说，仍然有些沉闷。

每天晚上，我就盯着那些高高的树木。天气始终如此完美，天空总是空空的。没有遥远的沙漠远景，也没有无边无际的海洋，这里甚至不如一直延伸到地平线的烦闷但迷人的纽约。我们所知的只有花园天堂，就像很多来自雪域的早期美国富人移民想象的那样。这种感觉好像是恶魔用一个模拟天堂欺骗了我们。这样一个局促的地方，与我的内心如此不协调。

在我母亲去世后的几年，甚至几十年，我的内心一直感到深深的孤独。

一个肯吸纳我为会员的俱乐部

黑客总是显摆他们最新的项目。由于计算机没有联网，你必须开车去看演示，或随身带着计算机。道奇达特的后座上现在装的不是山羊，而是计算机，这样我才能随处展示我的成果。我记得当时偶尔还会从硬盘插槽中挑出一些以前的干草。

我向每个人展示《月之沙》——在施乐帕克研究中心向艾伦·凯（Alan Kay）和他的团队展示，向苹果的研究人员（这些人最后创造了苹果计算机）展示，在斯坦福研究院向道格拉斯·恩格尔巴特（Douglas Engelbart）的团队展示，向美国国家航空航天局的飞行模拟器研究人员展示。

有一天，我在斯坦福大学附近巷子里的一家光线昏暗的点心店，将一个巨大的旧 CRT 显示器放在桌子上——当然是为了向人们展示《月之沙》。（我不记得点心店的名字了，如果你真的想知道，就是把杏仁油放在虾饺里的那家，大家都在谈论这家餐厅。）

观看展示的食客就是将来创建皮克斯和太阳微系统这类公司的那些人。《月之沙》让他们十分震撼，于是，他们开始缠着我。

"你是怎样做到的？像素在屏幕上同时变化。"

"嗯，我是通过这些移动的掩码用压缩查找表做到的……"

"等等！别告诉他们你是怎么做的！"

"我认为黑客的道德标准就是分享代码。"

"好吧，如果这样就可以扳倒那些老牌的、庞大的坏势力，那随便你。这是你自己的事。"

"我不知道该怎么做。"

"好吧，不管怎样，你现在是我们中的一员了。""我们"中的一个人用《畸形人》（Freaks）中的咕噜声强调道。

代码文化

我们的世界并不是为我们创造的。我们仍然非常奇怪。

硅谷里到处都是精英，但大部分人并不是很有钱，他们给人的印象基本上都是邋里邋遢、十分压抑。美国的所有地方都保留了 20 世纪 70 年代那种脏兮兮的感觉，硅谷也不例外。就在门罗帕克的北部，没了彩灯的招牌已经生锈，店里提供现场色情表演，进退两难的行人挤在街角。

这就是我们的聚会场所。我们需要保持紧密的联系，当时没有互联网，但我们需要网络效应。

我记得在主干道埃尔卡密诺里尔上有一个简陋的廉价酒吧，里面有一个桌球台，我认为帕洛阿尔托的黑客就像是一个母球，在把另一个球撞得远远的之后，它自己也旋转着掉进了球袋。我们在新家里旋转，而我们的动量被转移到外面，重组着世界的其他地方。

你日日夜夜地编程，直到大脑吸收了一个大的抽象结构并将之完善。这与今天的程序员体验不同，因为在那个时候，你是直接用芯片工作，以此得到足够的性能。这就意味着，你无法借助其他程序员的语言、工具或库。

一切重要的东西都是新鲜的，都完全是你自己的想法。你是一个抽象的探险家，面对的只有荒芜。如果你想要一个圆圈出现在屏幕上，你必须想办法编出圆圈的代码，以足够快的速度形成圆圈。我记得有一次，我和最初的麦金塔计算机图形的编写者比尔·阿特金森（Bill Atkinson）一起去斯坦福大学见传奇的算法大师高德纳（Don Knuth），向他展示圆圈的新画法，那就像是去见一个代码教皇。

将任何事物推到极致状态后，它都会发生转变，这个原则同样适用于计算机。在编程体验的核心，当你以最高水平写代码时，会再次感受到一种不同于代码世界的神秘感。

当代码正确时，你的肠道里就会有一种奇妙的感觉，至少在当时是这样。这是一种令人难以置信的、几乎是救世主一般的感觉。我们曾经有点尴尬地讨论过这个问题，这是在我们的合理性堡垒下埋藏的神秘主义。

每当我有这种感觉时，手头存疑的代码就会被证明是无懈可击的。这是一个几近圣洁的奇特时刻，你很难得才会产生这种感觉。

编程的顶峰体验越来越难以捉摸，因为编程不再是单独一个人的工作，但凡有点重要的新程序都会由团队完成。当程序运行时，就会像青苔一样蔓延在之前已经存在的无数软件结构上，而这些软件结构甚至不会在同一台可识别的计算机上运行，而是在世界上未知的互联计算机之间秘密运行。人们再也不能真正了解一个软件了，人们只能测试它，好像它是一个刚被发现的自然界。我们与旧的直观世界之间的联系已经断了。

不管怎样，结束了夜以继日的专注工作，你常常会穿着衣服睡觉，就像睡在天鹅绒一般的大海里，然后，你会斗胆去看看别人，但所有人都在做同样的事。你们相互看起来都像代码一样。你口中的世界，就像一个你正在创造的不完整的谜题。

我真希望自己还记得最开始在硅谷认识的所有朋友的名字，不过至少我还记得我们的对话。"我已经保存了关于所有寿司店的数据，这样，我们就可以选出最好的寿司店。""我也是。""你有没有给你的数据打上时间戳？我们可以用贝叶斯方法进行关联。"

这种遇见世界的方法仍然是在纸上完成的！我们随身带着迷你笔记本和铅笔。黑客会将他们的笔记本固定在一个仿金属的壳子里，有点像之后的便携式数字设备。我们还有很多漂亮的皮带固定设备、腕部固定设备和背心固定设备。做完计算后，我们就会吃寿司，再继续写代码。

在花了一整天的时间编程之后，连你的梦里都全是代码，整个世界也成了代码。斯科特·罗森伯格（Scott Rosenberg）写了一本书，其中有一部分描述了我梦到代码的体验，这本书当然就是《梦断代码》（*Dreaming in Code*）。你会突然醒来，意识到你刚才在睡梦中编程，在梦中将你经历的事情编写成代码。这是一个人的心跳循环。

09

邂逅"外星人"

本质的漏洞

能与其他黑客找到共同点是很好的，但我不太适应。他们中的大多数人对现实和为人的基本要素有着不同的信念。我变得越来越孤立。

一个新的理念正在兴起，但我并不买账。对我来说，这个世界并不是代码，因为至少在代码的层面上，我们知道该如何编程。人生的意义不仅是更多的代码，人生的目的也不是优化现实。

我的生活因为睡眠不足和野心勃勃而极端扭曲。我很容易有极端的感觉。新的正常思维方式不仅让我感到困扰，还会让我想尖叫。

我准备开始据理力争。"现实世界是一片神秘的海洋，而我们挤在被科学和艺术点亮的小岛上。我们不知道这片海洋是否有边界，我们不知道自己能看到多少，我们不了解自己在其中的位置。"

"你听起来像是从马林来的。"

"你这话是在侮辱我吗？"

"是的。"

"你错了。我才不像是从马林来的。那些人相信无凭无据的事情，就像占星术一样。"

"嗯，可能没人告诉你，如果嘲笑这里的占星术，你可能会永远没有性生活。"

"我认识不相信占星术的女人。"

"但你和她们上床了吗?"

"是的,其中一个。"

"不可能!"

"你看,我说的是完全相反的东西,也就是,信念必须有理有据。"

"以那种标准的话,对我来说,占星术也是有理有据的。(哼的一声。①)意识与占星术有什么不同?你相信它,只是因为你想相信。"

"我经历过,你呢?"

"如果我说我没有呢?"

"那么你就够格成为某个地方的一个超级书呆子哲学教授。去吧,别编程了。"

"至少你没有再叫我'过早的神秘减速器'。你怎么知道你所谓的意识体验不是幻觉?"

"如果是幻觉的话,那么只有意识才是真正真实的。幻觉依赖于意识!"

---

① 在这个时期,黑客文化多多少少都是嬉皮士文化的一个子集,而嬉皮士常常认为自己拥有所有权。

例如,有一些黑客认为性应该像软件或空气一样"免费"。想想我们曾经去过的旧金山技术工社的口号:"每个人都有权享用足够的空气、水、性、食物和教育。"在当时,这是一种温和的暗示——几乎是禁欲式的。只是"足够",而不是多余,这样才会有周转的余地。社群主义就是可持续的性权利,数学意义上的性义务。

为什么我几乎懒得争论?"如果在这件事上,一个女人或一个男人不想拥有其他人认为的'足够'的性,那会怎么样?"

"你在担心一个不存在的问题。一切都会相互抵消的。"

"但如果没有呢?"

我最终与可以想象的每一个加州乌托邦人士进行了这种争论,包括自由主义者、社会主义者和理想主义者。他们都低估了一个人可能不适合一个"完美"体制的可能性,不管是在性方面,还是在其他任何方面。

"但如果这样的话，意识就不是科学的一部分了。它是一种无关紧要的孤立的设置。为什么要纠结这个呢？"

"承认神秘的东西会使我们谦卑而诚实。没有这个，我们就不能拥有科学方法。相反，我们只会编写代码，再编写代码上级的代码。我们的科学与神秘之间是真正对立的，我们的艺术也是如此。每个地方都有神秘的东西，每一秒都有。现实就是无法衡量、无法描述、无法完美复制的东西。意识可以让我们很好地注意到这一点。承认意识的存在让科学更加强大。"

我现在发现了，我真的有点烦人，像一个教授一样唠唠叨叨，其实我们应该赶快吃完寿司，重新开始做真正重要的唯一一件事情，那就是编程。

租一个妈妈

黑客通常是性欲很强的年轻人，但同时也是很温柔的，并且往往在努力建立恋爱关系。我们的狂热使我们的温柔变得有些复杂。我们完全致力于好像是从科技文化中出现的一种新的理解生活的方式，而这种方式并不会让我们的恋爱变得更美好。

"她想让我分担家务，但做家务真的太蠢了。我的意思是，谁会在意我们的衣服是否熨过？再过几年，如果你想熨衣服，机器人可以帮你，我们也可以对 DNA（脱氧核糖核酸）进行编程，培养可以让衣服每天保持平整的细菌。在问题解决之前，为什么我们不能等几年，而要把自己弄得这么可怜呢？"

在我刚到那里时，人们经常说，有人开了一家名叫"租一个妈妈"的公司。怎样找到这家公司？电话簿里找不到，那个时候也没有互联网。[1]

我记得有一次讨论过这件事，当时，我们几个邋里邋遢的年轻黑客在我们最爱的湘菜馆中，挤在一张桌子旁。这个小餐馆是数学家的根据地。你可以看到传奇流浪数学家保罗·埃尔德什（Paul Erdos）这样的人，在从窗户透射进来的古怪昏暗的霓虹灯招牌的光亮下专心思考。有些黑客还用中文点菜，以此作为一种炫耀，尽管服务员从来不会对此大惊小怪。这也没什么。

"我认识一个人在用'租一个妈妈'的服务。当然这与性没有任何关系。不同的中年妇女上门来帮他洗衣服、购物、选衣服、听他抱怨、给他买夜宵等。如果他编程太久，累得不想开车了，她们会载他回家。他说这让他的效率提高了 10 倍。"

一个个子很小的黑客，戴着比他的头大得多的眼镜，说道："好的，好的，我们怎么才能找到这个人？我再问一下，怎么找到他？怎么找到他？"

"租一个妈妈"听起来像是真实的，因为每个人都在谈论这个话题，但没有任何证据，也没有出现可操作的联系。这个谜变成了一种执念。

我愤怒地回应。这些人并没有失去真正的母亲。这个想法侮辱了我生命中最重要的意义。因此，在很多有关"租一个妈妈"的对话中，我扮演了黑脸的角色。

"你就不能自己洗衣服吗？不洗也行。我们一点都不在意你洗没洗衣服，这对你写出好代码或烂代码没有任何影响。"

"你不明白，"同样出现了终极的反对声，"租来的妈妈会帮你处理真实世界中的所有事情，你就可以专心写代码了。想象一下那种

---

[1] 在 2016 年，搜索"租一个妈妈"，你会看到很多保姆、家庭护理和劳动交换服务。据我所知，今天的这些关注点与 20 世纪 80 年代的传奇并没有任何关系。在我们那个年代，搜索是基于文本的，所有东西的每个名称都物有所指。

被释放的感觉。"

"但我们如此痴迷于'租一个妈妈',就是在浪费自己的生命。这能优化任何东西吗?"

"当然!总有一天,计算机将互相连接,我们将会带着通过无线电联网的微型计算机到处走,你会对麦克风说'给我租一个妈妈!赶紧的!'"

虽然技术还不存在,但愿景和争论已经形成。

其他人会说:"等等,为什么要租真的妈妈?用人工智能做这些事不是更好吗?比如机器人?"

"那样当然可以,但你没搞懂。我们现在就有可供租用的真人妈妈,而人工智能和机器人要等以后才能实现。"

"不,最多再等三年,人工智能就会出现。"请记住,这段对话发生在 20 世纪 80 年代初。

"好吧,等多少年都无所谓。我们需要想赚点钱的真正的妈妈,但只在我们需要的时候,才会这样做,多长时间并不重要。不过如果只需要三年,那就太好了。"

"但人工智能很快就会成为现实,为什么要去纠结这件事呢?"

"别担心,这只是一个应急计划。"

"但这真的让我很纠结。我是说,人工智能几乎就要实现了。"

"好吧,你看,我们并不会向真正的妈妈支付很多酬劳。"

"最好不要!"

就像今天大多数人经历的那样,互联网就是在那个时候,在那种对话中诞生的。

"当计算机联网时,谁做出了'租一个妈妈',谁就驾驭了世界!"

"是的,所以我们最好实现它。"

"但如果我们不这样做呢?"

"我们会的。"

孤独的年轻大师

我产生了一个可怕的想法：我生活在一个地方，而不是一直在路上。我可以有一个稳定的女朋友，一段真正的感情。我可以开始成年人的生活了，哎呀。

我一直在旅途中避免自我探索这个艰难的过程，为了停止逃避，强迫自己探索自我，我花了多年时间。

硅谷所有的异性恋男人都抱怨这里没有女人。[①] 这种不平衡恰恰与北边离硅谷只有一小时车程的旧金山形成有趣的对比。

在旧金山，你会听到每个单身异性恋女人抱怨，那里所有单身男人都是同性恋。我们就好像被困在一部古希腊喜剧中一样，硅谷男人会定期去旧金山找女人。

许多最聪明的年轻女人研究了种种解决办法，那在当时是研究人类的最好的方法。我们研究机器，而她们研究人类，我们都注定活在传统观念中。（今天，传统观念仍然不断更新，继续存在，并使得有技术才能的聪明女性从事神经科学研究。）当时有很多女性心理治疗师和实习心理治疗师。我和我的朋友曾经尝试从事这项工作，但我们常常觉得 20 世纪 80 年代用于心理治疗的语言很难。

我们曾讨论过这一点。记住，当时没有互联设备，没有社交媒

---

① 我们都希望有更多的女黑客。大体来说，编程这个行为就是一种女性化的发明，但第二次世界大战以后，这一专业越来越男性化。自从一个女人为第一家电子游戏公司雅达利编写了名叫《蜈蚣》的热门游乐场游戏后，硅谷出现了越来越多的女黑客。

在那个年代，更具统治力的文化把硅谷排除在外，不让硅谷有机会展现它真实的色彩。我们真心希望有更多的女性学习数学和计算机科学专业，但事实并非如此。

我记得这是一种公平与傲慢交锋的真实感受，因为我们认为，黑客是一个人能做的最光荣、最重要的事情。

体，甚至没有电子邮件。当时只有最大的科研机构，但我们很排斥科研机构，将它视为我们已经超越的旧世界的一部分。我们能做的只有见面、聊天。

黑客的典型抱怨可能是："她让我表达我的感受，但她又说我的感受不是我的感受。她说沮丧不是一种感受，但愤怒和悲伤是。我真的不懂她到底想要什么。"

我也不时发出这种抱怨，但更专业地说，我在大多数时候有一种约会障碍。

我倾向于和比我年纪大的女性约会，通常是30多岁，而我当时才20多岁。我还记得早些时候，在一家嬉皮士素食咖啡馆里与一个女朋友见面的情景。

当她走进来时，我正在发呆。

"喂，注意！别发愣了，杰伦！"

"哦。"

"你又没认出我！"

"对不起。"

"你要意识到，这跟你的母亲有关。"

"我的天，请不要这么说。"

"你完全忘了她。你不看她的照片，你不和你的父亲讨论她，这让我感到很想哭。"

"我只记住重要的事情，请别对我指手画脚。我们都在找寻自己的出路，你根本不知道我经历过什么。也许这和心理治疗书中说的不一样。我们能不能不讨论这个话题？说点别的什么都可以。"

"你需要面对你的感受。难道你没有意识到你是怎样让自己消沉的吗？你让自己忘记了你的应对机制，你甚至认不出人来。我的意思是，如果你游离在生活之外，怎么能生活下去？我该如何和一个根本看不见我的人约会？"

"你太夸张了。我当然看得见你。你很漂亮，你很聪明。我只是经常会走神。我需要几秒钟的时间从我的内在世界转移到这个外部世界——只需要几秒钟！有这么糟糕吗？我的意思是，这根本不成问题。你就是爱对我指手画脚，放松点，也许你还能更多地了解我，也许你没有注意到一切。"

"你太典型了！现在硅谷的所有男人都是这样。"

"对呀，你看不到吗？现在是你看不到我。你只看到了你脑中的刻板印象。"

"我们不应该把生活浪费在这件事上。"

她走了，但这种模式没有消失。

每次分手后，我都会感觉整个宇宙崩塌了。

每个单身女人似乎都是心理治疗师，于是，我开始学习那些用于心理治疗的语言。

我可以阐述自己奇怪的例子，向任何愿意倾听的人解释，我是在找一个母亲，这种疯狂的痴迷绝望地扭曲了我所有的恋爱关系。而其实是我还没有经历足够的悲痛，还没有感激她一直在那里陪着我。我那时没有真正意识到这一点，因此也没有对任何人说过。

领悟

对，是真的。我没有认出我的女朋友。

也许现在很适合稍稍坦白我的认知怪病，我直到那时才意识到自己的这个毛病。也许和你分享我的记忆缺失会让你对我的记忆力产生信心。但愿如此。

读者们，你们现在可能会想，这真是一本魔幻现实主义作品。

一部分故事甚至发生在墨西哥。那是因为事情确实在那里发生，而不是杜撰。

唉，我尽力让我写的东西接近现实主义。让我感到尴尬的是，我的认知不适合完成重建准确历史的任务，原因之一是我有中度脸盲症。我刚看到人的时候，一般认不出来。[①]

我有一些朋友是著名演员，我在屏幕上看到他们时，根本认不出来。对一个演员来说，有我这种朋友也许是一件坏事，也许是一件好事，这取决于他的演技如何。只有脸盲的人才能真正地欣赏电影本身，而不会受到明星的影响。

这就是为什么在这个故事里，我可能会把一个人模糊地称呼为"寡妇"或"爸爸"。我宁愿我传达的是不完整的真实记忆。这些事情确实发生了，但人物可能不可考。（当然，在一些例子里，我故意掩盖了一些还在世的人的身份。）

坦白自己认知的局限性至少是智慧的开端，但这只是一个开始。我在30多岁时开始意识到自己有脸盲症。意识到这一点之后，我就可以为某些问题找到根源了，但问题本身并没有解决。

我不仅学会接受了我的脸盲症，还对它加以重视。我是认知多样性的忠实信徒。不寻常的头脑会发现可能被忽略的重要东西。因为我不能通过外貌认出人来，所以，如果我要认出他们，就必须对他们做的事以及他们融入这个世界的方式更加敏感。

---

①　没人能确定，但大约40个人中就有一个会遭遇和我一样的情况，而很多像我一样的人，可能多年来都没有意识到这一点。毫无疑问，其他人永远都不会意识到。

你可以通过其他方式来认人，比如你可以通过他们出现的地点以及他们的同伴认出他们，对脸盲症怪人来说，则是通过他们的动作、有目的的闲聊、穿衣风格或配饰选择来认出他们（曾经风靡一时的刺青非常有用）。

人们认为我是一个聪明人，但我不确定智商是否只是具有单一数量级的现象。我了解的所有人类思想都比我最初想象的更加惊人。我们只是以不同的方式进入我们的世界。（多年后，我和别人联合发明了为我自己设计的人脸识别数字设备，但我最终拒绝使用。试图成为"正常人"是一个愚蠢的游戏。）

我还有更多要坦白的。我在语义记忆中也有一种奇特的怪毛病。我到了30多岁才能按顺序记住代表每个月的单词。通过日积月累的努力，我越来越正常，现在已经能够记得住这些单词了。

如果记住月份的单词都很困难，那你想想，记住派对上认识的人得有多么艰难。我仍然担心会突然碰到一个人，对着我滔滔不绝地回忆我们曾经在一次会议、一场音乐会或其他聚会上一起度过的极其有意义的精彩时光。

难道我不记得自己在20世纪80年代进行迷幻般VR演示的那个伍德斯托克式的虚拟现实活动吗？当时的每个人都如此震惊，直到今天，当年的惊喜都尚未磨灭。难道我不记得自己在医学院进行的有关外科模拟的演讲吗？难道我不记得自己在一次会议上与一名年轻的计算机科学系毕业生聊天吗？

对脸盲症来说，如果不能满足你面前一个好人的甜美温和的期望，那将会是很可怕的。我在无意中得罪了一些人，如果我说这都是我的错，跟他们毫无关系，这听起来就是别扭的推托之词。我时常希望自己能说出更高明的谎言。

这个问题还在于，类似的事情发生得太多了。我们的世界充斥着大量所谓的精英会、贸易展、派对和仪式。

让人感到庆幸的是，我能分清什么是记住的，什么是没记住的，这就弥补了我在记忆上的缺陷。当我认为一段记忆是真实的，即使这段记忆只有部分是真实的，我也能确定这一点。这种感觉就像是代码没有漏洞时，我肚子里的感觉。在我的内心深处，有一种对真实的感受。

如果我不擅长记忆事件、面孔或序列，我怎样了解我的生活？

我记得我在思想方面的经历，以及我所经历的故事如何阐明更深层次的问题。我的经历会成为寓言。

我还记得几十年前与他人交谈的细节，这对我来说十分重要。这些人里有古怪的继承人，还有墨西哥将军，形形色色，但也正是这些寓言里的人物构成了我的个人宇宙。我还记得理查德·费曼教我用手指做四面体；记得史蒂夫·乔布斯羞辱了一名硬件工程师，展示了如何积累被我们称为权力的神秘的东西，而当时的我却不知所措；记得马文·明斯基（Marvin Minsky）向我展示了怎样预测一项将变得廉价而成熟的技术（他拿基因组学举了例子）。

正如我现在所希望的那样，我还记得亲密的主观感受：情绪和美感。

我对自我世界的体验有两个极端：在我面前的、无法抗拒的、无法形容的味道，以及想法，即思想的桁架。

我用万花筒般的方式记住了我的生活，也许可以把这种记忆方式称为立体派。所以现在让我们回到一张破裂的但也许可靠的"画布"上。

为难自己

也许我对自己太苛刻了，但我记得，当尝试将一些材料加到未来的"大师谈话"中时，我偶尔会愚蠢地搞错日期。我很自命不凡，精神高度集中，目光犀利，手舞足蹈，像个木偶一样。

"每个人都必须拥有广阔的内心，就像卡尔斯巴德洞穴一样。洞穴里可能有味道，有奇怪的灯光，还有语言无法形容的虚构的东西。从某种程度上说，可能大多数人在某些方面都是天才。"

"好吧，杰伦，这太棒了，但请等等。能给我一分钟让我说说吗？"

我花了很多年才学会给别人这一分钟。很不好意思，但年轻人总是需要慢慢成长。更不好意思的是，我咆哮只是因为想让对方听到我说话。

"我差不多说完了，但请等一会儿，我保证你有机会说话。这一次是真的。与现实最基本的接触是通过数学实现的，这是最普遍的试金石。"

我心中有一种感觉，人类最终会因为科技而摆脱彼此孤立的状态。（我当然无法想象今天的商业社交媒体中充斥着的侦查性算法，这些算法能够为满足大型服务器企业的利益而组织和优化人员。）

轮到她发言了。"在我转到化学系之前，我在数学方面也还不错，但我不能说它具有深层次的意义。我们能讨论点别的吗？就一会儿，行吗？

"我知道很多人认为数学是古怪的、令人生畏的，但这种看法也许并不能反映最深层的真相。也许宇宙的多样性比我们在地球上发现的更多。外星人有多怪？也许某些地方的生物是由时空中的微小结节组成的，这些生物从来不知道我们所知道的普通物质，如液体和固体。它们也可能没有注意到普通恒星的存在。但就算是最古怪的外星人，也肯定知道数学。"

"杰伦！在你面前有一个外星人，他想和你交流。但也许就这一次，并不是数学。"

"哦，是的，哇，可爱的外星人在这里，但我能说完我的想法吗？否则我脑子里要一直想。"

"哦，继续说吧。"对方放弃了，身子往后靠了靠，但奇迹般地仍然保持礼貌。

"外星人的数学和我们知道的一样吗？这是一个奇妙的棘手问题。外星人可能知道不同的数学，这种数学与我们的数学并不相似。但如果它们了解到了我们的数学，就必须同意我们的方法。如果双方进行了尝试，我们就会找到共同点。这就是数学神奇的地方。"

"好的，听起来没问题，但为什么数学不能成为一个吻？"

"好问题。"这是一个肯定的回应，但并不是一个吻。"不过，请再给我一秒钟……总有一天，会有一种技术能将你的整个身体和整个世界转变成任何东西，我把它称为虚拟现实，你可以成为一个拓扑形式，交织缠绕，并且……"

我们接吻了。

用数学对抗孤独？

当我试图向那个女朋友解释时，我的内心深处正在燃烧着一种奇特的乌托邦式的迷恋。

我觉得这个世界需要一个工具自发地发明新的虚拟世界，以此表达难以理解的想法。如果你刚好能够想象出正确的虚拟世界，它将开启灵魂、数学和爱情。

请把这个想法是否疯狂暂时放在一边。20 世纪 80 年代初实际执行的任何概念都是疯狂的。我进行了尝试。

首先，我与对"可视化编程"感兴趣的一小群人联系在一起。这就意味着，要通过操纵图像，而不是操纵文本字符串，来控制计算机的功能。

计算机还是很慢，你甚至可以感觉到它们的内部在搅动，而这个速度恰好是在人类直觉的掌控中。编程非常具体。因为你可以想象出机器内部的样子，所以能很容易地想象到它在计算机图形中的可视化。

当时的编程是伊甸园，而今天的编程则是一个拥挤的官僚机构。代码就是通过云中无限层次的已有结构，协调你想要做的事情。

我并不是唯一一个沉迷于编程的可视化和视觉化的人。我曾经在《哥德尔、埃舍尔、巴赫》(*Gödel, Escher, Bach*)中读到有关斯科特·金(Scott Kim)[①]的故事，我也从沃伦·罗比内特(Warren Robinette)的电子游戏中了解到了他本人。我和同伴聚在一起，工作到深夜，画出各种草图，描绘人们怎样发明出互相连接的数字世界。

我有一个奇怪的小项目，它是一个通用的纯粹声学编程语言，与视觉毫无关系，完全是由唱歌控制的。

1982年左右，很奇怪的是，我变得有钱了。我有电子游戏版税！如果把这笔钱投入房地产或股票，我会觉得很不正常，很奇怪。我唯一可以想象到的用途就是创造我一直在尝试的梦境机器。

那个时候，即使在预算不错的情况下，在车库里构建 VR 也是不可思议的。即使预算没有限制，你也不大可能买到一台能很好地实时渲染虚拟世界的计算机。

但可以想象的是，你能够在实验性编程语言中自筹资金，进行研究。所以我就这样做了。

我在附录二中解释了我当时打算做的事情，希望你能花一点时间看一下。目前来说，关于剩余的故事，你只需要知道，我正在研究一种被我称为"显性"的编程方法。

---

① 斯科特·金以对称书法和数学舞蹈团以及他在可视化编程方面的成果而闻名。他在《哥德尔、埃舍尔、巴赫》中扮演着重要的角色，这是侯世达(Douglas Hofstadter)在1979年所著的畅销书。侯世达第一次向公众介绍了生活和宇宙的数字视角。沃伦·罗比内特创造了《洛奇之靴》，这是最早的建造类电子游戏之一，其中，玩家在早期的八位计算机屏幕上构建可视化功能程序。沃伦后来加入了北卡罗来纳州立大学教堂山分校的 VR 实验室。

10

10

沉浸感

这群人将创办第一家 VR 公司。

女性是社会的干细胞

恩惠可能是宇宙中最真实的东西。我招募了一些同行帮助我实现疯狂的设计。现在仍然令我感到惊讶的是，当时的人们都十分开放，愿意投身于梦幻般的计划。

对那些当时参与这一疯狂计划的怪人们，我现在几乎依然无法表达出自己的感激之情。还记得来自森尼韦尔电子游戏公司的史蒂夫·布莱森吗？是的，没有任何原因，也看不到任何目的，他就会在我的小屋里埋头苦干，研究一种奇怪的实验性编程语言。

每个研究新式编程的人都会低估它的困难程度，史蒂夫和我很快就不知所措了。我们需要找到更多的人，更多在其他方面自力更生的聪明人，他们要愿意参与呕心沥血的早期工作，探索对宇宙可能产生的影响。哪里才能找到他们呢？

我们回到了湘菜馆。"是时候召唤 GNF（大网络女性）了。"

"哪个？"

"他应该召唤北部的 GNF。"

"不，南部。"

我只能说："这听起来好像我们在 Oz 游戏中一样。"

"你也注意到了！"

　　我不知道怎样才能最好地传达 20 世纪 80 年代硅谷的这一特色。在互联网出现之前，女性的角色就是有机社交网络的关键人物。商业猎头与真正的硅谷并无关联，他们只不过是一些小骗子而已，专门骗我们这种新手。

　　硅谷真正的运作方式是：极少的、非官方的、高度社会化的、权力极大的女性，将每个人联系到一起，创建公司，甚至是发起整个技术运动。硅谷的历史总是提到史蒂夫·乔布斯这样的行业领袖，但你可能永远不知道那些设计了这个地方的伟大女性的名字。

　　琳达·斯通（Linda Stone）又被称作小湘菜馆中的北部 GNF，她后来先后成为苹果和微软的知名高管，她对硅谷早期的演变产生了巨大的、无形的作用。她的一系列成就并不能完全概括她的角色。在人们还在用光盘分发的年代（还记得 CD-ROM 吗），琳达就让苹果开始制作"内容"，她还启动了微软早期的 VR 研究。除此之外，不为人知的事实是，很多黑客最后都在某家公司或某个项目上被她挖走了。

　　来自洛杉矶（"南部"）的可可·康恩（Coco Conn）认识每个人，在 20 世纪 80 年代，她可能至少负责了与连接 VR 场景相关的一半工作。她的专职工作是研究使用 VR 的孩子，并为计算机协会的计算机图形图像特别兴趣小组（后简称 SIGGRAPH）组织 VR 活动。来自东部的麻省理工学院的玛格丽特·明斯基（Margaret Minsky）也在这一名单中。还有玛丽·斯彭格勒（Marie Spengler）[1]，她是价值观和生活方式改善计划（VALS）的关键人物之一，来自斯坦福研究院，她对 20 世纪的市场营销进行了改革。

　　我不记得当时是否有人讨论过，随时将取代"租一个妈妈"的人工智能机器人是否也将取代 GNF，但硅谷确实在尝试这样做。人

---

[1]　你可以在纪录片《探求自我的世纪》（*Century of the Self*）中看到对玛丽的访谈。

们称之为社交网络，可是其效果并不好。

我在硅谷的第一个长期女友最后也成了一个 GNF，不过不怎么出名。我当然不会说出她的名字，因为那属于她的隐私。她带我认识了很多同行。她当时在斯坦福大学攻读有关男性性行为这一并不常见的博士学位，住在黑客文化的种子中心。一名太阳微系统公司的前员工和苹果公司的第一个员工都是她的室友。

通过她，我认识了安·拉斯科（Ann Lasko）和扬·哈维尔（Young Harvill）。她们在华盛顿州一所名叫"长青"的嬉皮士大学教艺术，到这里是为了在斯坦福大学攻读博士学位。安学的是工业设计，而扬是一名画家和精细艺术课程的全息摄影师。她们俩结婚了，这在我们的圈子里是令人震惊的新奇现象，而且她们还有几个活泼可爱的孩子。

不可能的物体

在那个时候，对我们大多数单身黑客来说，孩子只不过是一种理论性的抽象概念。我还记得，我和其他人一起计划，如果我们有了孩子，他们一出生就给他们戴上 VR 目镜。随着孩子长大，我们会为他们换上更大的头戴设备，但只有在他们睡觉的时候才换，这样，我们的孩子就会只知道 VR。他们将成长在一个四维世界里，并将成为有史以来最伟大的数学家。

数十年后，当我剪断女儿的脐带时，心头闪过了那个被遗忘的约定。当然，我并没有把婴儿 VR 系统带到分娩中心。后来，在我女儿莉莉贝尔（Lilibell）八九岁的时候，我把这件事告诉了她，她很生气："我本来应该是第一个四维世界里的孩子，你却没有这么做？"然后，她向我索要四维 VR 玩具，并十分擅长操纵超立方体。

所以，这个故事告诉我们，亡羊补牢，未为晚矣。

如果你有兴趣的话，请注意，VR 研究界有一个共识，那就是孩子不能在 6 岁前进入 VR，还有些研究人员建议等到八九岁。请给他们一个机会，培养人类神经系统进化环境中的基本运动技能和知觉，好吗？

我的女儿和地球上的其他孩子拥有同样的 VR 经验，她十分喜欢。我的喜悦之情无法言表。但她也喜欢蹦床，喜欢的程度不亚于 VR。我认为她这样才是对的。VR 应该作为生活的一种享受，但不能作为生活的替代品。

我注意到，与视频或游戏相比，孩子能在使用 VR 时找到更健康的平衡度。要推翻我这种胜利的喜悦，需要更多的研究，这是我们在早期都想到过的事情。电视和电子游戏会让人们进入一种僵尸般的恍惚状态，尤其是孩子，特别容易陷进去，但 VR 是活跃的，过一会儿你就会感到疲惫。

三联画

安和扬都是技术纯熟的插画师。扬和我合作了一幅三联画，描绘的是自然的或者说"直接"的现实（扬的作品）、混合现实（也是扬的作品）和完全的 VR（奇怪的我的作品）。

在我们的画中，同一对夫妇在每一联中都在亲密交流，触摸对方的脸。我后来将它们作为第一家 VR 公司的概念形象向投资者展示。

我将这几联画垂直排列，这样，自然现实就在最顶上。它必须总是在最顶上，以免我们搞不清楚，把自己弄糊涂了。

为什么混合现实在中间？在那个时候，混合现实① 没那么激进，它是一种折中的手段，而全面的 VR 将是激进的、变革性的工作，是最后一联。混合现实很难实现，需要几十年的时间。因此，我们现在认为混合现实才是更激进、更具未来性的变体。

旧的三联画挂在我们的家里，现在看来仍然让我觉得欢欣鼓舞。它是对人与人之间的联系的崇拜。你看不到目镜、手套或任何装备。一直以来，这幅三联画都在直接的现实和尽量让每件事异乎寻常的冲动之间徘徊。

也许安应该运营我们最终创立的公司。她是我们所有人中情商最高的一个，她是我们

图 10-1

的温蒂。她设计了第一批化身形象，以及 VR 早期感觉中的很大一部分。扬还是一名全息摄影师，为数据手套设计了新的光学传感器，多年来，她还做了一些其他有趣的创新。

———————————

① 　要了解"混合现实"一词的原始含义和不断演化的含义，请见第 18 章"竖起旗帜"一节。

图 10–2　一名年轻人穿着被称为"西装"的奇装异服来演示数据手套。(摄影：安·拉斯科)

图 10–3　安拿着一个 VR 头戴设备的原型。

　　安和扬将我介绍给长青大学的其他人，最值得一提的是查克·布兰查德（Chuck Blanchard）。查克是有史以来最好的程序员之一，由于患有多发性硬化症，他只能坐在轮椅上。他也许是我们之中性格最温和、最让人开心的一个人。

　　请原谅我用这本书介绍了这些对我如此耐心、如此大度的人，他们对我来说真的非常重要。我真的不知道该如何表达这种感情。

　　查克曾经是而且一直是一个恶魔级别的程序员。弗雷德·布鲁克斯（Fred Brooks）早就在他的经典著作《人月神话》（*The Mythical Man-Month*）中说过，程序员的能力差别非常大。一个伟大的程序员可以完胜一栋楼的优秀程序员，最好的程序员就是传奇。

　　比尔·乔伊（Bill Joy）、理查德·斯托曼（Richard Stallman）、安迪·赫茨菲尔德（Andy Hertzfeld）等。[1] 我能与他们相比吗？可能

---

　　① 　比尔是太阳微系统公司的创始人之一，曾经是硅谷巨头。他写过一篇很出名的有关技术未来的警示性论文，题为《为什么未来不需要我们》（*Why the Future Does't Need Us*）。理查德孕育了开放源代码运动，你可以在我的书《你不是个玩意儿》中读到我们之间的争论。安迪则编写了麦金塔计算机的原始操作系统。

图 10–4　查克将几十个数据手套的原型钉在背景里的墙上。(摄影：安·拉斯科)

在我刚开始编写《月之沙》的时候，还能与他们相提并论。但毫无疑问，查克是有史以来最好的一位。

　　查克和蔼可亲，像个伐木工人，同时带有一种随意但具有破坏性的气质。他虽然坐着轮椅，但依然可以用双手编程。他有一位来自夏威夷的女朋友，是一名神经科学家，长得非常漂亮，以致其他黑客都不敢和她待在一个房间，因为看着她就让人有压迫感。这当然不是她的错。

现实引擎之引擎

　　这个时代既让人兴奋，也让人沮丧。我对视觉化的 VR 有着生动的梦想和幻想，想象着它成熟后会是什么样子。通用型的 VR 头戴设备作为商品应该是什么样子？当时市面上还没有这种设备。它们会被松紧带固定在一个地方吗？你将怎样实现它们？声音呢？计算机要过多久才能模拟 3D 效果？

我们生活在黎明前的曙光中。当时还没有足够快的计算机能满足 VR 视觉方面的需求。或者说，至少在那个时候，没有足够好的 VR 可供娱乐，更不用说用于实际用途了。

你可能会认为这是一个伟大的时刻，一个充满期待的时刻，一个神奇的时刻，但实际上，这只是一个等待摩尔定律攀爬到更高层次的纠结时刻，就像看着一个始终不沸腾的茶壶一样。

根据这项定律（你也可以骚扰那些"不懂"的人，直到他们的思想上升到我们的高度），计算机越来越快，越来越便宜，并且以更加丰富的速率加速发展，以致人类的直觉越来越难把握它。少部分人的思想能走在时代的前沿，从而掌控这个世界。这项定律一直都是硅谷命运观背后的神学。

对于那些"懂"的人，摩尔定律意味着，我们已经发现了可能的终极底层机会。无论我们编写的是什么代码，它都将不可避免地改变世界的文化和政治以及人类身份的结构。这不是幻想，而是理性的推断，事实已经证明了这一点。

这项神圣的定律一直在我们心中回荡。从外行的角度看，可能会觉得我们的咒语不知所云，但我们知道它的力量。

摩尔定律仍然在不停重复——虽然在今天，它已经不是金科玉律了。计算机实际上不能一直变快、一直降价。

我们已经窥见了放缓的趋势，这一趋势预示着摩尔定律的最后叹息。这可能就像西线无战事时的美国创伤一样，当时的美国以空虚的镀金时代作为回应。我们今天的情况没有很大的不同。

不好意思跑题一下，我想介绍一下这条定律。我刚到硅谷时，总是参与有关这条定律的争论。

我说："只有人类的理解力在提高，在其他地方，人们把这叫作加速学习曲线。"

如果你想在硅谷交到朋友，你就不能那么说。

"你没搞懂。人只是一种帮助机器繁殖和改进自身的性器官。"每个人都在假装引用麦克卢汉。

我反驳道："看看什么能加速，什么不能。芯片改进的速度越来越快，但用户界面设计没有。不同之处在于，我们能如此精确地定义芯片的边缘和功能。既然我们可以把它钉死，我们就可以越来越好地理解它。用户界面是关于人的，人们生活在没有遮蔽的大世界里，我们不能事无巨细地规定他们。因此，根本没有办法实现同样的学习曲线。"

"如果你是对的，我们最好找到一种方法来限制更多人，否则世界的效率永远不会提高。"

"听听你自己说的话！"与优化之神争论是很难的。

虽然我不认为我们应该尝试优化人，但我一直在尝试优化计算机硬件。我曾经描述过必将到来的、足够强大的 VR 计算机是什么样子，我把它称为"现实引擎"。3D 计算将通过硬件完成。现实引擎不仅是为飞行模拟器中的地形这种标准化对象设计的，它还将以实心表面显示出所有的形状，而不是以线框来显示。虚拟的物体最终将产生阴影！一个立方体远离虚拟光线的表面看起来会更暗！这种概念如此美妙，简直就是远见卓识。

制作现实引擎应该是我们这个小团体的任务吗？不是！刚刚离开的一批斯坦福大学的人组建了一家名叫"硅图"的公司，他们的工作与我们要做的"现实引擎"一模一样。但他们还没有取得任何成就，所以我们一直在等待，有点坐立不安。

过多的触觉

虽然采用适当的 3D 图形工作还为时尚早，但我们可以在触觉（haptics）[①] 上下功夫。

广义来说，"触觉"是指来自皮肤或肌肉、肌腱中的传感细胞的感觉，通常是指通过脊髓传递而不是通过感觉器官和大脑之间的专门神经束传递的感觉。这种感觉与人类的运动是不可分离的，因此，触觉不仅仅是感觉。触觉包括接触和感知，身体感知自己的形状和运动的方式，以及障碍物的阻力。要精确定义这个术语异常艰难，因为关于身体感知自身和世界的方式，还有很多谜题尚未揭开。

触觉至少是对热、粗糙、柔韧、尖锐或摇晃的表面的感觉，以及你踩到脚趾头或举起重物时的感觉。它可以是一个吻，是膝盖上的一只猫，是光滑的床单和灯芯绒似的沙漠公路；它是让我们来到人世的性的愉悦，又是让我们离开人世的疾病的痛苦；它是暴力的关键一环。

感觉是相互重叠的。我们通常首先将内耳前庭系统看作人体感知运动的途径，而整个身体还能感受到重力和动量，这就像是一系列的加速计。在适当的条件下，我们可以凭借脚以及身体任何部位感受到声音。（这就是从低音炮发明以来"俱乐部"一词的含义。）

触觉是否包括胃痛？这一界线有待争论。

我喜欢这种触觉形式，一部分原因在于我们仍然没有学会如何有效利用它，或完全理解它。这是我个人秘密的前沿。

与讨论颜色、形状或声音相比，我们并不擅长讨论触觉。智能

---

① 这个词来自希腊语"haptikos"，意思是"能接触到"。伊萨克·巴罗（Isaac Barrow）在其 1683 年的著作《数学课》（*Lectiones Mathematicae*）中，提出了这个词的英文翻译，直到最近才被广泛使用。

手机的理想感觉是什么？当然是光滑，但水槽也是光滑的。智能手机是顺滑的、平滑的，在感觉的边缘只需要有一点点其他的触感，就能方便你能抓住它，让它不会像你手中的冰一样容易滑落。要用什么词来形容呢？ ①

我们倾向于在情况清楚时，使用视觉隐喻来传达我们所掌握的分析性信息，而触觉隐喻则倾向于传达直觉，一种直接的感觉。就触觉来说，你是世界的一部分，而不是一个观察者。

与触觉相比，其他感觉都是冷冰冰的。眼睛和耳朵是互动的，它们以巧妙的潜意识方式改变它们的位置来进行探查（"间谍潜艇"策略），而触觉需要直接与世界接触。你与事物产生碰撞，以此感受它们。为了感知它们，你至少改变了它们一点点。

在你的每一次触摸中，触摸到的事物都至少会被碰掉一点点。麦加的石头每年都在变小，而你的手机也被你碰出了一些微小的凹痕。在你的世界中，你就是天气，慢慢磨耗着这个世界。这是感觉的代价。

当我回想起来时，很有趣的是，摩尔定律强迫我们有序地为每一种感官形式构建有用的设备，而不是一次性完成。首先是触觉，然后是听觉，再然后是视觉，还有嗅觉、味觉，之后还有一个有争议的其他感官的清单。这很有趣，它恰好反映了我从母亲去世的创伤中恢复过来后，慢慢感知这个世界的方式。

古怪的触觉

我们早期的团队成员之一为我们在触觉方面的工作带来了很大

---

① 为智能手机设计玻璃屏幕的人能用定量的工程术语来讲这些东西，但他们的词汇并没有被广泛运用到日常语言里。

进步，他不是通过 GNF 来到我们这里的。

在我的一次演讲后，汤姆·齐默尔曼（Tom Zimmerman）走过来说："嘿，你谈到了对 VR 的研究。你知道吗，我已经做出了一个传感器手套！"在硅谷很棒的一件事就是，你随时可能遇到这样的人。

我们能见面真是太棒了。我们工作中的一个巨大障碍就是，你只能通过鼠标、光笔或操纵杆等设备与计算机进行空间交互，那时，鼠标仍然是很稀有的物件，很难得。但如果能捕捉到整个手的动作，你就有可能拾起一个虚拟的物体或雕刻材料，你甚至可以弹奏虚拟乐器。自然界让人体表达自己的方式终于通过手真正地与数字世界连接在了一起。

图 10-5　汤姆旧照

我把汤姆介绍给史蒂夫、安、扬和查克，以及最终成为 VPL 成员的其他人，然后开始工作。在我那间摇摇欲坠的小屋里，我们在八位机上建立了一系列令人惊叹的样本。其中之一被称为"抓住"，因为它使用了一个手套。

当你在屏幕前移动你的手时，一只小小的计算机图形手就会随着它移动，模仿你的手势。然后，你可以抓起并操纵一些形状和模型，重新构建你之前的体验。

"抓住"的运行速度很快，因为屏幕上的图像直接操纵了严格的机器代码，正如我在附录中对显性的解释那样。你可以构建游戏、数学模型和有趣的艺术。这并不复杂，但在当时仍然极其令人印象深刻。

　　对于这项成果，我们既没有商业计划，又不是为了追求学术上的荣誉。我们不希望公布它，也不想在会议上展示。这纯粹是兴趣使然，在吃点心时一起分享是很快乐的。

　　艾伦·凯可以说是目前智能手机和个人计算机运作方式的主要思想家之一，也是伊凡·苏泽兰以前的学生。当看到"抓住"时，他说，这是在微型处理器上编写的最好的程序（你必须知道，他在施乐帕克的工作基于另一种不同的芯片，即"位片"）。在今天，就算是包含那种设计的视频也不复存在了。正像很多早期的软件文化一样，它建立在不能重建的旧机器上，已经消逝了。

11

穿上新的一切

（关于触觉和化身）

一种盲目的绑定

目前（也就是 2017 年左右）最流行的一些 VR 头戴设备，尤其是基于智能手机的 VR 头戴设备，几乎没有任何交互。你只是看看周围，也许还可以按下一个按钮。这怎么能容忍呢？只有视觉算什么？

视觉长期以来一直是文化的主宰。视觉记录自古以来就超越了时间和空间，是记录历史的标志。语言的声音或音乐的记录最近才出现，也是通过视觉符号实现的。实际的声音记录只有一个世纪的历史，而且只记录了一小部分，而触觉则只在早期极其有限的实验中得以记录。直到最近，视觉才将几个时代连接了起来。

20 世纪，视觉激发了特别具有自我意识的沉思。整个学术界都致力于电影拍摄、排版、摄影、绘画等多门视觉学科。我们喜欢谈论我们所看到的。

视觉让我们有优越感，让我们觉得无懈可击，就像老鹰可以从几百英尺高的地方发现一只老鼠一样。没有人会想在金字塔的顶端放一只耳朵，象征着金钱和权利的是无所不见的眼睛。男性化的感知习惯被称为凝视，而不是嗅闻。你可能已经听到了小道消息，但终究眼见为实。

图 11-1 无法想象为什么我嘴里有一个数据手套，这是很久以前我在帕洛
阿尔托的简陋的小屋旁，我们在 VPL 成立前创建了 VR 原型。

现在，视觉主导已经过渡到信息时代，我们可能经历了几代人才
接受了这一事实。只要拥有最好的计算机云，任何人都将从现在开始
极其密切地关注其他每一个人。一个人自己的眼睛越来越不重要了。

手势操作演示；数字界面 ①

我、汤姆以及其他伙伴在制作头戴设备和其他设备之前就痴迷
于 VR 手套，因为我们别无选择。计算机对屏幕上的图形来说足够
快，但它对目镜里面的图形来说不够快。

这看起来是一件好事。

输入比现实更重要。你在 VR 中的输入就是你自己。

让我感到迷惑的是，人们因为非交互式的 VR 体验而迷恋着今天

---

① 手和屁股一样，都是少有的能很容易地产生双关语的素材，它们都是人类最
原始的东西。如果你遇到了我，不要尝试使用一堆 VR 双关语。我是听说过的。

的 VR 潮流，而他们看到的东西只像是在一个全景视频中看到的那样。

如果你不能伸手触摸虚拟世界并影响它，你在其中就是一个二等公民。那里的其他东西都与虚拟世界的构成相关，你却置身事外。

这是一个微妙的问题，最好可以通过个人体验来理解。虽然 VR 只是主观存在，但我会尽力传达这种感觉。作为 VR 中独一无二的观察者，就相当于成为一个幻影，一个甚至不能出没的鬼魂。

如果不能与虚拟世界交互，并对其产生影响，大多数人在最初的新鲜感后，都会失去对 VR 的兴奋感。即使是伸手这样一个简单的动作，如果你能看到你化身的手也伸了出来，那就说明这仍然是你，你仍然有反应，仍然很敏捷——这就是乐趣本身。对此，我从来没有厌倦过。

在以下有关手套的讨论中，我会假设 VR 头戴设备（就是我们今天知道的那种）已经问世，但实际上它是在最近几年才出现的。

有了数据手套，你就可以捡起一个虚拟的球，再将它扔出去；你也可以拿起一个虚拟的木槌，然后弹奏虚拟的木琴。居然有人能忍受在 VR 体验里无法做到这些简单的事情，这真的让我很惊讶。

或者，还会有外星攀岩。高高的悬崖栩栩如生，把手在不停地晃动，在你到达高得令人难以置信的顶峰时，就可以抓住滑翔机，在空中翱翔。

人类用双手实现进化！我们必须能够使用它们。

被动触觉技术

我们最早的手套通常只有传感器，这意味着完全被动。它们辨认手的形状，但没有直接传达任何身体感觉。我们用各种蜂鸣器、加热器进行实验，但实际上这些工作都不足以让设备流行起来。

当用户完全沉浸在 VR 中时，偶尔会反馈说有通感的感觉。我也体验过。

我以前常常在演示里尝试这样一个小把戏：在 VR 演示中向受试者展示一个虚拟的桌子，要求受试者用手使劲捶一下桌子。如果在桌面附近能出现逼真的手影，并在手接触桌面的同时发出令人满意的撞击声，那么，大多数人的手都会立即停住，即使那里并不存在真正的物理障碍。

VR 就像舞台魔术或催眠术一样，念念有词是很重要的。如果你自信地告诉人们那里会出现物理障碍，那么，手的动作就会停止得更彻底。

第 14 个 VR 定义：
应用在数字设备上的魔术。

当然，我们都梦想在不必穿上特殊服装的情况下感觉到手和身体在干什么。20 世纪 90 年代末，通过深度相机，这终于成为可能。这些照相机从现实世界收集三维信息，然后软件可以分析你的身体到底在做什么，而无须手套或紧身衣。

图 11–3 就是早期深度相机（实际上是为了导出 3D 形

图 11–2　1984 年年初，第一代 VPL 数据手套被连接到一台崭新的苹果计算机上。

状而对其图像进行对比的一组相机）拍摄的我的形象。这项工作是在 20 世纪 90 年代进行的，当时，我是 Internet 2 工程办公室的首席科学家。这个项目是与一些大学实验室合作进行的，但 3D 采集

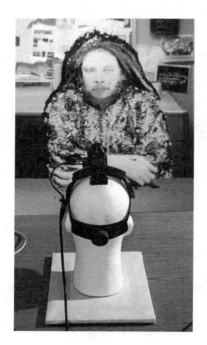

图 11-3

主要是由鲁泽娜·鲍伊奇（Ruzena Bajcsy）和科斯塔斯·达尼里迪斯（Kostas Daniilidis）在宾夕法尼亚大学完成的。

现在，人们可以用极其廉价的零售深度相机（例如微软于 2010 年首先推出的 Xbox 游戏系统中的 Kinect，或 HoloLens 中嵌入的传感器）来估算手或整个身体的形状。理论上，人们不再需要手套了。

然而，根据我的观察，戴着手套会让使用者的大脑知道手已经浸入 VR。虽然手套只是一个被动的感应装置，但通过它，神经系统知道有特别的事情正在发生。手套可能还不会过时，尽管我希望它过时。

轴承手臂

手套并不完美，它会经历严酷的考验。

也许数据手套最严重的问题就是手臂疲劳。试着在没有任何支撑的情况下伸出你的手臂，坚持几分钟。你会发现，你的手臂肌肉微微发颤，不久后，你就会完全失去力气。我们习惯了足够快的移

动，让动量帮助我们举起手臂，或至少让我们的手臂在操作的东西上面休息一下。

在电影《少数派报告》（*Minority Report*）中，一个手套界面扮演了重要角色，电影制作的设计师花费了大量的精力，使虚拟交互的风格看起来是可持续的，而实际上这种操作会导致手臂抽筋。我曾经将一个基于手套的监视系统带到会议上，与《少数派报告》的编剧和斯皮尔伯格进行集体讨论。这个监视系统有点像电影里的那个。当时每个人都经历了抽筋的体验，同时也明白，作为计算机化未来的象征，手套可能具有独特的吸引力，但同时也让人很不舒服。最终，电影里使用的手套非常贴合：这是一个真正的设计，将负担转化为酷炫的虚构未来世界的象征，同时隐藏了抽筋的事实。

图 11-4　VPL 数据手套出现在《科学美国人》的封面上。在 20 世纪 80 年代，手套是计算机技术的象征。

触觉疗法

早期，大约是在 1986 年或 1987 年，除了手臂疲劳外，我们还要处理另一个关于手套的问题。计算机速度不够快，跟不上人手的移动速度，而人手的动作可以是相当敏捷的。

用户会下意识地大大减缓自己的动作，保证缓慢的传感器和计算机图形处理器能跟得上他们的速度。戴手套的人经历了时间扭曲：用户认为他们在 VR 世界中的时间比实际经历的时间要短。这是一个有趣的例子，能证明大脑是如何利用身体的节奏来衡量时间流逝的，但这并不是我们的目的。

我们的困难实际上带来了让人惊喜的发现，包括一种新的物理疗法。

你可以戴着第一代数据手套在 VR 中投虚拟的球，但必须要慢慢投，球也是以慢动作飞出去的。这很适合玩杂要，因为球非常慢，任何人都可以做到。我们意识到，人们可以通过虚拟球慢慢练习，最后学会投真正的球。通过这种方式，人们可以在学习身体技能的过程中克服障碍。在 VR 里，我们让这项技能更慢、更容易，然后逐渐加速，最后我们在现实里学会这项技能。这种想法在高级康复中已被普遍采用。例如，一些治疗系统可以利用减缓速度的 VR 帮助患者适应义肢。

第 15 个 VR 定义：一种仪器，它能让你的世界变成一个轻松学习的地方。

第一个 VR 消费产品

我们一直试图找到一种方法，为大众带来廉价的 VR 小装置。

最著名的例子就是手套。当 VPL 成为一家真正的公司时，我们与一家名叫美泰的玩具巨头达成了销售"威力手套"的交易，而这家公司与一家名叫"任天堂"的早期游戏公司有合作关系。我们生产了数百万个数据手套。我希望更多人能了解这种游戏原型和体验，它们在今天仍然让人印象深刻，但最后的结果总是妥协。人们对这个手套的印象比与其配套的官方游戏的印象更加深刻。

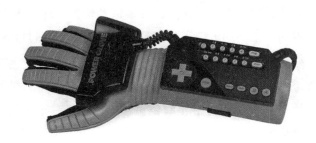

图 11-5 早期任天堂游戏系统配套的威力手套，预示了 Wii 和 Kinect 将与游戏机配合，作为触觉输入设备批量投向市场。

尽管如此，威力手套仍然在流行文化中赢得了自己的一席之地！直到今天，仍然有爱好者在收藏它。威力手套真的很可爱！

第 16 个 VR 定义：在另一个地方、另一个身体或另一个世界逻辑中创造幻想的娱乐产品。

跨物种手套实验

早期的 VR 手套不仅可爱，而且令人回味、鼓舞人心。在奇怪但有时也有趣的实验中，它们成了道具。硅谷的佩妮·帕特森（Penny Patterson）和她的大猩猩基金会以及会说话的大猩猩可可（Coco），就是这样的一个例子。

可可显然会使用手语交流，但手语极其模糊，速度很快。它的手语是否得到了正确的解读尚有争议。研究人员是否过度解读了可可的想法？

因此，佩妮问我们是否可以为一只大猩猩制作一只数据手套。当然没问题！对一个努力奋斗的公司来说，这是一个很大的市场。我还需要考虑吗？

我带着一只自费研制的昂贵的测试手套，开车到了大猩猩基金会。当时可可正在发情，我的出现有点让它不安。佩妮只好建议我们在另一只名叫迈克尔的年轻一点的大猩猩身上试试。

佩妮将手套戴到迈克尔的手上。它瞅了一眼，迟疑了不到一秒钟，以迅雷不及掩耳之势将手套囫囵吞了下去。

几个月后，我接到了一个电话。"还记得那只手套吗？它出来了。"很显然，大猩猩的消化道可以使不能消化的东西半石化。我想要那只手套！真的太妙了。我们争论了半天，结果大猩猩基金会保留了那只手套，在法律上拥有手套 90% 的所有权，因此，我不能把照片给你们看了。

章鱼管家机器人

主动触觉意味着这样一种设备，它不仅能感受你的身体移动，还能传递力量、阻力、热量、尖锐感或其他触觉。

20世纪70年代的触觉实验涉及了相当庞大和可怕的机器人武器，它们可以通过程序在虚拟世界中传达事件。弗雷德·布鲁克斯曾在教堂山研究过这些大铁家伙的样件。它们通常被固定在天花板上，就像伊凡·苏泽兰早期的显示设备一样。

机器人的手臂是活跃的，它可以传达虚拟障碍物的存在。你移动手臂，手臂就会移动光标或虚拟工具，甚至是化身的手。当手的虚拟扩展遇到虚拟桌面等障碍时，机器人将拒绝通过。这种感觉就像是你真的碰到了一个平面一样，而不是推断的或通感的感觉。你的大脑将机器人的触觉提示与你所看到的桌子的计算机图形图像交织在一起，只要你心里不抗拒，就会体验到桌子的实际存在感。

如果触觉小装置正常工作，那么，当你尝试坐上一个虚拟的豆袋椅时，你会有一种柔软的、易碎的感觉，而不是桌面那种又硬又脆的感觉。同样，如果你拿起一个虚拟的砝码，机器人手臂可以向下拉你真正的手，以此模拟重力。

这就是所谓的力反馈。我已经尽量将它解释得比较简单了。正如VR中的视觉一样，力反馈在减少延迟和提高准确性方面仍面临着巨大的挑战，但这只是问题的开始。人们必须弄清楚如何锚定机器人，关键的一点是，即使被编写得再愚蠢，这个装置也应该避免伤害到你。

力反馈的感觉令人着迷，因为它调动了你的整个身体。当你往下按桌面时，无论是真实的还是虚拟的，你的整个身体都能感受得到。如果你是站立的，你的整个身体框架会进行调整，以感觉并适应桌子抵抗你的现实。如果你是坐着的，你的整个手臂和背部会进行调整。你会感觉到身体的姿势，并能感觉到通过"本体感受"的触觉体验和通过你按压的局部区域的触觉感受影响姿势的压力。

力反馈是 VR 在商业领域多年来一直存在的一个分支。本书是一本个人化的书，不是对整个领域的描述，因此，我不会提到每个人，我只会提到我最喜欢的力反馈研究人员——斯坦福大学的肯·索尔兹伯里（Ken Salisbury）。他联合发明的"幻影"设备，多年来一直都是 VR 系统中常见的组成部分。"幻影"是一个桌面友好的可爱的机器人手臂，单凭一只手就可以操作一个虚拟仪器。

这些研究方向的力反馈设备通常被应用于医学。你可以假设一个笔状的延伸物是一个真实设备的手柄，如手术刀的刀柄。这正是手术模拟器所实现的内容。

一名外科医生曾让我在自己的视网膜上进行一部分激光手术，我帮助他设计了手术仪器。当然，这样做完全违反相关规定，所以我不会提到他的名字。

力反馈设备虽然很棒，但也有明显的局限性。首先，它们必须是锚定的，虽然使用起来没有问题，但是很难移动。所以，人们想象将力反馈设备固定在机器人上，让机器人暗中和你保持一致，在需要时随时移动，对你的手部动作做出响应。或者，让整个地板随时滚动，以此保证机器人位置正确。两种方法我们都试过了，都不是很容易。

不管怎样，肯和我以及其他一些人，包括亨利·富克斯（Henry Fuchs），曾经将之称为"管家策略"。

以下是有关"管家策略"的工作方式的更多细节。试想，你处在一个虚拟世界中，你想把自己的手拍在一个虚拟的桌面上。现在，假设有一个周到的机器人在附近奔忙。（当然，你其实没有看到机器人，你看到的只是计算机生成的虚拟世界。）这个机器人的一只手臂托着一个托盘，就像一个管家。当你开始把手向下拍时，机器人计算到你应该会击打那个虚拟的桌面，于是，它及时出现，把真实的托盘对准虚拟的桌面，让你感觉好像那个虚拟桌面一直在那里。

请先不要考虑安全问题，我们只是在做一个思想实验……

如果你在管家的托盘表面滑动手指，很快就会到达边缘，因为这个托盘必须足够小，才能避免它在移动的时候撞到你……但桌子可能很大。所以，管家机器人大概不得不移动托盘，保证你的手始终在托盘上面，这样，这个托盘表面感觉起来比实际的要大……当移动手指的时候，你感觉不到托盘表面在你的手指下面移动。

这把我们带入了触觉的另一方面，即触感。这种感觉来自皮肤中的传感细胞。

触感反馈令人惊讶，因为它实际上是一个完全不同的感官生态系统。你的皮肤里有很多不同类型的传感单元，有些感受热量，有些感受尖锐，有些感受柔软。它们往往只能感受这些质感变化的变体，不能感受这些质感本身。

当你用手指触摸物体时，某些传感单元对质地很敏感。好吧，深吸一口气，请注意：为了保证这些质地细胞获得它们期望的感觉，管家机器人提供的托盘必须有一个表面涂层，可以在任意方向上滚动，从而在托盘移动时模拟静止的感觉，这样，托盘就可以模拟比自己更大的表面。我知道，可能很难通过字面描述直观地想象或理解这个机制。即使是专业的 VR 研究人员也有可能陷入困境，试图借助我们不得不构建的由内向外的小装置保持清醒。

如果现在你的手指要触摸一个茶壶，甚至是鸡肉，那该怎么办？一个茶壶有曲面，所以机器人必须提供符合这种曲线的地方让人触摸。怎么才能办到呢？

大自然给了我们线索。有些动物可以相当显著地改变形状，比如拟态章鱼。因此，我和肯一起研究了模拟拟态章鱼的机器人。这将是一个可以安静迅速地变成无数形状的机器人。

在你要触摸茶壶的时候，它就会变成茶壶的形状。你的大脑就会相信，茶壶就在那里。

某些厉害的头足类动物可以通过变化纹路来呈现不同的质地作为伪装。我们开始寻找可以实现这种高级技巧的实验性人造材料。硬金属相对容易模拟，但某种材料可以扭曲自己，让自己摸起来像鸡一样吗？像羽毛吗？像一切吗？也许有一天可以吧。

你会看到，关于主动触觉大致方案的所有组成部分，现在至少是可以想象的。我们曾经有一个长期的计划，那就是制作一个"章鱼管家机器人"，提供多种触觉反馈，让你尽情想象，就像我们现在已经在 VR 视觉方面实现的那样。

但是这很纠结。我们谁也没有耐心真正完成这一整个计划，不过我提出了一个超级简单的版本。

主动触觉，也就是触觉反作用到你自己的身上，它的主要问题就是偏离了一般性。你可以通过"幻影"这样的设计来模拟拿着手术刀的感觉，但是你甚至很难想象出任何设备，能预测各种虚拟世界的力量和感觉，这些虚拟世界在你希望的任何地方运行。

普遍性是 VR 核心思想的一部分。

第 17 个 VR 定义：与飞行或外科手术模拟器等专用模拟器相对的通用模拟器。

我一直在全面地讨论经典 VR 中的触觉。在混合现实的变体中，你仍然可以看到、听到、感受到真实的世界，并看到或听到加入其中的虚拟的东西，这和经典 VR 的情况是不同的。在混合现实中，软件可以在环境中找到物理上的可供性，以此作为触觉反馈的即兴支持。例如，你可以在真实桌面的边缘放置一个虚拟滑块，在虚拟滑块上输入数值比在空中移动手更容易。这种情况下，你可以稳定、准确地调整滑块，并避免手臂疲劳的问题。①

让我们回到经典 VR 中。很不幸，主动触觉设备要求 VR 专门用于那些涉及特定手部工具的用途。我所描述的那些主动触觉小装置也往往使 VR 活动性不强，因为这些小装置必须像起重机一样固定在物理世界中。由于这些以及其他种种原因，主动触觉设备经常将 VR 限制在专门的应用程序中，但这样，它就不再是真正的 VR 了。

被动触觉设备就没有这个困扰。

舌头的问题

手不是人体唯一的输出设备。VR 的全部内容都是关于测量的。

当然，为了改变虚拟世界，人们可能需要说话。但说话很难施加持续的改变，虽然语音无须做到这一点。唱歌加上说话也许是一种新的方式，能将虚拟世界交互中离散的一面和连续的一面结合起来。

进入大脑的带宽最大的感官通路，是眼睛通过视神经提供的。那你知道输出到某个器官的带宽最大的通路是到哪里吗？是舌头！

---

① 我必须提到哥伦比亚的史蒂夫·费纳（Steve Feiner），他在这些方面做出了很大的贡献。

舌头是除脸部以外唯一能够大幅度连续变形的部位，因为它不像胳膊或腿那样主要由关节结合。与脸部不同的是，舌头在很多时候都没有物尽其用。如果你没有吃东西或说话，它就在那里无所事事。

多年来，我一直尝试用舌头作为输入设备，并相信它具有独一无二的潜力。如果不将传感器放在嘴里，我们就很难感知舌头的形状。我曾尝试过超声波扫描仪，它有点类似于观察胎儿的那种仪器。我还尝试了其他方法，其中大部分研究都是为了改善给瘫痪人群设计的界面。这项技术已经成功应用在牙齿种植、舌移植和令人恶心的可移动设备（类似于可拆卸牙套，但没那么舒适）上了。

人们很快就能学会如何控制他们的舌头界面。人们可以一次控制多个连续的参数，就像让一只章鱼操控一整个调音台一样。舌头的敏捷性各不相同，但是大多数舌头都可以大幅度变形，所以它们有一天可能会成为指导虚拟世界中几何设计过程的最佳方式。当然，如果你坚持要安装按钮，学习用牙齿作为按钮也很容易。

深度时间机器

在最早的网络化 VR 的实验中，每个人只会出现在模拟世界的内部，而且只能作为一个浮动的头和手出现。这是由当时的计算机性能决定的，因为如果我们希望计算机的运行速度能够保证它的可用性，就必须将虚拟世界中的视觉细节减少到最少。

在计算机的速度足以显示整个化身时，我们就构建了一款全身数据衣，这样人们就可以用整个身体来驱动化身。这可能是第一款上市销售的动作捕捉衣。（这种衣服今天仍在销售，通常用于捕捉演员的动作来驱动动画角色。）

事实证明，创建非现实的全身化身偶尔会发生错误，通常会导致化身完全不能用。例如，如果一个化身的头部从臀部冒出来，这个世界就会出现尴尬的旋转，使用者会马上迷失方向，甚至出现更糟糕的情况。

在探索化身设计的过程中，我们偶尔会想出不同寻常的人体计划，虽然不至于让人呕吐，但也是非现实的，甚至是诡异的。我记得的第一个例子就是本书开头描述的那个：我的手在西雅图上空变得十分巨大。

我们自然对那些"仍然可用的诡异化身"进行了非正式的研究，轮流使用了一系列越来越奇怪但仍然可用的非人类化身。就整体结构和肢体数量来说，其中大部分至少是哺乳动物。

我们的终极奇怪化身甚至脱离了只探索哺乳动物化身的原计划。安曾经看到过一张明信片，上面是一个穿着龙虾装的人，那是在缅因州龙虾社区的一个节日拍摄的。

她创造了一个龙虾化身。由于龙虾的腿远比人多，因此这套数据衣无法测量出足够的参数，进而点对点显示龙虾化身。我们必须将这套衣服的自由度与龙虾更高的自由度进行映射。我们发现了一些有用的技巧。例如，将一个人的左右肘移动到一起，就可以将弯曲的信息传递给龙虾化身的步足，以这种方式传递的信息比不同步移动时传递的信息更加强烈。

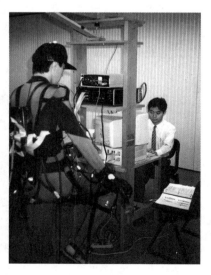

图 11-6　开发中的数据衣

通过这样的策略，就可能将

人类映射到龙虾化身上。最令人惊讶的是，大多数人可以相对容易地模仿龙虾。我发现成为"龙虾"比吃一只龙虾更加容易。

我把对诡异化身的研究称为"模型灵活性"研究。模型是你的身体到你的运动皮层的映射，它被可视化为一个变形的生物，在大脑表面爬行。（我知道最好把它称为"模型可塑性"，但那是之后的说法了。）

模型灵活性是一个深奥的话题，我只能在这里简单谈谈。至少我会提到，给一个人装上第三条手臂是很有意思的，但在这种情况下，这一幻觉的影响可能会比你想象的还要深远。

某些触觉幻觉可以产生似乎来自体外的感觉。你可以把蜂鸣器放在实验对象的两条手臂上，经过烦琐的调整和适当的舞台设置后，实验对象可能会感觉到手臂之间的稀薄空气中发出嗡嗡的声音。这是一种幽灵般的感觉。

如果你要求实验对象戴上 VR 头戴设备，再在嗡嗡声的发声位置装上可视化的第三条手臂，那么，触觉就不再像是产生于稀薄空气，而是产生于第三条手臂了。因此，主动触觉反馈可以在一定程度上合并入虚拟肢体中，而不必直接通过电极或能量束接入大脑。非幻影的肢体可以用传统的 VR 服装来实现。

我们对模型灵活性的研究也反映在研究幻影肢体现象的 V. S. 拉马钱德兰（V. S. Ramachandran）等人的工作中。拉马钱德兰能使用非常简单的镜像设置研究认知现象，类似于我们通过精心设计的 VR 设置所观察到的现象。

加州理工学院的生物学家吉姆·鲍尔（Jim Bower）曾评论说，可用的非人类化身的范围可能与进化系统树有关。也许大脑正在经历数亿年的深度进化，记住生物在进化成我们人类的过程中如何控制身体。也许可用的诡异化身预示了生物的大脑将会预先进化以适应遥远的未来。就像生物的潜在预适应性一样，我们很可能轻松地就能探索到未来数亿年的预适应性。

第 18 个 VR 定义：探索神经系统适应性和预适应性的深度时间机器。

触觉智能

我始终认为，等到有朝一日实现了成熟的 VR，VR 中的艺术品、课程或对话就不会像目前想象的那样，由你参观的虚拟场所构成，而将成为把你融入其中的一种形式。毕竟在 VR 中，化身和世界没有绝对的区别。如果当你转动手腕时云在转动，你就会逐渐把它们当作自己身体地图的一部分。你和云将合二为一。

这将是一片开阔的荒野，静待人们探索。我记得的最极端的实验是在 VR 中与另一个人交换眼睛。也就是说，每个人的视角会跟踪对方的头部或眼睛的位置。感觉与运动的循环变成了一个八字结，这一开始就很难协调。这种感觉可能很亲密，与性有点相似。

不要产生乌托邦式的谬见！在这种情况下，我并不是说共享或交织化身的体验一定会达到精神甚至情欲的高度。（我 20 多岁的时候可能确实有这样的想法。但我要解释的是，如果我不这样想，是不是更不能被原谅呢？年轻难道不应该就是这样吗？）

一个人可能缠绕在一个认知的八字结里，通过另一个人的眼睛看着自己。当我们尝试这些东西时，图形质量还处于折纸式的初期，所以效果不是很显著。协调的触觉在当时还只是体验。

今天，理想地产生非同寻常的移情作用和同感的协调运动也可能成为自恋的放大镜。一个言辞犀利的喜剧演员斯蒂芬·科尔伯特（Stephen Colbert）把八字结感觉运动循环体验称为"该死的自己"。也就是说，VR 和之前的所有媒体一样，能够放大人们的优点和缺点。

无论优点还是缺点，如果我们追求的是强度和探索，那么就不要再去强调探访陌生地点的想法，或开始修改我们的感觉运动循环。当你像猫一样移动时，就应该像猫一样思考。大脑和身体不能完全分离。当我们在 VR 中编织新的身体时，我们也将延展我们的大脑，这将是 VR 冒险的核心。可用的诡异化身最深刻的意义可能在于，与身体连接的大脑的大部分都会觉醒。

当人们用身体来表达自己时，就会产生不同的想法。就像学会了在钢琴上即兴演奏的人一样，我惊奇地发现，比起其他方式，我可以用手更快、更协调地解决各种数学问题。

面对钢琴，我可以利用大脑皮层中的大部分，即与触觉相关的部分，这让我变得更加聪明。运动皮层通常不处理抽象的问题，它只负责平衡和接球等具体任务，但即兴钢琴演奏证明这是可能的。

我一直对这种潜力十分着迷，试图把孩子变成奇特的 VR 系统中的化身，例如在 DNA 分子和抽象几何问题的 VR 系统中的化身，以此进行全身交互。

不要像那些在弗洛伊德化身中的精神科医生那样，只把 VR 看作在 3D 中看到或操纵分子的地方。不是这样！VR 是你成为分子的地方。在这里，你学着像分子一样思考，你的大脑正在等待这个机会。

第 19 个 VR 定义：
探测运动皮层智能的机器。

一次痴迷好像不够

所有关于钢琴和触觉智能的话题让我们养成了一种个人怪癖，我把它称为"乐器瘾"，也就是总想学习新的乐器。当我在硅谷拥有自己的房子时，这种怪癖就已经出现了。

我从父母那里带了两件东西到纽约，再到加州。一个是埃勒里的皇家便携式打字机，另一个是莉莉的彩绘维也纳齐特琴。

在纽约，我找到了一个便宜的塑料尺八，这是一种由竹笛演化而来的乐器，我从伊藤贞司（Teiji Ito）那里学会了一点儿。伊藤贞司是我最喜欢的电影制作人玛雅·黛伦的丈夫。因此，在到达帕洛阿尔托时，我有三种乐器：尺八、单簧管和齐特琴。我还租了一架小的立式钢琴。

随后，一场灾难就此慢慢开始。尺八让我激动得无法自拔，这种兴奋难以抑制。我很早就痴迷于当时所谓的"世界音乐"。在 20 世纪七八十年代，当我还是一个孩子的时候，我们就有乌达·山卡尔（Uday Shankar）和其他伟大的非西方音乐家。在黑胶唱片时代，我痴迷于 Nonesuch 公司发行的唱片：印尼加麦兰、中国西藏的仪式音乐、加纳和塞内加尔的打击乐、日本雅乐等。

每当我听到一种新类型的音乐，都感觉开启了内心深处一个隐藏的洞穴。

事实证明，湾区是当时最国际化的文化景点之一。旧金山唐人街的地下室里有热闹的中国音乐俱乐部。阿里·阿克巴尔汗（Ali Akbar Khan）在马林创办了一个北印度古典拉格的优质学校。那里还有加麦兰演奏者、西非鼓乐队、太鼓道场、弗拉明戈咖啡馆。

我学习了能够接触到的所有音乐形式。这就意味着乐器开始在我的小屋里堆积起来，很多很多的乐器。

1982 年左右，我有几十种乐器，就像老照片中经常看到的样子。曾经一个女朋友说：“你能不能至少别把乐器放在桌子上？我不敢动它们，但我真的想吃东西。”

乐器瘾显然是无法治愈的。今天，我们家里有 1 000 多种乐器，也可能有 2 000 种，我已经学会了每种乐器，至少达到了自我欣赏的水平。事实上这可能没有听起来那么厉害，因为很多乐器是类似的，但这种痴迷确实耗费了我的大部分精力。

我总是说“乐器至少比海洛因便宜”，虽然我不确定是不是真的如此。我会在另一本书中讲述乐器的故事，在这里谈到它们，是因为它们是我欣赏 VR 的核心方式。

如果我们愿意花点时间，就会感觉到我们周围到处都是未被发现的触觉文化，但我最喜欢的还是在乐器中找到的感觉。

当你学习一种在时空上非常遥远的乐器时，你必须学会用至少和原奏者相关的方式来移动你的身体。乐器提供了跨越世纪和大州的触觉通道，就像写作一样，但它的符号化程度更低，并且更加私人化。

某些乐器可以传达力量。各种号、风笛和鼓都是战斗工具，实际上就是武器。你要使用最大的臂力来演奏它们，你必须全身绷紧以集中力量。你调动的肌肉群的大小与你将要演奏的节奏密切相关。遗失的音乐在你的身体和古老的乐器之间复生，虽然微乎其微。

其他乐器与人体契合，不同于那种普通的外在乐器，你只需最小的动作就可以进行演奏，这是一种接近恍惚的状态。乌得琴就是这样。对一些管乐器，就算在多年后，你也不会注意到演奏中的一些微妙细节，比如尺八；而另外一些乐器，你的演奏只会更精确、更快速、更花哨，就像现代长笛那样。你会感觉到喉咙上的差异。

如果我们关心的是掌握和表达的可能性，那么，乐器不仅是迄今为止人类发明的最好的触觉界面，而且在任何性质上都是最好的界面。

乐器证明了很多可能性，计算机科学到底要走多远才算真正开始？

伤害和康复

几十年来，世界各地的实验室一直在研究模型灵活性，因为这是理解大脑与身体其他部分之间关系的有效办法。

我必须提到两位特别的研究人员：巴塞罗那大学和伦敦大学学院的梅尔·斯莱特（Mel Slater）以及斯坦福大学的杰里米·拜伦森（Jeremy Bailenson）。梅尔·斯莱特做过一些绝妙的实验，其中包括测试人们使用化身尾巴的熟练程度。[1] 结论是，人们能相当熟练地使用尾巴。我们是在最近的进化中才抛弃了尾巴，当我们的大脑发现它们又回来了，根本没有觉得惊讶。这只是漫长事业中的一个随机例子，我不能在这里证明梅尔的研究是正确的，但我很敬重他。

斯坦福大学的杰里米·拜伦森对我来说有特别重要的意义。从他

---

[1] http://publicationslist.org/data/melslater/ref-238/steptoe.pdf.

还是一名学生时起，我就一直和他一起工作。他现在拥有一个超级神奇的实验室，用于研究有关化身的一切。[①] 他的工作充满勇气，令人难忘。他研究了当人们的化身发生变化时，如何不同地看待彼此。唉，当一个人的化身变高，社会地位也随之提高。他的工作让我们了解到我们性格中的种族主义和其他可悲的方面。

杰里米和我已经开始了有关可能的化身范围的长期探索。人类的大脑适应了或者预适应了什么样的生物？

有时候，杰里米的学生会在我的实验室里实习。我不得不提到最近一个令人兴奋的案例。当时一位名叫安德烈亚·史蒂文森·文（Andrea Stevenson Won）的康奈尔大学学生在 2015 年使用化身创建了一个疼痛管理应用程序。

这一程序的概念是这样的：患有慢性疼痛的病人在疼痛部位画出虚拟的文身，然后与混合现实中的其他人互动，治疗师会让虚拟文身渐渐消散。治疗师的工作也许能成为降低慢性疼痛主观强度的一种途径。

这也是将杰里米记录下来的负面效果应用于优秀项目的方法之一。也就是说，我们可以通过调整化身设计来使用 VR 技术，激化人们的种族主义、恐惧感或者服从性，同时，也许我们还可以更好地控制痛苦。

我不得不再次强调，VR 科学仍然很年轻。我们知道得太少了。

---

① http://onlinelibrary.wiley.com/doi/10.1111/jcc4.12107/full.

12

海上黎明

其他哀叹

在黎明到来之前，我们正在建立由手套控制的实验性显性编程语言，不过在计算机能够支持通过目镜采用适当的 3D 技术，对社交 VR 进行原型设计之前，我们这些各自为政的"部落"之间并没有任何正式的关系。

汤姆、安、扬、查克、史蒂夫以及其他来到这里的好奇人士都对这项工作充满了强烈的兴趣，但并没有与世隔绝。我们还会处理其他事情。安和扬仍然在斯坦福大学攻读学位，而查克、史蒂夫和汤姆还从事各种自由职业，来支付日常开销。

我也是如此。在第一家 VR 公司 VPL 研究公司成立之前，我还花了少许精力，与沃尔特·格林利夫（Walter Greenleaf）合作，尝试创业。

沃尔特当时正在斯坦福大学攻读神经科学博士学位，他在学校里突然被搭讪："你想成为斯坦福大学性学实验室的受试者吗？"受试者身上连着传感器，通过引导达到性高潮。

在一个曾被用作正式接待场所的破旧而华丽的老式建筑中，通过文艺复兴风格的穹顶下的螺旋形楼梯，就可以到达性学实验室。然后，你会穿过珠帘，走过迷幻海报。医学院将尸体存放在这里的地下室。这座建筑成了臭名昭著的"一站式商店"，这里的人们研究着人类生存中神圣且神秘的接缝：性、睡眠和死亡。

不幸的是，这个地方很快就成为废墟，被人们遗忘了。停车位占据了以前的大部分印迹。（如果你感兴趣的话，我会告诉你，这是盖茨计算机科学大楼以东的一座多层建筑。）我停车时，总是尽量靠近曾经那个穹顶矗立的地方。

同时，就在这个实验室里，斯蒂芬·拉伯奇（Stephen LaBerge）证明：清醒梦境是真实的。

清醒梦境意味着你在梦中意识到自己在做梦。通过练习，你可以控制梦中发生的事情。你可以飞翔，也可以让一个钻石宫殿拔地而起。它感觉到的不仅是"真实"，而且比真实还要真实，即使你知道事实并非如此。

在这样的梦境中，人们当然会飞起来，也会有超人般的性行为，他们能创造像山一样大的海怪。斯蒂芬怎么可能测试出清醒梦境是真的发生了，还是只是人们编造的故事？

在斯蒂芬的一个实验中，他要求受试者在清醒梦境中以预定的模式转动他们的眼睛。（虽然在睡眠中，身体的其他部位基本上都是固定不动的，与梦中的事件并无关联，但眼睛仍然是转动的。）

当他观察到，确实处于快速眼动睡眠中的受试者正在按计划转动眼睛时，这就表明他们已经在梦境中被控制了。斯蒂芬也可以使用各种恐怖的传感器测量受试者是否真的如他们自己所说的那样，经历了性行为。

曾经与我的一个黑客朋友约会的女人，在实验室里的清醒梦境中达到了更多的性高潮。（他显然没有问她在梦里发生了什么事情。）炫耀数量很愚蠢，但这仍然比今天在社交媒体上数有多少个假朋友更有趣，对吧？

我学会了清醒地做梦，我发现这种体验一开始很迷人，过一会儿就很无聊。一切由你自己决定，你只为自己编造体验。记住梦境，让大脑自由奔放，这更有趣。除此之外，重点不是现实的内容，而是与他人的联系。尺寸并不真实。一个巨大的水晶龙也许只是一种口头描述方式，除了说说外，人们还可以对它做更多的事情，而这只能依靠协作实现。

沃尔特、斯蒂芬和我们的非正式工作人员以各种方式进行协作。我们给拥有清醒梦境的人戴上 VR 手套，看看能否探测到梦里的微弱动作，可惜当时的结论是：这对科学来说不够可靠。

其他种种

20 世纪 80 年代初，很多人把清醒梦境和 VR 看作姐妹研究项目。经常有人要求我对它们进行比较。

———

第 20 个 VR 定义：和清醒梦境一样，除了：（a）不止一个人可以在相同的体验中担任角色；（b）质量不是很好；（c）如果你想掌握控制权（你也应该想要掌握控制权），那么，你必须对 VR 进行编程。同时，如果你不苛求对它们的控制，梦通常是最好的。即使斯蒂芬·拉伯奇也不希望在大部

分梦境中保持清醒，因为在无拘无束
的梦中，大脑才会有惊喜和新鲜感。

━━━

清醒梦境实际上只是同时产生的三种平行"万能梦境"中的一种。另外两种分别是 VR 和纳米技术。

埃里克·德雷克斯勒（Eric Drexler）把"纳米技术"这一术语推广为一个迷幻的程序，把物理现实重新塑造成我们希望在清醒梦境或 VR 中实现的各种不受约束的场景。与接受物理现实永远主要由星星和岩石等非人造物体构成不同，我们将学会把原子导入我们想象得到的任何结构中，以此控制现实。我们会飞入太空，我们的皮肤会镀上金色的膜，作为真空中的保护，我们会把自己变成伟大的空间野兽，住进天堂般的泡泡花园。

最近，纳米技术有了一个严肃的定义，揭示了雄心勃勃的化学界中的某种精神，例如创造微型发动机。

但是当时，经常有人要求我将纳米技术与 VR 进行比较。对这种比较，我没那么仁慈。

━━━

第 21 个 VR 定义：与纳米技术这一老
式的宏大定义相比，VR 可以让你体验
狂野的东西，它不会与别人被迫同你
分享的那个物理世界混在一起。VR 更

加道德。而且，它也不是那么怪异。我们可以看到 VR 将如何运作，没有奇怪的猜测或显然违反基本物理定律的东西。

很多人对我的观点嗤之以鼻！他们会说："既然现在你随时能够改变物理现实，使其真正符合任何可能的虚拟世界，那你为什么还要费那么多功夫编写虚拟世界呢？"这还是以前那种霸道的自以为是的论断。

我不想完全排除这一思路。也许 VR 可以启示我们未来需要什么，随着技术的发展，人们将有越来越多的选择。今天，我们可以模拟生活在《杰森一家》的世界里。我们可以试试，看看是否真的需要如此。

第 22 个 VR 定义：当技术有一天变得更好的时候，VR 可以被用来预览现实可能是什么样的。

之前的种种

房间里重达 800 磅 [①] 的会飞的大猩猩是致幻剂的产物，其中包含了迷茫的婴儿潮一代在当下的"一切梦想"。我通常会与"X 一代"划入同一类人，但婴儿潮一代占据统治地位，为我们所做的一切奠定了时代背景。

20 世纪 80 年代初期，我最常面对的问题就是 VR 和致幻剂的相关性。一旦人们能够真正尝试使用 VR，这个问题最终就会慢慢解决。但为了准确起见，请看下一个 VR 定义。

———

第 23 个 VR 定义：VR 有时可以与致幻剂相提并论，但 VR 使用者可以客观地共享世界，即便共享的是幻想，但致幻剂用户不能。VR 世界需要设计和工程工作，而且当你愿意努力创造并分享自我体验时，效果是最好的。这就像骑自行车，而不是坐过山车。虽然有些 VR 体验让人激动万分，但你总是能够从中脱身。你不会失去控制。与现实或梦想或迷幻之旅比起来，

———

① 1 磅 =0.453 6 千克。——编者注

VR 往往"质量更低"，它将取决于你为注意到那些不同之处而对感官的磨炼。现在，致幻剂已经存在了，而在短时间内 VR 不会太好用。VR 可能对你的子女或孙辈更有意义。

———

蒂莫西·利里（Timothy Leary）在 VR 概念中发现了新的事业，尽管他暂时还不能进行尝试。也许你年纪太小已经忘记了，蒂莫西早期因为他的传染性狂欢而被人们称为"美国最危险的人"，这不仅涉及致幻剂，而且还宣布了一切都突然变得不同。这是拒绝和无视政府、大学和金钱等旧体制的最佳方法。

他认为，这个世界正处在揭露真相的风口浪尖，在这之后，我们都会享有更多的和平与美丽。他认为药物是突出真相的关键。他是婴儿潮一代文化中最具影响力的人物之一，在某种程度上定义了今天在美国仍然残酷的文化鸿沟。

有一次，蒂莫西宣布 VR 是新的致幻剂。我们在这个问题上产生了强烈的分歧。

在地下科幻杂志等媒体上辩论了几个来回之后，蒂莫西约我私下见面，这样就可以打消我的顾虑。当然，这次见面计划是迂回有趣的。

蒂莫西要我把他从大苏尔的伊萨兰学院偷偷带出去，他在那里签约了一个工作室。首先，我要去接一个专业的蒂莫西扮演者，偷偷把他带进去，他会接管工作室的工作。然后，我再把真正的蒂莫西藏在汽车后备厢里，若无其事地通过门卫的看守，开车出去。我们仿佛要制作《冷战柏林》（*Cold War Berlin*）中的一个黑色电影场景。我很干脆地答应了，为什么不呢？

清理汽车后备厢对我来说是一个挑战。在斯坦福大学实验室后面的一个垃圾箱旁，沃尔特帮我一起对后备厢进行彻底的清理。我们将打印输出塔、计算机磁盘和软盘按照尺寸分类放到垫布上，还扔了几台我没启动的计算机，这些计算机在今天就是古董了。我们这样做只是为了给蒂莫西腾出空间。还有一台苹果 III，它是太阳微系统公司的原型机，是 LISP 机器的一部分。①

我努力装作不那么心虚，避免与门卫目光接触。我温柔地对着亭子里的门卫挥手，心咚咚直跳。我迅速瞥了一眼，发现他不是我害怕的那种穿着制服的肌肉发达的保安，而是一个穿着扎染 T 恤、留着胡子的瘦小年轻人。

蒂莫西的扮演者看起来很成功，据我所知，没有人发现这一欺骗行为。我猜学生是被下药了吧。越狱方案成功！

时间到了，我们在后备厢里腾出的空间刚好装得下蒂莫西，尽管里面的一些剩余设备一下子落到了他身上。任务会成功吗？蒂莫西给了我一个地址，是大苏尔的普菲尔点最漂亮的房子。我把他从后备厢里拉出来后，我们就在满月的夜空下，看着脚下的海浪和好莱坞人一起吃饭，听着相当惊艳但还未发行的"传声头像乐队"的原声带。

崇拜蒂莫西的嬉皮士孩子把他围在中间，他也喜欢融入好莱坞的魅力世界里。他成了我的好朋友，虽然我不同意他的观点。这对我来说是有好处的，因为随着时间的推移，我将会有更多这样的朋友。

有一次，我在西班牙的一个会议上发言，而致幻剂的发明者艾

---

① 你一定猜对了，LISP 机器就是 LISP 计算机专用的机器，而 LISP 是一种早期的计算机编程语言，那个年代的数学家和人工智能研究人员都很喜欢它。

伯特·霍夫曼（Albert Hofmann）也有发言。他走到我面前说："你是蒂莫西的继承人。"然后狡猾地瞥了我一眼。我无言以对。

蒂莫西和我从来没有就如何将致幻剂和 VR 做比较达成一致。他同意逐渐淡化关于 VR 的言论，这很有帮助。我们最不需要的就是 VR 问世之前针对它的大规模反对声。

通过蒂莫西，我认识了迷幻世界的其他人。我特别喜欢萨沙·舒尔金（Sasha Shulgin）。他是一位伟大的化学家，在美国政府的特别许可下发明并试用了数百种新的致幻剂，他有一个世界级的化学实验室，隐藏在伯克利后面小山上的乡村小屋中。他是我见过的最清醒、性格最好的人之一。

蒂莫西的一部分追随者一直在研究怎样使某种药物促进移情作用——这是另一种喜悦，并且他们中的很多人认为这是世界和平、精神实现和永恒天才的保证。他们常常把药物看作是有生命的，就像计算机科学家可能会将计算机视为活着的人工智能一样。蘑菇中的迷幻分子可以被塑造成给人类带来智慧的生物。（我必须要说，致幻剂研究人员陷入了关于所有权、拨款等科学生活中其他令人厌烦的琐碎争议中，所以药物的乌托邦力量不可能有那么强大。）

迷幻乌托邦有一种自动化的性质，后来竟然与技术自由主义者的感性很好地融合在了一起。古老的马克思主义或安·兰德主义（Ayn Randian）认为，人们需要为了乌托邦而奋斗，但这种观念已经过时了。

借助迷幻的思维方式，我的 VR 理想主义走向了成熟。在乌托邦的掩盖下，可以找到更多有趣的想法，譬如"设定和设置"的意思是，药物分子没有真正强加给人任何特定的含义，也没有背景联系。例如，摇头丸被认为能带来简单的愉悦感或移情作用（刺激的同理心）。后来，人们发现，在通宵营业的欧洲迪厅中，它作为兴奋剂和感官增强剂有着最广泛的应用。现在，它正在接受创伤后应激障碍甚至自闭症的治疗测试。[1]

因此，精神活性分子可以有广泛的含义。虽然我从来没有想过 VR 是类似药物的东西，但是"设定和设置"原则至少也适用于 VR。VR 既可以是美丽的艺术和同理心，也可以是可怕的间谍行为和操纵。它的意义在于我们如何设定。

致幻剂在科技圈普遍存在。关于它，史蒂夫·乔布斯如果在世会继续研究下去。

我曾经被质疑服用药物，特别是致幻剂，或至少是大麻，我为此承受了巨大的社会压力。事实上，我从来没有尝试过，连大麻也没有。我不得不一直为自己澄清。我的选择被致幻剂的推崇者视为一种公开侮辱。

我的直觉是，这些药物不适合我。就这么简单。我并不是对别人有看法。这有点像今天的某些人不愿意加入社交网络的那种感觉。我的答案是一样的。[2]

---

[1]　这也可能很危险，我不主张使用它。事实上，我一名员工的父母在用药的时候心脏病发作死亡了。

[2]　我不想指责那些在使用社交媒体时很不体面的人，我想说的是，我认为自己没法使用今天的那些东西。我没有任何社交媒体账号，虽然我有书需要宣传，也有其他动机。我曾经有过自己在网上交流时变得微不足道的体验。我已经和那些热爱或憎恶我工作的人进入了反馈循环，我们都被逼到了极端，而那不是我想要的。我担心社交媒体会把我最坏的那一面带出来。

也许社交媒体会对我的事业有所帮助，但这个理由不够充分，不能弥补它可能对我的人格造成的伤害。我并不是说它对每个人都不好。也许它就像酒精，对一些人来说很好，但是我们中有些人应该避免接触它。

我担心的是对另类偏执的放大，但这不是有偏向的意见。右派对左派的批评往往集中在大学生为什么这么暴躁。这太敏感了！很容易就让人生气了！你是否在其中发现了一种模式？社交媒体的上瘾者遍布政治领域。

有人叫我骗子，据说是因为我证明自己能看见只有通过致幻剂才能看到的"可见的事物和已知的事物"。我是一个非常怪异和迷幻的人。蒂莫西·利里给我取了一个绰号——"对照组"。我是现场唯一没有服用药物的人，所以也许我就是那条基线。也许药物让人变得更加坦率。

有些人需要成为对照组。多年后，当理查德·费曼得知他的癌症开始蔓延时，他认为是时候去尝试致幻剂了。他的计划是在大苏尔海上悬崖峭壁的边缘，和一些嬉皮士女人一起泡在热水浴缸里。[①] 他要求对照组也在场，保持一个谨慎的距离，确保他不会摔下悬崖。他用了致幻剂后非常兴奋，以致不能进行计算了。"机器坏了。"他高兴地指着自己的头说。

一种叫作死藤水或卡皮木的亚马孙化合物特别容易与 VR 产生共鸣。威廉·巴勒斯曾经写到过它，另外还有其他一些关于这种药物的著名记录。[②]

这种药物的相关文化显示，它创造了人与人之间的心理联系。药物的使用者会分享体验，这是一种超越言语的交流方式。因此，人们对死藤水的理解方式与我对未来 VR 的想法是相似的。

这两者之间的相似之处不仅如此，它们还都可能让人呕吐。这不是一个随随便便的评论。两者都需要承担风险、做准备和做潜在的牺牲。这是仪式崇拜的完美设置。

VR 很少让人们呕吐，我们在演示中甚至没有任何相关提示，但在最近，在巴西有所改善的法律环境中，对死藤水文化的迷恋仍然

---

① 不是在伊莎兰。对不起，我不会透露地点。

② 《亚马孙河上游精灵》（*Wizard of the Upper Amazon*）是我在这方面的最爱，虽然卡洛斯·卡斯坦尼达（Carlos Castaneda）这本极具影响力的书，表面上看起来是关于另一地区的另一种不同的毒品，但它可能确实定下了基调。

吸引着 VR 工程师。一批硅谷 VR 主管定期去体验，加州还发生了重建亚马孙仪式的一些事件。

我从来没有尝试过死藤水，所以我保留对它的判断。我想说的是，我从来没有看到任何证据能证明死藤水使用者之间的心理联系，但我周围有人已经用过几次。我经常谈论这个话题，就像在走钢丝一样。你知道，如果你倾向左派，你就是迷信的；如果你倾向右派，你就是还原论者。

兴奋之城

不管怎样，让我们再回到 1982 年左右的帕洛阿尔托。

沃尔特和我使用了与斯蒂芬·拉伯奇的装备相关的传感器创建了一个简单的生命体征监测设备，像手套的一部分。戴上它后，你会在屏幕上看到自己内脏的实时影像。肺的影像和你的动作同步，你可以深呼吸，同时看着它们扩大。你的心跳也一样。

数据被记录下来，但是大部分都是伪造的，因为在当年，存储大量数据是非常昂贵的，一个无聊的员工还必须坐在那里，不断更换软盘。

我们的想法是，我们从人们那里搜集一些数据，最终可能会通过算法发现与健康有关的相关性。也许以后系统可以用来诊断疾病，或者帮助人们学会控制压力，或者用来追踪他们的健康状况。这是一个让你健康的玩具！

这个想法现在听起来应该很熟悉，因为像运动手环这样的设备无处不在，多得让人眼花缭乱，但在当时这是新鲜的、令人吃惊的。

沃尔特和我曾在晚上合作，这与沃尔特在睡眠实验室的作息规律有关。我会扛上一台计算机，通常是用行李带绑着的苹果丽莎。我们会在一家通宵餐馆里工作。只有几个能坐的位置旁边有墙壁插座，你得采取战术才能抢到你需要的桌子。"如果你和我换位子，我会帮你付火腿和鸡蛋的钱！"

有一天晚上，我们正在斯坦福大学附近的一个被我称为"奶油厂"的地方工作。我要说明的是，这不是今天帕洛阿尔托的那家奶油厂。这个说明是很重要的，因为当店主试图叉住窜过柜台的老鼠时，他会发出像忍者一样的尖叫声。我们整夜都看着他的表演，十分逗趣。我们从来没有见到他成功过，但很佩服他的决心。一些较活跃的老鼠还有名字，黑客会深情地叫出这些名字。

"这个家伙很有恒心，虽然他从来没捉到过老鼠，这真是太神奇了。"

"如果他在科技行业工作，现在肯定有一家大公司。"

"我们为什么不试试？"

我们扛上一台原型机，开车到拉斯韦加斯的消费类电子产品展览会展示我们的设备。也许某个大公司会对这些设备感兴趣！

我们太天真了，相信了一个不那么靠谱的商业合伙人。他本来应该和我们建立联系并达成交易。实际上，他却把我们放在了一个廉价的色情旅馆里，然后就没了下文。

但是我们确实了解到了这个世界是如何运作的。沃尔特记得我们热情地接待客户。我记得那些潜在客户看到他们自己内脏的动画形象时都快吐了。

我也记得创业的喜悦。发明，把它带给人类，享受，重复。

在 20 世纪 90 年代，VPL 解散之后，沃尔特对 VR 作为研究和治疗的工具产生了兴趣，特别是在行为医学领域。之后他使用 VR 技术与一群帮派成员合作，研究暴力冲动控制以及其他令人着迷的应用。新世纪来临，他把我介绍给了我现在的妻子。我听到有关她的第一句介绍就是"她就像贝蒂娃娃"，这话的确不假。

合法性、毛发、巨人的肩膀

虽然听起来很可笑，但在 22 岁左右，我就拥有了我所描述的一切，但我仍然担心自己是一个不可挽回的失败者。我很惭愧，因为我没有学历。我想，我的母亲应该想要我成为哈佛大学的教授吧。我产生了一个不合时宜的念头，认为我必须找到正当的道路。我想被邀请进入一座硅谷可能最终会去摧毁的城堡。

出售《月之沙》的那家公司问我是否可以在 SIGGRAPH 上进行展示。SIGGRAPH 是顶级的计算机图形大会，跨越了工业界和学术界。因此我想，也许以官方身份参加大会能给我指出一条明路。

那年在波士顿举行的 SIGGRAPH 非常热闹，生机勃勃。这是一次反主流文化聚会，规模小到完全不会产生混乱，就像火人节早期的那几年一样。而且，这里的一切和我们 VPL 小屋里一样真实。计算机还不够快，所以在摩尔定律实现之前，人们不得不出怪招来打发时间。

在我第一次访问波士顿地区期间，命运的一切都聚集在一起。SIGGRAPH 结束之前，我就决定搬到那里一段时间，之后我在那里认识了几个相交终身的朋友，邂逅了我最终会结婚的女人（这恰恰是奇怪的、简单的），遇到了我最敬重的导师，并第一次得到了一份真正的研究工作。

我几乎立刻就和一群来自麻省理工学院的怪学生混在了一起，仿佛我们已经是相识好几年的老朋友了。原来他们是人工智能领域的创始人之一马文·明斯基的学生。

戴维·莱维特就是其中之一，之后几十年，我们一直都是朋友。他的头发和我的一样，但颜色更深。他梳着中长的雷鬼头。如果你眯着眼睛看我们，我们就像镜像的两个人一样，虽然他是黑人，或者是他自称的"新人"。他常常叫我"另一个妈生的兄弟"。

我们俩是戏剧性的一对，一起肆意作乐。我们最喜欢的服装是活泼的西非长袍。和我一样，戴维也从蒙克和拉格泰姆中开发出了一种独特的钢琴风格，可以与我的斯克里亚宾、南卡罗和大跨度钢琴相比。

戴维在麻省理工学院的博士项目正好是可视化编程语言！最终他加入了加州的那伙人。

他的父母倾向于民权运动的激进派。更具传奇色彩的是，戴维最近还参选了美国参议院，他的立场比旧金山湾区还左。

我要解决一个经常出现的无厘头问题：头发。除了适应遗传学之外，我的头发没有表现出任何用途。我不是假装自己是黑人，也不是向牙买加或印度的圣洁形象致敬。我的头发就是非常卷曲。

一想到余生都要不断努力地去梳理它，我就果断放弃了努力，就让它乱糟糟的吧，就这么简单。从 20 世纪 80 年代初开始，有一本书名为《工作中的程序员》(*Programmers at Work*)，封面上就是一张我邋里邋遢的照片。只有在这个短暂的时期里，我愿意花几个小时让自己看起来不那么怪。

到现在为止，这种恐惧已经困扰了我太长时间，又带来了其他不便，所以我可能不得不剪掉头发，但我又推迟了这个计划。我不再关注头发的问题了。①

在那个年代，白人梳辫子是非常罕见的，所以我是个怪人。今天这样是很正常的，但人们对此并没有什么好感。习惯使然。

在硅谷和麻省理工学院，没人会关心我的头发。但对我来说，麻省理工学院比硅谷要更自在一些。这里很像加州理工学院，但这次我有我需要的那个愚蠢的东西：合法性。

艾伦·凯已经离开了施乐帕克，创办了一个由雅达利赞助的新实验室。他为我提供了一个暑期研究职位，这个职位通常会提供给研

---

① 说到我的头发，我想我还可以说一说我的体重。保持体形并不容易，我在出院大约一年后减掉了婴儿肥，但体重在我十几岁时又反弹了。在我20多岁的时候，我想尽千方百计，一次又一次地减肥。每一次，我的体重都神秘地反弹回来。长期看来，我的体重一直在增加。我怀疑，如果不是一直在减肥，说不定我今天还没这么胖。

有时候一个陌生人会高兴地告诉我，我应该再加把劲。根据他们的经验，这很容易。然后他们几乎会同时开始发牢骚，抱怨他们没有启动资金，他们的书无法出版，或者遭遇了一些其他的不幸，在他们看来，这些都不是他们自己的错。

硅谷现在充斥着量化的自力更生和生产力信仰，这些信仰可能会将人们的生活全面塑造为一种理想。这不仅是愚蠢的，还是破坏性的。假装明白一切的冲动是反科学的，就像反动或反革命运动一样。这也是一个一致性的隐形输送机。大家希望每个人都接受生产力和成功的相同定义。个人形象也是这样。

现在有许多与体重有关的合理科学和令人惊讶的宇宙操纵性伪科学所产生的纠结不清并往往自相矛盾的结果。但实际上，这是宇宙中众多尚未被理解的东西之一。

体重可能总有一天会被理解，这一天应该很快就会到来，因为今天有很多用于生物调查的奇妙工具。如果有一天人们可以进行选择，那么他们的选择应该会多种多样。多样性是一个内在的优点。

我的体重对我的生活有负面影响吗？也许在某些方面是这样的。苗条的人更上相。如果我瘦了，也许我在推出一本书或讨论当下网络话题的时候，会更多地参加电视节目。但是，对我来说，我的生活已经成功了。

在某种程度上，我可能无意间就倾向于打字，因为聪明的技术人员应该看起来有点怪，譬如爱因斯坦和他的头发。总的来说，体重并不重要。

究生。我又来了！我又成了一个宠儿。

雅达利实验室位于肯德尔广场，实际上相当于麻省理工学院的一部分。这是麻省理工学院具有深远影响的媒体实验室的鼻祖之一，而媒体实验室将在几年后成立。

我就是这样认识了马文·明斯基，他也许是我的导师中最和蔼、最慷慨的一个。

我在前几本书中描述了我在剑桥生活时发生的一些事情，比如在马文乱糟糟的家中迷失了方向，和理查德·斯托曼争论自由软件的曙光。我不会在这里重复这些故事，但是我希望你能看看我在2016 年马文去世的那天写的关于他的文章。这也是对约翰·布罗克曼（John Brockman）的网站 Edge.org 的致敬：

> 就在几个月前，我最后一次看到马文，他正在自己漂亮的房子里闲逛。突然前门打开了，学生冒了出来。麻省理工学院的一个年轻学生在马戏团里工作了一个夏天，很自然地爬上了悬挂在拱形天花板上的秋千。在我们争论着人工智能的时候，她像猫一样溜了上去，来回荡着，就像 40 多年前一样。

> 我记得那个秋千刚装上时，我还是个年轻的徒弟。为什么挂在那里？记不得了，但在当时，大号也被放到了钢琴下，现在被书本、望远镜部件以及许多奇妙的东西遮住了。

> 那天晚上，在我去找马文的路上，接到了一位朋友的电话，他和我都认识马文。"不要和他争论，他很小气。"我不敢相信我听到的。"但马文在争论的时候很兴奋。"

> 我是对的。马文说："你在做什么？批评人工智能吗？这很好。如果你在大方向上错了，你会让人工智能变得更好，但你还有很多可怕的工作。如果你在大方向上是对的，那么你就对

了。这很好！"

这些年，关于人类的自我反思，马文发明了其中大约一半的思维方式。他描述人工智能的特殊方式简直就是天马行空。马文对机器未来的叙述就是人们所害怕的内容，但这并不是最重要的。

重要的是马文对人类及其情绪的思考方式，这种思考方式已经或多或少地取代了弗洛伊德的神话。例如，皮克斯的《头脑特工队》（*Inside Out*）甚至看起来就像几十年前马文的演讲一样。（例如，他曾要求我们想象我们的大脑在事物或事件的记忆上涂色，从而以某种特定的情绪对这些记忆做出反应。）

所有这一切都可以被视为他在计算机科学基础成果之外的工作。他还为很多其他领域做出了技术贡献。最新的 VR 光学就受到了马文发明的影响，例如共焦显微镜。

为什么马文对我这么好？我让他生气，我处处反对他的意见，我从来没有正式成为他的学生，但他指导着我，激励着我，花了很多时间来帮助我。他对我的好是不遗余力的、纯粹的。

马文在 20 世纪 80 年代来到加州，那时我 20 多岁，人们对 VR 的接受度也越来越高。他坐在一个头戴设备里，仿佛是模拟神经元正在海马体里工作的情形，同时弹奏着一架真正的三角钢琴，现实的两个平面美观而协调。

音乐！大家都知道，马文是以和巴赫的精心对位相似的风格在钢琴上即兴创作的，但是他从来不会落入俗套。对于我从世界各地带来的那些冷门乐器，他和我一样着迷。因为对马文来说，一切都是新鲜的，所以巴赫的风格也一直是全新的。马文永远不会感到厌倦或厌烦，也不会因为震惊于新奇的现实而感到不好意思。

我记得马文对他的女儿玛格丽特和我谈起了他对艾伦·沃茨的看法。很难想到任何一个哲学家和马文的差别比沃茨和他的差别还要大，但马文认为，沃茨对死亡的见解蕴含着大智慧。我记得马文谈到了沃茨的想法，即轮回是对人类的一种波浪形式的解读，而不是粒子形式。（就这一点来说，并不是马文或沃茨以轮回接受了个体生存的概念。相反，一个人的特性或模式最终几乎会以新的组合形式重新出现在其他人的新集合中。）

我记得有一次，在剑桥的一个春日，我们开开心心地在商店附近散步，突然在婴儿车里看到一个婴儿。马文开始谈论"它"，好像婴儿是一个装置、一个小装置，我完全知道他这样做是为了刺激我。"它能够跟踪视野中的物体，但交互能力有限；它还没有建立起与视觉刺激相对应的已观察到的行为特性大全。"

哦，那个狡猾的笑容。他猜我有点受刺激了，这样就能证明我就是我自己想法的奴隶。马文一直以来都是温暖人心的，所以这个诡计并没有奏效。我们笑了。

马文把幽默与智慧联系在一起。幽默可以让他的大脑发现哪些漏洞需要填补，是变得更明智的一种方法。我一想起他，就会想到，他让每一个时刻都更有趣、更有智慧、更温暖、更友善。依我所见，在这点上他从来就没失败过。

这就是马文。

雅达利研究实验室不缺乏真正的资源。我们可以在激光打印机上进行打印，互相发送电子邮件，还可以做其他数字化的东西，这些东西在当时是相当未来的、精英阶层的、独一无二的。我已经走出了低谷，回到了大科学的世界。

我研究了一些非主流的编程语言思想，以及一些奇怪的触觉游戏，包括一个机器人扫帚，你可以在模拟器中骑着它，成为一个女巫。这也是带有性隐喻色彩的。

说到这里，我已经涵盖了剑桥发生的很多事情：新朋友、导师、研究工作。那女人呢？

我不会提到她的名字，不过她也不出名。她的存在让人感到震撼。一个光芒四射的女神，一个完美的传统金发女郎的原型，带着点迷幻嬉皮士的叛逆感。

性感，怪怪的聪明，废话，乳沟，所有一切，全部都透露着一种得体的冷漠。以前我喜欢过其他女人，但这一次就像是触电般的自由落体，是一种完全不同的体验。

但有一点很奇怪。我并没有真的直接感受到她对我的吸引力。更准确地说，应该是其他人都被她吸引住了，而我陷入了一场社交潮流中。

她是身份的象征。我感觉就像陷入了古老的魔法崇拜，进入了一个关于强大和美丽的秘密社团。

第一次见到她时，我并不出名。我只是在麻省理工学院附近随处可见的一群好奇、聪明、毛发旺盛的男孩之一。她是男人眼中最亮的一颗星，回头率很高，人们的目光就像小猫把头转过来追踪摇晃的玩具一样追随着她。

她怀有高远的社交野心。在我们的第一次谈话中，她说："哦，蒂莫西·利里把我送到了哈佛大学，这样我就可以引诱麻省理工学院的计算机天才进入迷幻革命了。"这是一个具有历史意义的秘密使命！

当时我们之间什么也没有发生，但简单地说，我最终会和她结婚。我们会在适当的时候来完成这件事。

南部未来主义

我作为合法研究者的梦幻插曲即将结束。

马文的女儿玛格丽特正在麻省理工学院攻读触觉学博士学位，她让我带她去参观北卡罗来纳大学教堂山分校的 VR 实验室。

南部的感觉摧毁了我的情绪，我发现我很难正常起来。缓慢，潮湿，野葛涂层。礼貌，隔离。我总感觉不对劲。这就像是一种配料不对的辛辣制剂，或是放了醋的濒危物种烧烤。

不管这个地区怎样，这个实验室确实很棒。我不应该透露我的喜好，但北卡罗来纳大学教堂山分校在过去和现在都有我最喜欢的 VR 学术实验室。

这里有一位真正的南方绅士弗雷德·布鲁克斯。弗雷德带领的团队曾经创建了 IBM（国际商用机器公司）的第一个商业操作系统，并定义了 ASCII，也就是用比特表示字母的方式。他是数字时代的发起人之一。他还是少有的几本关于计算机的经典著作的作者，比如《人月神话》，这本书第一次敏锐地解释了人类是怎样对计算机编程的。

最重要的是，弗雷德是一个开创性的 VR 研究员。在我第一次见到他时，他对触觉特别感兴趣，玛格丽特也因而对此十分热情。我们花了很多时间研究用机器人手臂来感觉虚拟物体的边界。

北卡罗来纳大学教堂山分校实验室的另一个骨干是亨利·富克斯，他也是我最喜欢的合作者之一。他是一个彻底的天才，他言语的速度几乎跟不上他令人惊叹的思维。年复一年，他的学生已经成为 VR 领域绝对的顶尖人物。没有亨利，就没有现代 VR。

北卡罗来纳大学教堂山分校可能拥有当时最快的图形计算机，我对此十分着迷。亨利的团队以极高的成本创建了自己的 VR 视觉计算机。"像素飞机"是为 VR 所需的图形进行优化的第一批计算机之一，尽管在我第一次使用它时，它仍然需要几秒钟的时间来渲染每一帧，但根据摩尔定律，计算机性能肯定很快就会提高，所以我们都幻想着未来的生活。

很快就要回到加州了。我对此并没有任何正式的安排，但我认为必须要走。一些东西正在酝酿之中。

蚂蚁行动

"哇，我不知道你回来了！"

"嗨！我太想你了。我刚刚回来。这里的光线真好啊，太不可思议了。空气也新鲜，终于可以自由自在地呼吸了。麻省理工学院周围的空气感觉就像又热又脏的糖浆。"

安拥有着当时所谓的"西雅图外形"：又长又直的黑发，大大的小鹿似的眼睛。"趁现在还有时间好好享受吧，这一切都快消失了。帕洛阿尔托的另一条土路刚刚铺好。"

"天！太糟糕了。但你听！哇，我想念那个声音。"路边有一家猫咪救援所，你可以听到好像有一百只猫在喵喵地叫，像波涛汹涌的弦乐。

"哦，你在开玩笑吧。再过 20 分钟你就会疯掉，到时你肯定会向我抱怨。对了，你应该知道还有蚂蚁。"

"这也没什么吧。"

"不，我是指成千上万的蚂蚁，蚂蚁的洪流。"

在我的小屋周围，我们的小团体在废弃的果园里开辟了"殖民地"。安和扬以及他们的孩子搬进了一栋同样的房子，与我的小屋就隔着一条土路。团队里的其他人有时也住在附近的小屋里。

我希望硅谷仍然有类似的古怪角落，但我担心，那些日子早已不复存在。隔壁的一位女士是当时为数不多的顶尖女性计算机业务顾问之一。没想到她有多重人格障碍，你永远不知道下一刻她会变成谁。她可能会变成一个尖酸刻薄的朋克摇滚人来骚扰我，也可能变成一个雄辩的经纪人，帮我进入一家大型科技公司。

我的冰箱遭殃了，它不但成了蚂蚁的殖民地，而且完全被它们填满了，仿佛阿基米德一直在用蚂蚁而不是水来做实验。我不得不把这个生锈的太空时代的老古董搬到小溪旁，把里面的东西倒空。它看起来像是一架扁平的火箭，可能已经飞到了雨果·根斯巴克20世纪50年代的通俗科幻小说的封面上，就像埃勒里在他的科普作品中写的那样———支没能完成旅程的大规模入侵部队被赶出了这艘宇宙飞船。铬材质反射着阳光，让我睁不开眼。

我身后出现了另一个声音，是我那位多重人格的邻居。她今天听起来完全正常，只是有点迷糊："你看起来很喜庆！今天是什么好日子吗？"

我和剑桥的一些朋友有时会颇为浪费地在产自巴厘岛的多彩大夹克上挖出新的洞，这样就可以侧着穿，两个软软的袖子则垂到左侧一边。

"我想这是'蚂蚁清理日'。其实我总是这样子的。我在剑桥的时候，这里的每个人似乎都变得更加直白了。这是怎么回事？"

"我也觉得。如果你不说，我还没注意到。"

在我走后，黑客着装规则从异国情调的嬉皮士变为了今天的"简约穿搭风"。这让我大吃一惊。"每个人看起来都很平常，但又不像平常那样讲究。邋里邋遢的。这是怎么了？"

"我想这是我们表达毫不关心的方式。"

我用水管冲了冲冰箱，把它掉了个头，准备回到小屋。"也许这是一种迹象，表明世界现在真的需要 VR！"

"哦，你可不知道，我们把这儿叫作'肤浅的阿尔托'。"

"变化有这么大？"

"看起来好像这里有趣的东西全都不复存在了。'自杀俱乐部'在城里，《全球概览》搬到了马林。唉，连生存研究实验室也不在附近了。有趣的人都付不起租金。"

你可能不了解这些早期的硅谷机构。自杀俱乐部是一个朋克城市冒险俱乐部，他们会干出非法攀登金门大桥那样的事情。它是火人节的鼻祖之一，而火人节就是"不留痕迹"这条原则的来源。①

生存研究实验室利用硅谷的设备开启了一场旷日持久的、真正危险的宏大表演艺术，就像让一只无人监督的活豚鼠操控一辆拥有30英尺喷火器的真坦克。你必须投入生命去参加表演。所有这些场景都在第一家 VR 公司的创建中占有一席之地，但我当时还没意识到这点。

"他们离开也没什么。我们将要在这里开展有史以来最有趣的事情。"

"你看起来更有干劲儿了。"

"如果你不说，我也没有注意到。"

步入正轨

多年来，我一直在建立一种使命感，现在这种使命感终于更加专注了。我会鼓励这些人建造机器，让社交 VR 成为可能，并将 VR 提升至一种恰当的强大的魅力之源，从而与诺伯特·维纳担心的思维

---

① 就是因为"不留痕迹"这条著名的基本原则，人们才非常喜欢参加基本没有其他限制的火人节。每年有数万人进入内华达的荒漠地区，参与这个古怪的艺术事件。

控制游戏和愚昧对抗。VR 将成为人工智能的替代品。

就算高层次战略变得清晰，底层的战术游戏仍然还是模糊的。我们应该尝试创建一家公司吗？试图游说大学或大公司赞助我们的 VR 实验室？只要从游戏中或以任何其他方式赚到足够的钱来支持我们的项目，就不用考虑任何先例吗？

我们都想搞清楚我们正在建立的是一个什么样的机构，但是谁都没能弄明白。也许是左派和商业理想的融合？一家基于共识决策的科技公司？这会是一个疯狂的想法吗？当时，一切似乎都是可能的，每个人都是年轻的理想主义者，可以为了最新的演示彻夜不眠。

1983 年，我们越来越痴迷于 VR 项目的建设。

很清楚的一点是，我们并不是万能的。因为这个想法，我心里一直很纠结。但很明显，全面的显性视觉需要几代人的努力，而不是在短短几年内就能实现。无论如何，在实时 3D 计算机开始工作之前，VR 可以及时就绪，准备实现其运行。

戴维曾经在麻省理工学院尝试过一种叫作数据流的可视化编程语言。经过我与查克以及团队里的其他人讨论，我们决定开展一个中间项目。该项目包括我们开发的一些内部技巧，譬如高级增量编译器架构，但我们会选择已被理解的 VR 软件数据流范例，因为它的匹配性毋庸置疑。[①] 戴维刚完成他的博士学位，搬出学校加入了我们。（现在的数字艺术家可能很熟悉使用数据流的"MAX"设计工具。）"带电体"是查克为我们新的 VR 控制程序取的名字。

我们还需要一个 3D 设计程序，光靠到别处去买 3D 模型是不行的。扬接受了这个挑战，并启动了一个最终成为"旋转 3D"的项目。

我们在跟踪问题上花了很多时间，那就是下一章的主题了。

---

① 我用了很多术语，在这里向没有技术背景的读者说声抱歉。这些术语在附录二里都有介绍。

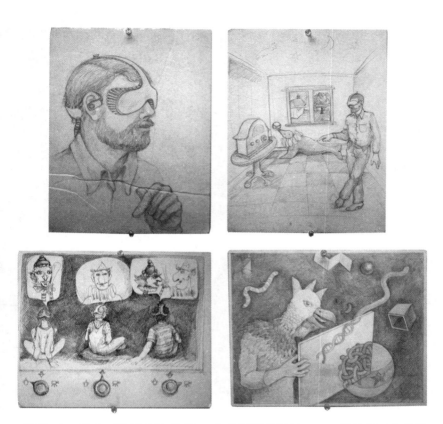

图 12–1　凯文·凯利在 20 世纪 80 年代后期参观了 VPL，并拍摄了安的早期概念图，这些图片一直被钉在墙上。左上：最早期 VPL 眼机的概念图。与其他所有制作 VR 头戴设备的团队一样，我们低估了最终需要的最小厚度。右上：正在使用的眼机。左下：儿童化身为潘趣和朱迪。右下：化身为鸡的人使用虚拟的 X 光玻璃来观察虚拟物体的内部。我们在向国防部出示的简报中也使用了这张鸡的图片，但这并不影响他们与我们的合作。

13

VR 的六度空间

（关于传感器和 VR 数据）

眼球必须转动

汤姆第一次制作数据手套的时候，他们测量了手指的弯曲度，而不是手掌的空间位置，或者它的倾斜方式。（你需要 6 个数字来描述三维空间中物体的位置和方向：X、Y、Z、滚动、倾斜和摇摆。）

很显然，如果我们希望化身的手能够拾起虚拟物体，那么，我们必须要知道手的位置以及它的倾斜状况。用于探测空间中物体位置的设备通常被称为跟踪器。

适合人体运动的跟踪器已经在售，但它们的价格十分高昂。奇怪的是，佛蒙特州曾经主宰了跟踪器行业，就像回到 20 世纪 80 年代一样。4 家不同的跟踪器公司构成了佛蒙特山谷之家，他们的客户在机器人、工业设备，甚至飞行模拟器中，都会使用跟踪器。

当时，作为跟踪器的参考点，外部设备，即一个基站，必不可少。两家老牌的佛蒙特州跟踪器公司（波尔希默斯和阿森西翁）专注于磁场跟踪。在一个外观独特的外壳中，会有一个巨大的电磁铁发出脉冲场，再有极小的磁场传感器附在手套上，并最终将信号传达至头戴设备。

除了磁场之外，还有很多可以完成跟踪的潜在方法，比如激光、无线电波等。我们花了很多时间来制订雄心勃勃的跟踪计划。

为什么要在头戴设备上放置跟踪器？记得间谍潜艇吗？它必须

能够进行探测。

回想一下 VR 视觉的基本原理。在第 4 章的"镜中显现"一节中，我说："为了让 VR 的可视部分起作用，你必须计算在你往四周张望时，应该在虚拟世界看到什么。在你的眼睛四处张望时，VR 计算机必须不断地尽快算出你要在虚拟世界中看到的图像。当你往右看时，虚拟世界必须往左偏转作为补偿，以创造一种错觉，让你觉得这个世界是静止的，是在外独立于你的。"

第 24 个 VR 定义：一种控制论结构，用来测量人类感知的探测方面，并使其被抵消。

我必须要说明的关键点就是，视觉显示本身的质量并不是 VR 视觉体验质量中最重要的部分。比视觉显示本身的质量更重要的是跟踪。[1] 视觉图像对头部或眼部运动的反应有多快？效果怎么样？

---

[1] 跟踪具有不同的类型。由于眼睛基本是球形的，并且大致围绕其中心旋转，因此，我们通常所知道的是眼睛的位置，而不是眼睛在看哪里。只要你能够在眼睛周围呈现一个足够宽的虚拟全景，它们就能环顾四周，正确地看到虚拟的东西。这就是所谓的眼动跟踪。事实上，在转动时，眼睛在头部的位置是相当固定的，因此，你有时可以通过单纯的头部跟踪来实现眼动跟踪。而在某些 VR 显示器中，你必须知道眼睛看东西的方向，而不仅仅是它们的位置。这就是所谓的视线跟踪。（跟踪是没有尽头的，就像测量没有尽头一样。跟踪每只眼睛的焦距或虹膜的扩张有时是至关重要的。）

大脑整合

第 25 个 VR 定义：
一种测量比显示更重要的媒介技术。

传感的普遍问题是，作为一个过程，它需要时间。如果你成为 VR 世界的专业人员，就必须在 VR 系统中使用"延迟"这一术语来表示推延。

延迟的首要地位在 20 世纪 80 年代初已得到显著证实。在斯科特·费希尔（Scott Fisher）到达之前，迈克·麦格里维（Mike McGreevy）就已经在美国国家航空航天局艾姆斯研究中心建立了一个 VR 实验室。

迈克尝试了一个实验。他制造了一款黑白 VR 头戴设备，每只眼睛的分辨率只有 100×100 像素。考虑到当时的显示技术，这已经是最高的分辨率了。核心渲染仍然在矢量图形中进行：一个摄像头对准矢量图像，以驱动基于像素的显示。在当时，仅使用头戴设备中的像素还是一种很新颖的做法。这也许是飞行模拟器之外的首例。

虽然 100×100 是一个图标的合理解析度，但对虚拟世界来说，这是很荒谬的。要知道，由于图像分散在你可以看到的大部分内容上，每个像素可能看起来有一块墙砖那么大！这种效果是惊人的。

当我通过迈克的头戴设备查看还在设计中的卫星的简单轮廓模型时，我简直惊呆了。这个模型竟然看起来很合理！你可以看清比像素更小的细节，并能感受到这个奇怪对象的 3D 形式。

秘诀就在于合理范围内快速和准确的头部跟踪。延迟越低，视觉体验就越好！分辨率好像已经神奇地翻番了。

视觉体验的基础是整合你看到的所有内容，从而预测你将会看到的内容。大脑看到的比眼睛看到的多得多。①

当你戴着迈克的头戴式显示器②时，你的大脑正在从每一个略微不同的角度观察虚拟世界的模样。只要时刻准确，也就是说，只要跟踪器是完好的，那么角度也会是准确的。这就意味着，大脑可以将低分辨率图像流组合成分辨率更高的、更精确的内在体验。

对大脑来说，这没什么特别，只是它的日常工作。人的眼睛是很强大的，但同时也是一种软弱的、缺乏一致性的、奇怪的传感器。由于我们眼睛的特性，在视觉方面，大脑总是比预期的做得更好。为了使 VR 在视觉方面更加出色，某种程度的猜测和欺骗也同样令人高兴，因为我们的大脑在日常现实中也在做着同样的事情。

在 20 世纪 80 年代，即使新手能尝试 VR 演示，我们也很难向他们解释 VR 的基本特性！我练习了好几年，才知道该怎样用语言来表达这个简单的概念，不过现在这个概念应该是我们司空见惯的。

---

① 在日常生活中，一个令人十分惊讶的例子就是盲点。你的每一只眼睛在离视野中心不远的相当大的一个区域内都是看不见的，因为在这一区域内，视神经附着在视网膜上，阻断了视觉功能。但你并不知道，你的大脑正在填补这个漏洞。

② "头戴式显示器"（HMD）是 VR 头戴设备早期的一个术语。

第 26 个 VR 定义： 一种优先刺激认知动态的媒介技术，以此模拟替代环境，进而让人准确认知世界。

移动的体验

如果你是我们 VPL 古怪实验室的早期受试者之一，你就会最初体验到"相信"虚拟世界的过渡阶段。这被称为"转换时刻"。

随着 VR 多年来的进步，在一个人戴上头戴设备后，转换时刻来得越来越早了。大约在 20 世纪与 21 世纪之交时，这就不是个问题了。[①]

① 这个例子说明了一个重要的原理：便宜的芯片可以提高其他零件的性能。

随着机器视觉的发展，芯片可以通过惯性感应运动，并且会越来越好，越来越便宜。今天，每个便携式设备都有一个加速计。把来自加速计的数据与来自相机的数据相结合，就能创建更快、更精确的跟踪器。摩尔定律似乎解决了一切问题。

除此之外，快速芯片使预测未来值得一试。一般情况下，其中涉及的数学原理被称为卡尔曼滤波器。就像你的大脑（或许是小脑）可以预测你的手需要去哪个位置捕捉运动中的棒球一样，卡尔曼滤波器也可以预测头将要定位的位置。更专业的算法可以利用身体和颈部的特殊解剖学，你的头只能以特定的方式移动，因此也就没有必要考虑不可能的头部运动。

并且，等到你能渲染一个 3D 场景时，这可能就有点过时了，因为即便是对今天的廉价芯片来说，3D 图形仍然意味着大量的工作。因此，高性能的 VR 设置将在更简单的基础上进行最后一微秒的调整，使图像更加流畅。（例如，整个图像可能会被移动、倾斜和扭曲。）

今天，大多数人的感觉是，幻觉的质量会突然让人感到震惊和喜悦。这不是逐渐发生的，人们根本没有时间注意到自己的感知变化。

这个例子可能证明，更好的技术实际上并不意味着改善。没有什么比更多地了解自己更有价值，而更老的、性能更低的 VR 设备，可能在揭露人们自我感知的过程方面做得更好。

这是不可能的！也许 VR 设计师会在现代 VR 设备上设计出一个狡猾的"慢启动"体验，甚至比旧设备更明显地突出转换时刻。

无论如何，过去你会经历转换时刻，但这只是第一步。由于我们的重点是多人体验，你很快就会被介绍给 VR 内的另一个人。

你可能已经把这个人看作一个早期的化身，一个光滑的、色彩鲜艳的人物，有着卡通人物般的头，几乎没有特色的身体，以及灵巧但奇怪的管状手。这个时期的 VR，视觉质量相当模糊。

脸是通用的，人们不得不共享化身。从少得可怜的资源中获得有效化身的人很少，而出于同样的原因，也不大可能有变化。VR 中第一个化身的脸部是由安·拉斯科设计的，她用 20 多个多边形制作了一个折纸般的脸。

虽然视觉细节很贫乏，但能显示人类的存在，已经算是取得了成功。效果令人感到毛骨悚然、万分惊诧。在日常生活中，当与另一个人接触时，你并不会特别注意你的感知状态有什么不同，但在这些粗糙的早期 VR 系统中，这种不同是很明显的，是相当戏剧化的，让人汗毛竖立。

另一个人突然出现在那里，在那几个多边形里！你可以感受到他们，这是人类存在的温度。

发生了什么事？如果你记录了一个人的动作，并重放该动作，用以制作化身的动画，那么虚拟世界中的人将明显看出，此时的化身中并没有真人。当你的化身与另一个人的化身进行互动时，就是完全不同的情形了，你甚至可以认出这是谁。

这些关于化身的早期实验与长期的研究"生物运动"感知的科学圈实验可以相提并论。这个圈子的典型实验就是，为一个全身隐藏在黑色覆盖物之下的受试者制作一部视频，他身上的某些地方粘着几个亮点。这样，在整部视频中，出现的就是四处移动的亮点。

当受试者看到这样的视频时，会出现一些很有意义的情景。他们通常可以认出具体的人，或仅通过几个运动的点，就能感知到陌生人的性别、情绪和其他特质。

至于人们能或不能准确地从视频中的移动点感受到什么，仍然存在争议。无论人们对生物运动有哪些假定的偏好，化身都可能会揭示更多东西，因为它们是这些实验的交互版本。

在化身中存在着发自人类内心的真实，我认为这是在 VR 中最激动人心的感觉。交互性不仅是 VR 的一个特点或特质，还是体验核心的自然经验的过程。这就是我们了解生活的方式。这就是生活。

第 27 个 VR 定义：
强调交互式生物运动的媒介。

这一定义排除了大多数的数字体验，比如典型控制器操作的游戏，因为它们只是按下按钮，不能传达身体的连续运动。这个定义包括了最吸引人的 Kinect 体验，甚至是最具挑衅性的多点触控设计，它们是新的数字前沿。

跟踪器不仅是 VR 显示器能够工作的关键支点，它还可以对人进行测量，使其变成彼此的化身。传感器是 VR 真正的核心技术。VR 在更大程度上应该是一门测量科学，而不是合成科学。

每当我们建立一个经典的 VR 系统，第一步工作就是设置和校准跟踪器。我们最想实现的就是摆脱这个步骤。

一个名叫鲍勃·毕晓普（Bob Bishop）的学生在他的博士论文中提出了一个方案：利用机器视觉来摆脱外部跟踪基站或参考点。除了北卡罗来纳大学教堂山分校，哪里的学生还会想出这么棒的点子？这个方案是有用的，但仍需一个准备就绪的视觉目标环境作为参考点。

当时还没有人开发出具备完全独立的机器视觉跟踪器的头戴设备，在 HoloLens 之前，还是需要准备就绪的环境或基站。

不晕船，不晕 VR

消除延迟不需要浪费时间在豪言壮语上。你的时间以微秒为单位。[①]

第 28 个 VR 定义：
与时间抗争最激烈的数字媒介。

如果你在 VR 中感到恶心，这种现象通常与跟踪问题有关。

当 VR 在 20 世纪 80 年代第一次成为流行文化热潮时，我接到

---

① 当某些感知延迟下降到七八毫秒时，VR 就开始运转良好。

了电影导演斯皮尔伯格的电话。"你必须来洛杉矶,向娱乐从业人员进行 VR 演示。也许我们可以做主题公园专用的 VR 游乐设施,或者其他一些什么。"

"你是认真的吗? VR 系统需要巨型计算机和很多奇特的设备。让人们来硅谷体验演示就好啦。短途飞行而已。"

"这是好莱坞,人们更喜欢来这里。"

"硅谷会改变这种状况,等着吧。"

"也许吧,但与此同时,我们会为你这一趟付钱……很大一笔钱!"

"呃,好吧……"

于是,我们推出了"轮子上的现实",就是一款装着价值数百万美元的 VR 演示设备的 18 轮大车,从硅谷一直开到了好莱坞。(类似的演示在今天可能只值几百美元。)它转遍了所有主要的影城,每次停留一个星期。

当它终于停在环球影城时,斯皮尔伯格先生正在拍电影。他担心我们已经去过了迪士尼(也就是他的竞争对手)。"老鼠可是有牙齿的!"我的耳边响起了警告。

环球影城的元老级工作室负责人卢·瓦塞尔曼(Lew Wasserman)是一位来自波希特地区的奥纳西斯式[1]人物,他看着我们带着充满渴望的志愿者走进车里,尝试这种异国情调的新体验。当然,他们的确是眼花缭乱了。

我偶尔还会遇到在当年体验 VR 演示的人。直到今天,他们中的一些还活跃在 VR 世界。他们继续编写基于 VR 的电影和电视剧脚本,或已成为资助 VR 初创公司的风险投资人。

瓦塞尔曼手掌朝上指着我,把他消瘦的食指像魔杖一样卷起,

---

① 亚里士多德·奥纳西斯是已故的希腊船王,曾经的世界首富。——编者注

招呼我过去。当时，我就像一只兴奋的兔子一样跳了起来。

"孩子，他们在里面会吐吗？"

我语气急促但断断续续地回答："好问题，瓦塞尔曼先生！我们一直在研究这个问题。目前，在数百个例子中只有一个出现了恶心状况。在不久的将来，这个比例将会是几万分之一。最终将完全消失。我们已经控制了这个问题。"

瓦塞尔曼对斯皮尔伯格吼道："你为什么给我带来一个完全不了解娱乐业的小屁孩儿呢？"

然后他对我说："孩子，我想读到的是这样的新闻标题——我的看门人因为呕吐而辞职！"老实说，在那个年代，由于呕吐而辞职这种情节，很有助于炒作《大白鲨》（*Jaws*）和《驱魔人》（*The Exorcist*）这样的片子。

"如果这就是你想要的，瓦塞尔曼先生，没问题！"

今天我们已经大大减少了人们在 VR 中眩晕的概率，正如我所承诺的那样。

然而，尽管我们在解决模拟器眩晕方面取得了进展，但并不完美。我偶尔会发现，有人看着 VR 演示里的其他人会觉得不舒服，但是对方没出现任何问题。

我曾经见识到，有些人单单是想着 VR 就会头晕目眩。可惜除了成为思想警察，你无法解决与主观经验相关的所有问题，因此，我们不得不允许生活存在不完美。

我要是有瓦塞尔曼先生的煽动天赋就好了。

虚拟现实主义与虚拟理想主义

在设计 VR 设备或体验时，当然要有一个标准使其尽可能有效地成为幻觉。但我认为，划定虚幻的边界会让 VR 的效果有所改善。

因此，我们提出了一种有趣而根本的张力。VR 的目标之一就是，幻想必须尽可能地让人信服，不然我们在做什么？但最高层次的 VR 享受并不完全令人信服，就像你去看魔术表演时的感受一样。

微软 Kinect 的推出就是这种张力的一个例子。我对 Kinect 感到十分兴奋！

20 世纪 90 年代末，由我牵头的一个研究联盟，即美国远程浸入项目，创建了首个带有深度地图的交互体验。[①] 这就意味着，人和环境都是通过容积法以全 3D 形式实时感知的。在早期的 3D 交互中，比如西雅图上空的数据手套，你的身体是以点状的形式断断续续地被感应到的。但在这种实时感知的情况下，你的整个形状都是以 3D 的形式连续扫描的。这个软件将你呈现为一个动态的雕塑，而不是只有几个关节的木偶。

有一个消费类设备将会在我这个实验室新鲜玩意儿问世后十多年，就把这种类型的互动带给大众，这个想法令人振奋。

Kinect 的引入也为虚拟理想主义和虚拟现实主义之间的张力提供了一个非常明确的例子。微软公司推出了"舞蹈中心"这一颇受欢迎的舞蹈学习体验，但他们没有公开原始数据、内部结构以及设备运作的实际情况。

这些隐藏的秘密让人着迷，让人兴奋。这时，出现了一种叫作"Kinect 黑客"的文化现象——业余程序员为 Kinect 编写自己的软件，并在 YouTube 上发布视频。

这些视频没有精修过，并不是由一个长镜头构成。这些人都是书呆子和粗人。他们大多数只是暴露了原始数据。你可以在 T 恤衫上看到居家普通人的低画质 3D 动态数字模型。

---

① http://www.scientificamerican.com/article/virtually-there/.

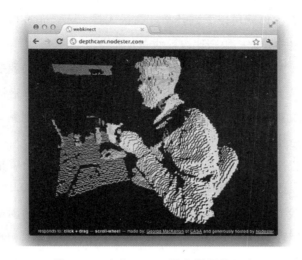

图 13–1 来自 Kinect 黑客视频的图片

这种对原始数据的暴露是否破坏了这一宏大的幻想？并没有！当 Kinect 的内在本质被揭露出来时，很多人为此疯狂。看到原始的内部结构让这个设备更加迷人！

Kinect 黑客的数量可能总共也就几千个，而这个产品在市面上的销量达到数千万，成为历史上最畅销的消费电子设备。Kinect 黑客是真的如此重要，还是只是消费者市场这一巨大海域上的泡沫？

我认为他们很重要。虽然这些黑客数量很少，他们的文化知名度却很高。黑客对这个设备进行了解释，并在一定程度上定下了数百万人欣赏这一设备的基调。

第一代 Kinect 的原始数据是存在噪音和毛病的，[①] 它以一种特殊的、高度当代化的方式让人沉醉。人们终于看到了计算机可以看到的东西，而这又反过来阐释了人们在数字世界所处的层次。

如果 Kinect 黑客运动被包装成一个发声实体，它会说："这些设

———————————
① 第二代 Kinect 能生成更流畅、更精细的数据。

备看到什么，你就可以看到什么。在进入技术人员正在向我们展示的新世界之前，你的眼睛比以前明亮了一点点。"

Kinect 黑客以及小部分观看视频的人，进入了引导我们文明的对话中：人们将如何修改我们认识并影响这个世界的感觉运动循环？数字文化就是为了修改这个循环，而 Kinect 黑客视频大多表现出了某种奇特的扭曲。[1]

使自己成为一个自我膨胀的版本，使自己透明。黑客把自己变成了怪物，或者用手中的波浪控制着圣诞灯的浪潮。

这是我们的时代中典型的文化事件：与现实相关的因果关系被扭曲，并用数字设备演示现实。VR 演示就像幽默一样，稍稍打开了人们的思路。

第 29 个 VR 定义：一场文化运动，其中，黑客利用小装置改变了演示中的因果和感知规则。

HoloLens 并不像 Kinect 那样隐藏原始数据。直到今天，当我戴上 HoloLens 的时候，仍会沉醉于目睹世界数字化这样一个最简单的经历，所有东西都包裹在模拟的猎人的大网里。

几十年来，我已经目睹这个过程数千次，但它仍然吸引着我。

---

[1]　https://www.youtube.com/watch?v=ho8KVOe_y08.

这是实现我们的算法世界转折的齿轮。它并不是转折的意象，而是实际的转折本身。它是具体的，是自由的。这个计算是惊人的，但并不是完美的。它是偶然的碰撞，存在着缺口，而且粗糙。

一个优秀的编剧从来不会试图塑造完美的英雄，但我们的技术人员经常犯菜鸟级的错误，试图展现出我们技术的原始状态。

这是一本有关 VR 的书，但我必须说，热闹的柏拉图式的技术思维方式远远超越了 VR。当公司设计大数据算法向你推荐约会对象或电影的时候，他们默认你属于没有主见、容易轻信别人的人类群体。人们愿意合作，但不希望看到合作的真实数据或算法的实际运作方式。

我最喜欢 VR 文化的一个方面就是，很多表面上准备接受其他备受吹捧和炒作的数字服务的用户，都对 VR 幕后的技术很好奇，甚至要求看到幕后的东西。

这就说得通了。VR 数据是个人观点体验的衍生物，它是直接而明智的。当你看到 VR 数据时，它自有一种风情，你能理解它。VR 让人们感到好奇，而对一项技术来说，这项功能是再重要不过的了。

第 30 个 VR 定义：它是这样一种技术，其内部数据和算法就像实时的人类视角经验的转换一样容易理解，因而能激发人们对幕后的好奇心。

是时候看看我生活的秘密了。

14

发现

先见之明

1984 年是多事之秋。

扬正在开发他的三维设计工具，查克正在研究动态学，斯蒂夫正在研究用户体验，汤姆正在构建不同类型的跟踪器。我们对苹果公司发布的麦金塔计算机感到非常兴奋，并想办法在最早的版本中一定程度地实现了中等水平的 VR 相关体验，尽管这并不是真正的三维技术。虽然麦金塔计算机刚刚问世，并且在之前被人们视为深奥的秘密，但实际上，自 Mac 开始出现以来，我们一直在跟进它的发展。史蒂夫·乔布斯偶尔会惹恼他的工程师，造成人员的流动，所以当人们访问小屋时，会看到绑在摩托车座上的随意暴露的铁丝网包裹的 Mac 原型机。

苹果的爆炸性事件①发生之后，曾经写过麦金塔操作系统的安迪·赫茨菲尔德离开了苹果公司。他来到了小屋，我们制作了一个基于 Mac 的演示，这十分让人兴奋。它将我们的反语言方法与基于手套操作的高级编程相结合，还添加链接跟踪和其他超文本元素。

---

① 苹果公司解雇了史蒂夫·乔布斯，这是一个举世震惊的行为，整个 Mac 团队都辞职了。之后，苹果几乎毁掉了，直到乔布斯归来。他随后让苹果成为世界上最有价值的公司。这就是为什么马克·扎克伯格这样的人在今天得到了如此的尊重。

图 14-1　我的一个早期可视化编程语言设计登上了《科学美国人》的封面。

我担心还有另一个旧的"神器"会败给老平台上的残余势力。我甚至不记得我们是怎样叫它的。天哪，安迪可以编写代码，他是我见过的最好的程序员之一。（顺便说一下，安迪不是泄漏苹果公司机密的人，但我也不会说出那到底是谁泄露的。）

我们侥幸得到了一些宣传。我的一个早期可视化编程语言设计登上了《科学美国人》的封面。

这是因为施乐帕克的科学家拉里·特斯勒（Larry Tesler）看过我的作品。这么多年来，我遇到了如此多的贵人，真是难以置信。拉里被称为浏览器的发明者，这不仅仅是指像 Edge 或火狐这样浏览 Web 页面的浏览器，还指用于探索信息结构的基于选择界面的更基本的概念。在有一段时间里，人们不得不发明这种基本的东西。拉里先后在苹果和亚马逊开展了这方面研究。

无论如何，在准备出刊的同时，我收到了杂志编辑的电话，要求我提供工作单位。当时我不仅没有工作单位，而且还一直抱着一种黑客的态度，根本不想要工作单位。结果这成了一个问题。

"先生，这里是《科学美国人》。我们的编辑指南上清楚地指出，在目录和文章标题上需要标明作者的工作单位。"经过几轮荒谬的争辩，我投降了，编造了一个单位。

"我的工作单位是 VPL 研究。"

编辑听起来松了一口气，好像鞋里一块烦人的石头神奇地消失了。"VPL 是什么意思？可视化编程语言？"

"不，是虚拟编程语言。"

不知道为什么，我突然说："哦，写成 VPL 研究公司吧。"也许有朝一日 VPL 将会是一家真正的公司。谁知道呢？

我们这一期杂志在发行后引起了轰动。

硅谷的先驱风险投资人之一艾伦·帕特里科夫（Alan Patricof）看到《科学美国人》上这个虚构的机构是一家"公司"，于是前来参观我们这个被人遗忘的、放克式的帕洛阿尔托一角。他看了一下演示，并说（这就是他的原话）："年轻人，你需要风险投资。"

我回答道："但我没有公司！"

"我们马上解决。"

"能给我几天时间考虑吗？"

"硅谷是没有时间考虑的。"

"好吧。"[①]

_____

① 帕特里科夫是 VPL 的投资者中最终未能成功的一个。我对此感到很遗憾。听说他再也没投资过 VR 领域。

花生酱美术馆

成败在此一搏，而我突然有机会成为一个赢家。我应该放手一搏，开创一家硅谷公司吗？

没有惯例可循。没有创业孵化器，没有年轻企业家奖，没有众筹网站。此外，在这个规划好的世界里，别人可能会有一个做律师的表兄弟认识一个银行家，而我还懵懵懂懂，我不认识任何与此有关的人，对此毫无头绪。

今天的硅谷，远远看起来是狂野的、新兴的，但实际上是相当结构化和正式化的。它已经成为一个知名人士的小圈子，他们投资初创企业和一些大公司，并在之后决定是否购买这些公司。但在当时，我们还在构建这个圈子。

对于想成为什么样的人，我是很矛盾的。我心中有一只模糊的"老虎"正在骚动：也许我应该像乔布斯一样成为一个英雄式的 CEO（首席执行官），而我的另一部分感觉更像一个永远嘲笑那个 CEO 的黑客。黑客文化认为，CEO 要么是白痴，要么是聪明的混蛋。没有中间地带。①

在小湘菜馆，一个并非我们 VR 团队成员的大胡子黑客朋友说道："你必须创建一家公司，并且完全控制它。"

另一个说："别侮辱他了。他为什么要自降格调，穿上西装呢？"

我无法让这些人闭嘴。"天哪，这些人啊！我们甚至不知道是否会开公司。"

"你必须保持完全的控制权，否则，董事会的白痴就会觉得他们应该做点什么，而且他们一般都是白痴神经病。"这个人是最近从苹

---

① 当时也许真的如此，但今天情况就不一样了。现在，硅谷已经有了一些非常聪明的、绝对不会干浑蛋事儿的 CEO。

果公司辞职过来的。

"这是一个很好的想法，但是我认为黑客创办一家具有相当规模的公司后就不能控制它了。"

"有一天，总有一天会发生！"人群中响起了一阵模糊的欢呼声。

几十年过去了，黑客控制公司的梦想终于在新世纪实现了。Facebook成为第一家明确由单个技术人员控制的巨型"公共"公司。让我们再回到小湘菜馆。

我开始说我的白日梦。"也许我们不需要开公司。如果它只是一个艺术项目呢？我们制作VR设备，就像城里的免费打印店那样免费发放。"

"我不知道。你有没有经营过电子产品工厂？这点很难做到。我从没看到过任何志愿者团队成功过。"

"谁负责客服电话？"

致命一击！

当数字商品仍然是个新鲜事物时，很难想象怎样提供客户服务。人们会打电话来问："我刚刚给孩子买了《月之沙》。纸箱里只有一个塑料盒子。闪光灯和音乐都在哪里？我需要摇晃这个盒子吗？"

"把那个小塑料盒插入计算机上的相应插槽。"

"我们也买了一台计算机，但是插上似乎什么都没有。"

"你把它连到电视上了吗？"

"要把计算机连接到电视？"

"对，对，电视上会出现闪闪发光的东西。"

"能把小塑料盒直接连到电视吗？"

"不，要通过计算机把盒子和电视连接起来。"

这样的通话在整个工作时间内会源源不断。人们会为《月之沙》卡带支付四五十美元，其中大部分钱都用于打电话让客服告诉他们基本的计算指令。

小湘菜馆里的每一个人都沉默了，想象着 VR 的客户服务将会是怎样的场景。请记住，当时还没有 VR 产品，甚至还没有我们今天认为是 VR 的那种 VR 实验。这一切都只是想法。

"天哪，你是对的。我们必须有一家公司。如果不付钱的话，没人会去负责接听这些愚蠢的咨询电话。"

"我以前从来没这样想过，但事实的确如此。如果我们想拥有大量计算机，就必须在以后有大量人手来处理这些超级无聊的事情，而只有创办一家公司才能让人们接受无聊的工作。"

"根据摩尔定律，到 21 世纪末，将会有数十亿台计算机。在哪里呢？在门把手上？想想所有那些密码！我们能迅速拥有大量人手维持它们的运转吗？"

"唯一的可能就是大家不用花钱，但得自己解决问题。"

"不可能。"

"确实不可能。我们可以用计算机培训人们维护计算机。这样，虽然是这些人在做这些工作，但他们还是会付培训费给我们的。"（说这句话的人最终成了谷歌的早期雇员。）

"兄弟们！安静一会儿吧。到目前为止，没有公司，也没有公社。请给我们 5 分钟的时间做些有用的事情。"

我们很多人都闭嘴了，静悄悄地吃着担担面。

虚线

我要面对的下一个问题重要得多，但没那么严峻。我不能一次性解决整个团队的问题，而是向和我一起工作的每个伙伴都提出了关于 VR 未来的问题。

"你为什么要当CEO？有点怪怪的。"

"是的，我知道，我一直在想这个。或许我可以成为CEO，阻止董事会的白痴破坏公司，但我们也可以聘请一位总裁来负责日常事务。"

"我不知道，但你不觉得只有在必要的情况下，你才需要真的去做一件事吗？"

"是的，这也是我一直在担心的。"

"股权呢？你会怎样分配股权？"

"如果真的要开公司，为保持稳定，我会持有大多数股权，但我们可以通过其他方式来补偿大家。也许那些反应强烈的人可以保留自己项目的部分所有权，这样会更公平。"

"听起来挺复杂的。"

"我想我们只能放手一搏，就当是一次冒险。"

"我们都很年轻。就算这是件蠢事，也要不了我们的命。"

"不知道为什么，我认为要成立伟大公司的人不应该这样说。"

我打电话给帕特里科夫先生，告诉他我决定接受他的建议。"很好。让你的律师和我联系。"

"呃，好吧，我今天晚些时候再联系你。"

"你有律师吧？"

"当然，我就是要想想让谁来处理这件事。"

我马上打电话给一些GNF。于是，我在当天下午就去了一位很有威望的硅谷律师的办公室。

有律师的感觉真的太好了。我问那个人，如果我被捕了，该怎么办？我觉得自己好像说了令人印象很深刻的话，等待着他的回应。我的意思是，我从来没想过自己可以在新墨西哥州有自己的律师。有一个律师好像就能证明我现在身处一个高级的地方。这个人是一个商业律师，他认为我的问题太奇怪，不太确定。

"帕特里科夫是什么情况？谁把他介绍给你的？"

"他自己突然打电话给我的。"

"这是一个好的开始。你这一轮准备让哪些人给你融资？"①

虚张声势的时候到了。"呃，一直有很多人给我打电话，我只是期待值得我出面的人。我并不是故意这样说，我只是说，有关我们工作的风声一旦被放出去，就会有人打电话给我。"

害羞的乡下男孩天真烂漫的一面逐渐退去，但在那个时候，我的脸上仍然是青涩的模样。

"嗯……也许是可行的。我告诉你哪些人能帮你，可以吗？请记住，我是你的律师。你不需要取悦我。"

"好吧。实际上，如果你能帮忙的话，那就太好了。"

文件摆在我面前的桌子上。签了这些文件，第一个 VR 公司就会变成现实。

我拿起笔，时间慢了下来。我手中的笔滑过了一条弯曲的路径，将快干的墨水留在了纸上。

奇怪的是，人类这些大型的双足哺乳动物竟然会轻轻地将平滑的椭圆形物体引导到脆弱的纸张上，制造出这些微小的痕迹，然后把它们视为重要的东西。

完整的地平线

结果，"第一轮"既简单又复杂。

简单的是，我们有一招致命的演示和很棒的参与者。当潜在投

---

① 初创公司必须定义具有指定股数、成本和股东权利的几轮连续融资。通常情况下，在新一轮推出之前，一轮交易已经告罄，而越早的投资者交易条件就越好，但风险也更高。

资者前来参加演示时，会变得非常激动、十分震惊。我不止一次听到参观者惊呼，他们经历了一场"宗教般的体验"。

别忘了，当时我们的演示与你可以体验的任何其他东西都不一样。如果能坐着时光机回到过去，以现在的期望来体验当时的东西，估计你不会有很深刻的印象。感受都是相对的。

至于在小湘菜馆被我嘲笑的可怕的"金钱"问题，我制订了一个简单的商业计划，它分为三部分：（1）开发高端 VR 产品，以每台数百万美元的价格出售给企业、军方和学术实验室；（2）放弃 VR 游戏手套和 3D 设计工具等消费品；（3）创造有价值的专利，授权知识产权。

我们会在这"三条腿的凳子"上发展壮大，或者在最糟糕的情况下苟延残喘。最终我们会被大公司买下，或支撑足够长的时间，让 VR 的零售价变得足够低，然后，我们会上市。

目前一切进展顺利，我推动 VPL 同时以多种方式进行实验。例如，我坚持持有大部分股权这一尴尬计划，但同时保持淳朴，我不会有行政官的架子。公司会有一名总裁，作为真正的最高管理人员，但他不会有太多的权力。

投资者不喜欢这样，但他们接受了。这不是唯一的问题。技术资本将保持一定程度的自治，以平衡我对股权的控制，投资者担心这样会很难建立团队凝聚力。最终证明，那些投资者是正确的。

回想起来，如果早期的投资者立场更加坚定，那么，每个人都可能会得到更好的结果。但他们能怎么办呢？经过漫长而尴尬的考虑后，这一轮结束了。

第二最高管理人员

另一个挑战是招聘总裁，这样我就不会是唯一的最高管理人员。

有几个候选人的简历看起来不错，但实际上能力一般。

这点让我很惊讶。商界中有一群人善于瞄准各种高端工作，但他们并不会做这些工作。有一个人看起来很严谨，但他花了全部的时间纠结于公司手册的蓝绿色阴影。我很生气。"嘿，我才是那个有创造力的疯子。你应该像个成年人，聘用员工来使生产线更好地运作。"

我正在学习如何成为一名 CEO，但在第一年前后，我仍然十分温柔、天真。进入合法世界的美妙荣光让我无法看到最根本的游戏规则，至少在刚开始的时候确实如此。在整个公司，我是最不擅长板着脸的人。

我初出茅庐。有一次，我代表 VPL 签署一份重要合同。对方在合同背面加了一些内容，想暗算我们，律师也忽略了这部分内容。结果我们搞砸了。我也没往心里去。之后，我与这家公司又有了合作。

你必须对科技商业文化的侵略性保持优雅的姿态。2013 年左右，在硅谷的一次大型婚礼上，当时最知名、最元老级的风险投资人之一（不是帕特里科夫，是后面一轮投资的一方）走向我，他兴高采烈地回忆起以前要暗算我是多么容易。我想，这个游戏是公平的。我们都笑了起来。

幸运的是，来自斯坦福研究院价值观与生活方式改善计划的一位名叫玛丽·斯彭格勒的 GNF 带来了一位总裁。这位总裁名叫让－雅克·格里莫（Jean-Jacques Grimaud），后来他一直在我的公司工作，直到公司解散。原来斯坦福研究院正在帮助一家法国初创公司尝试研究比 VPL 更不成熟的东西。

"口袋大脑"是第一款看起来像智能手机的设备。老实说，它有一英寸①厚，像素低得只能在两个灰度之间切换，没有背光。最糟糕的是，它没有无线信号，所以它就像是数据荒原里的一声呼唤。但"口袋大脑"已经实现了总体设想和设计。它有一个触摸屏、几个图标、一套应用程序和一块电池。其创造者提出了被称为 3G 的无线标准，并认为这个标准有朝一日会实现整个世界的数据连接，甚至是户外连接。最终 3G 确实出现了，不过是在几十年后。

"口袋大脑"这个项目比 VR 更加疯狂。我们至少可以从一开始就向特殊客户销售昂贵的 VR 版本，我们有直接的业务。可是没有人愿意花 100 万美元购买一台无法连接信号的袖珍设备。

所以玛丽想，为什么不试试让这些疯狂的人做一件稍微没那么疯狂的事情呢？

让－雅克成了总裁之后，带来了一群欧元投资者、客户和合作伙伴。VPL 突然超乎寻常地成了一家跨国公司。

足迹

我们搬进了单调的办公室，因为和其他初创公司一样，当初的车库已经容不下我们了。这对我来说是一个艰难的过渡。我心中一直有情绪，毫无灵感。

没过多久，我就无法忍受了。我们搬到了雷德伍德城旧码头上一座放克风格的红木建筑中。大部分办公室都在二楼，刚好在水上面，有玻璃推拉门和一个公用大阳台。这里有维普人（我们 VPL 的员工是这样自称的），他们住在船上，还有一个可爱的码头熟食店。真是太棒了。可惜的是，现在它已经被拆了，取而代之的是一幢毫

---

① 1 英寸 =0.025 4 米。——编者注

无特色的高端公寓。还是去硅谷吧。

当时，中国还没有任何工厂能够按我们要求的规格生产小批量产品。我们在硅谷有工厂，生产芯片和苹果计算机等。这可能是当时和现在最大的区别。VPL 必须建立自己的生产线。

我们在雷德伍德城建了一家小工厂，用来制造头戴设备、手套等。在今天看来，当时做的这些似乎不可思议。我们聘用当地人，并对他们进行培训。本地蓝领工作！来自硅谷的初创公司！它诞生了！

但这并不完美。针对成立初创公司的每一个方面，都有对应的成熟顾问。当时制造业仍被视为大公司的一部分，是东部旧经济的一部分，而不是狂野新西部的一部分。没有人支持硅谷的小规模生产。要么大批量生产，要么不生产。我在想，如果美国填补了这个鸿沟，是否还会在技术制造领域失去如此大的份额。

所以，当我说我们从来没有成功生产过始终保持高品质的硬件时，那只是我的借口。关于 VPL，还有一件事让我直到今天仍感到内疚。

我千方百计在美国采购零件。一位来自田纳西州的名叫阿尔·戈尔（Al Gore）的技术参议员对我们的工作产生了兴趣，帮我们联系了仍然在制造显示器的一些美国公司，可惜没有结果。我们最终从日本购买了大部分零件。我经常去那里，在当时，每周两次往返东京是家常便饭。

我们终于出货了

VPL 为数千个实验室和企业提供了各种设备，使他们能进行基本的 VR 研究和原型工业 VR 应用。我们经常与客户合作，是 VR 应用程序领域的先头部队。

图 14–2

VR 相关的设备是很贵的。在 20 世纪 80 年代，普通眼机的价格超过了 1 万美元，但这还远远不够。5 万美元的 HRX 模型更好，性能与本书出版时价值数百美元的头戴设备差不多。

我们出售了大量的个人眼机和数据手套，但我们的旗舰产品是完整的 VR 系统，即 RB2，意思是"双人现实"。实际上，可以同时玩儿的不只两个人，每个人对对方来说都是化身，但是我喜欢这个类似于双人自行车的比喻。

艾伦·凯曾经把计算机比作"自行车"，而对 VR 来说，这个比喻包含了双重信息。蒂莫西·利里和一些早期的 VR 研究人员将 VR 想象成了一种"电子致幻剂"，而事实上，享受 VR 需要注意力、精力和技能。它像是自行车，而不像过山车。另外，我一直想强调人类和超人类"心智界"（noosphere）^① 概念的个人联系。也许我们会共同创造一个全球虚拟空间，但即便如此，我们也应该珍惜彼此之间的联系。

RB2 很贵，价格为数百万美元。RB2 中最大和最昂贵的部分是计算机，有冰箱那么大，通常由硅图公司提供。

眼机和数据手套这样的零售部件与整个系统（如 RB2）之间的主要区别在于，购买部件的顾客经常自己编写软件。对 VR 应该如何运作，他们有自己的理念，我们也很乐意帮助他们实现自己的版本。

如果客户订购整个系统，VPL 就会提供软件。这个软件实际上是 VPL 的核心，但是硬件更有名，因为硬件变成了可以拍照留念的持久收藏品。眼机已经被用作电影道具，但至于软件，如果你不努力尝试，仍然很难对它做出解释。

也许是我的个人偏见吧，但据我所知，我们的 VR 开发工具比我今天所知的那些还要好。在虚拟世界运行的时候，你可以改变其中的一切，无论是可视化编程还是更传统的界面都能实现。

我们的软件并不完美，这是由 VPL 的怪异结构造成的。（公司结构和公司制造的软件架构会不可避免地相互影响。）

令人惊讶的是，书呆子式的忠诚影响着我们，并持续到今天。扬用一种叫 FORTH 的计算机语言为我们编写了被称为 Swivel 的

---

① "心智界"曾经是世界大脑超级有机体后人工智能领域的黑客很喜欢的一个术语，这种人工智能可能会通过互联网上的算法出现。一个心智界可能会把人类当作认知元素进行吸收，或实现无人操作，这其中没有太多明显的区别。这个词最初是由皮埃尔·泰亚尔·德夏尔丹（Pierre Teilhard de Chardin）在 20 世纪 20 年代创造的，是一种集中思考人类思想领域的方式。在今天的黑客思想中，这个术语用得并不多，但它仍然包含着对未来全球组织水平的愿景，而这个愿景将超越宗教、市场和国家等早期的结构。

3D 设计工具，这个工具具有一定的叛乱式吸引力。查克没有使用FORTH。因此，必须在不同的程序中对动力学和几何学进行调整。它们可以同时运行，但其中也存在人为的概念鸿沟。我们从来没有发布过具有如此统一性的设计。事实上，如果我们当时已经发布了一个统一系统，它在今天也许就会成为所有人的标准。我们占得了先机，制定了规则。硅谷就是这样。我们留下了长长的"影子"，无论好与坏。

虽然我觉得我们的产品还不够可靠，但我仍然热爱它们。我的书桌上现在还摆着一套眼机和数据手套，我仍然能从它们那里感受到温暖。

15

成为自己的金字塔

（关于 VR 视觉显示）

不可遗忘的眼机

眼机不仅是第一个商业 VR 头戴设备，而且还有可能是设计中任何部位都没有凸出金属导轨的第一个例子。就我所知，这也是第一款彩色 VR 头戴设备——即使算上研究实验室里的头戴设备也是如此。

眼机很棒！我仍然记得每次准备戴上眼机时迫不及待的心情。作为实验对象，最早的眼机看起来有点像现在的 Oculus Rift。它们是黑色的，配有尼龙搭扣带，有明显的凸出。主观上，它们的视觉体验最像现在的索尼 PlayStation VR 头戴设备。眼机展示了一个具有类似于散射视觉质量的虚拟世界。

早期眼机最大的问题可能是重量。

在 VR 目镜出现的头半个世纪，重量是一个很大的问题。伊凡·苏泽兰将他 1969 年的头戴式显示器的目镜支架称为"达摩克利斯之剑"，因为它必须悬挂在天花板上。20 世纪 70 年代，在一个实验性军事训练系统中，另一个重型头戴式显示器的电缆出现了故障，最终导致了一次死亡事故。

早期的 VPL 眼机采用了厚实的立体放大镜 ① （来自一家名叫 LEEP 的精品光学公司），它可以靠人的脖子支撑，但确实很费力气。

----

① 立体放大镜会将安装在眼前的小显示屏集中起来，以提供广角效果。

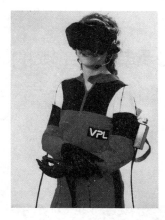

图 15-1　正在使用 VR 眼机的安。

另一个叫 Fakespace 的早期 VR 公司使用了相同的光学元件，但使用时，是用小吊车支撑使用者的。

20 世纪 80 年代，当你在帕洛阿尔托大学路人行道上的咖啡馆闲逛时，可以很容易地分辨出哪些人在过去一天左右观看了 VPL 的演示。因为眼机的重量，他们的脸上会留下醒目的红色印痕，这就是我们以前所说的"部落印记"。

20 世纪 80 年代后期，VPL 转型使用轻量级的菲涅耳光学——也就是由同心圆脊组成的薄薄的放大镜。VPL 的菲涅耳设计主要由迈克·泰特尔（Mike Teitel）负责，他是早期的维普人之一。

我们在当时就能达到今天的分辨率和视野水平，不过我们不得不收取每副 5 万美元的高价，而且这个数字在今天并没有因通货膨胀而有所调整。多年来，我一直很想念那种轻型目镜，而在最近，新的一批 VR 企业家重新体会了轻量级光学带来的喜悦。

头戴设备

大型经典 VR 目镜最糟糕的一面，其实也是它最好的一面。VR 头戴设备是最不时髦的时尚配件，但我很喜欢这一点。

明显的笨拙感恰恰具有应对恐惧的潜力。如果你身处 VR 中，就无法假装置身事外，因为在别人眼里，你看起来就像身处幻觉中的曲棍球运动员，在参加 20 世纪 50 年代通俗科幻小说中描写的火星运动。这就是 VR 应有的样子。

第 31 个 VR 定义：你享受其中有趣的体验，但在旁观者看来，你呆里呆气、笨手笨脚的。

图 15-2　从 VR 外面看沉浸在 VR 里面的我。

在我看来，让 VR 设备尽可能接近隐形的希望总是对人造成误导。想想谷歌吧，它已经进军了平视显示器领域：谷歌眼镜。设计师越想把眼镜作为一个小小的时尚配件嵌在脸上，它就越凸出，像一个丘疹似的。

到底在设计中要强调哪一部分，这始终是一个有争议性的问题。

谷歌眼镜和相关设备颇为自负，认为这种装置的佩戴者最终将被赋予一种万能的 X 射线视觉的隐形超能力。但对周围的普通人来说，它给人的感觉可能就像一个监视器，好像人脸已经被重新设计成一个奥威尔式的恶魔面具。

核心问题是，佩戴者和设备所面对的裸脸普通人实际上都是屈从的一方。从信息优势的角度来看，远程监控整个安排的云计算机的运行者将是双方的主人。即使佩戴者也只能甘拜下风。

因此，追求超级英雄神奇心灵力量的幻想，实际上是对这种屈从性的掩护。悬挂在眼睛上的微小光学镜头使整个脸都变小了。

与往常一样，我处在一个矛盾的位置，因为推动谷歌眼镜项目的一些人都是老朋友。[①] 我也曾尝试过类似谷歌眼镜的设计，如果这些设计之中的任何一种成功了，我都可能会发现其中的合理性并爱上它。只有你们这些读者才能判断我是否客观。

无论如何，这是一个很好的、很真实的原则：在信息设备的设计中，迟钝不是件坏事。权力关系是不可避免的，但如果事先把话说清楚，往往更符合道德规范。

如果照相机正在看着你，那么，你也可以看见它。如果你漫游其中的世界不是真实的，那么，这应该会很明显。人的思维有强大的幻想能力，因此，如果幻想不完美，我们也没有太大损失。同时，由于我们很容易产生幻想，强调错觉的界限通常是一种很好的公民权利。

魔术师的舞台与世界其他地方不同。如果不是在舞台上表演，或者魔术师有一招背后的秘密被公开，魔术师就会成为骗子。

也许对这些问题的态度与人们喜欢真实世界的程度有关。我崇

---

① 在我写这本书时，最流行的设备可能是 Snapchat 的眼镜。

尚自然世界，喜欢活着的感觉。VR 是美好宇宙的一部分，既没有任何手段可以使其消失，也不要幻想它会被打败。

我极其喜欢 VR，因此我不会试图使其被周围同化或变得无法察觉。我喜欢古典音乐，当我看到某些人仅为"放松"而欣赏古典音乐时，就会感到沮丧。只需给它一个机会，它就不仅仅是背景而已。简简单单就好，因为注意力并不是无限的。

何时出手

VR 头戴设备在设计方面的另一个道德十字路口将很快出现：有两种方法可以实现混合（增强）现实。你可以像使用 HoloLens 一样利用光学技术将真实世界和虚拟世界结合在一起。如果你没有佩戴头戴设备，那么，你看到的现实世界的图像，就是由你在现实世界中看到的相同的光子构成的。

还有另外一种方法可以实现这种效果，这种方法有时也被称为"视频直通"。通过这种方法，面向世界的摄像机为传统或经典的 VR 头戴设备提供图像流。你看到的所有东西都源自头戴设备中的显示器，但它们代表着真实的世界。视频直通头戴设备与夜视目镜没什么不同。

当你使用视频直通时，会出现各种可能性。例如，你自己的手和身体可以被修改，你甚至可以变成一只伶盗龙。

世界也可以改变。微软研究院的兰·盖尔（Ran Gal）为这样的头戴设备制造了一个滤波器。在这个头戴设备中，你看到的所有东西都经过转换，以保持原有的功能和相同的尺寸。它们被即时重新设计，好像是来自"企业号"飞船一样。这很有趣，也很吸引人，作为研究，兰的工作真是太棒了。

　　总有一天，社会可能会进步到一定程度，使这一领域的消费品符合伦理规范。但我们现在还没有做到。

　　我们已经看到可恶的虚假新闻泛滥所带来的社会危害。[①] 可恶的虚假现实元素的泛滥既是危险的，也极有可能导致权力的滥用。控制了一个人看到的现实，你就控制了这个人。

充斥在我们身边的愚蠢错误

　　有一件事，我一直在拖延。我很难过的是，为什么在科幻电影、概念视频和电视节目中描绘的大部分 VR 在物理上都不可能实现呢？

　　我们一次又一次地看到虚拟的东西飘浮在半空中。当然，莱娅公主做到了，但这个描述几乎无处不在。

　　我不介意在科幻小说中出现这种场景，但国防承包商和欺骗性地推广 VR 产品的公司，也在视频中使用了这种场景。它还被用在众筹网站上骗钱。

　　更糟糕的是，所有这一切都是以一种自欺欺人的方式发生的！我会定期与军官或高科技管理人员碰面，他们被自己委托制作的视频中的浮动全息图所引诱，于是将巨额资金投入实际并不存在的技术中，至少在当今时代是不存在的。

　　这样的东西需要花很多钱！人们认为虚拟的东西可以浮现在现实世界中的任何地方，而不需要在特殊的光学表面的正前方，也不需要通过头戴设备或其他干预措施来实现。因此，我可以随便地数出这些年来浪费的数十亿美元。

　　那不可能发生！

---

　　① 附录三讨论了这个问题。

好吧，我非常熟悉科幻大师阿瑟·克拉克（Arthur C. Clarke）的著名布告。布告中说，当某专家说不可能的时候，最终总是会证明他是错误的。也许有朝一日，我们可以操纵一个令人难以置信的强烈的人造引力场，与光子相互作用，从而使光子在房间里精确偏转，同时不会撕裂人类旁观者的肉体。也许这不是完全不可能的，但在我们今天所处的这个充满选择的世界里，这是根本无法想象的。

原因是这样的：物理学家现在十分了解光子。描述光子的量子场理论已经近乎完美，正如人们所希望的那样，它可以预测每一个已完成的实验中的行为。

我们知道，光子内部没有任何内存寄存器来隐藏将来会发生的轨迹变化的指令。一旦朝着某个方向行进，它们就会一直前进，直到与使它们偏转的物体进行交互。

这就意味着，你不能把一个光子发送到一个房间里，让它按照预先设定的直角转向你的眼睛，让你能看到它。你必须正在看着或看透一个真实的东西，这就是光子直击你的视网膜之前碰到的最后一个东西。

这最后一个光学物体，可能是最开始产生光子的屏幕内部的发光像素，普通的电视机或计算机屏幕就是这样。抑或是光子的波前镜面反射，当你看自己刷牙时，就会发生这种情况。抑或是一些光子使劲穿透玻璃镜片，最终改变了前进的方向，正常的眼镜也会发生这种情况，即我们所说的折射。抑或是光子可能被光栅或全息图中的微观结构所引导，即我们所说的衍射。

在疯狂科学家的玻璃器皿或秘密特工的枪柜前，空气中不可能浮动着肉眼就能看到的虚拟的东西。

我知道这是一个十分令人失望的启示。①

━━━━━ ━━━━━

第 32 个 VR 定义：这种技术常被错误地表现为能制造浮在空中的所谓的全息图，而这是根本不可能的。

━━━━━ ━━━━━

---

① 有几种方法可以稍微伪造一些不可能的东西。你可以用强大的激光加热空气，直到它离子化，从而产生一些在半空中闪烁的明亮的蓝色"星星"。少量的这种火花可以经过充分的协调和补充，从而形成基本的浮动 3D 幻象。（这有点像人们期望从充满活力的日本 VR 研究圈子中看到的极端 VR 实验。）参见 http:www. Lashistar81;p/pdf/2016to6.pdf。

空气并不是空的，它会将光弯曲一点。通过协调强烈的声波，产生能比平常更大幅度弯曲光线的密集空气袋，是有可能的，但这不足以让光子从房间的中部猛地转向眼睛。但也许有一种方法，至少能做一个很酷的演示。就我所知，还没有人利用这种方法对不可能的场景进行基本的演示，但也许迟早有人会这样做。这将是奇怪的、不切实际的。

到目前为止，最有可能在空气中实现自由飘浮的全息图的方法，可能是我一个很有创造力的朋友肯·佩尔林（Ken Perlin）创造的原型。肯的钻机使用不可见光的激光器扫描了一个小空间里的灰尘，然后立即用较大的可见激光照亮了偶然出现的灰尘颗粒，以产生效应。虽然将灰尘照亮的方法有一点作用，但结果肯定是相当模糊昏暗的，也是十分麻烦的。

还有另外一些近似的方法：一台明亮的投影机可以将图像投射到房间里任何已有的物体上。我在微软研究院的一些同事，特别是安迪·威尔逊（Andy Wilson），探索了通过协调投影图像来匹配已有真实物件的方法。他们可以创造出房间跳动的幻觉以及其他有趣的效果。如果人们戴上 3D 眼镜，就可以把 3D 图像注入房间的体验中，但这样远离了"无眼镜"的幻想。

如果你碰巧对光滑但不闪亮的纯白室内表面装饰有一种执念，那么，你可以把整个房间作为一个普通的投影表面。这种效果在舞台制作以及一些精心策划的交互式艺术场景中非常有用。迈克尔·奈马克（Michael Naimark）是使用这种方法的先驱。这种方法有时被称为"投影增强现实"，在这方面有很多文献。

你可以感受到我的绝望。为什么投资人和军事规划者这样的聪明人很难理解呢？这就像试图说服人们不要买昂贵的假药。人类喜欢相信不可能的事。

令人欣慰的是，我们有很多方法来设计可以实现的 VR 显示器。每当我觉得所有可能的 VR 策略都已经发明了，就会有人提出一个奇怪的新想法。只要你给它机会，这种可能的事情就会比不可能的事情更有趣、更好玩。

设备光谱

下页有一张图，它根据 VR 小装置介入的位置，组织了许多 VR 演示的光学方法（而不是不可能实现的浮动全息图），以创造虚拟物体的幻觉。当我们创办 VPL，决定是否应该制造头戴设备或其他视觉设备时，我就画了这样一个简单的图。

图里显示了 9 类 VR 显示器，共有 17 种方式能在视觉上实现 VR，但这并不是全部！我想这个图可能会吓到没有技术背景的人，但其实只有几个重点需要理解。

我喜欢使用近眼显示器（我们熟悉的 VR 头戴设备，如老式的眼机或者现在的 HoloLens），所以我把这些选项加入图里，我已经使用过图里展示的几乎所有类型的设备。这个清单不完整的一个原因是，我和我的同事希望增加新的条目，而我还没有准备好将这些信息泄露出去。

为什么这个图必须如此复杂？为什么有这么多条目？原因就是，没有任何一种形式的视觉 VR 仪器是最终完美的设计。每个 VR 显示器都有自己的长处和短处。我期望的是，各种不同的 VR 小装置都能在我们的世界里找到自己的位置。

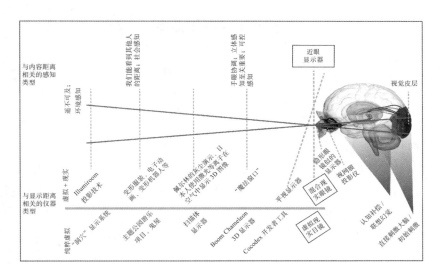

图 15–2

VR 最终是与人及其大脑有关的，因此，我以大脑为中心组织了各种实现 VR 的方法。从 VR 科学家的角度来看，感知是在基于距离和位置的区域进行组织的，每个区域都强调不同类型的注意力和感知力。

例如，你看可以用手操作的现实部分的方式和你看遥远的东西的方式是不同的。比如说，在分界线更近的那一面，立体视觉是最重要的。

我们会将周边视觉中正在你面前的、你聚焦的东西，与远离这一侧的东西进行进一步区分，这需要不同的敏锐感。你对周围的某些运动、地平线，甚至是稍微不同的颜色会更加敏感，特别是在黑暗的时候。精心设计的 VR 头戴设备会将所有这些细节都考虑在内。

图中有一条很长的水平线。在线下面的一些 VR 版本中，你只能看到虚拟的东西。线上是混合现实，也称为增强现实，你会看到虚拟与真实交织在一起。

光谱内部的末端

让我们首先看一下这张图最右边的选项，它揭示了 VR 实践哲学的一个方面：在电子刺激下产生了对可见光的感知，这已经成为可能。

现在已经有刺激视觉皮层或视神经的初步实验以及制造人造视网膜的尝试，但结果仍然很粗糙。这项工作被定位为医学研究，而不是媒介研究。病人通常只能看到少量的点，大部分实验都是侵入性的，但进展稳定，因此，盲人希望在未来有更好的义眼，这是完全有可能实现的。

这是否意味着未来应该通过直接连接大脑来完成 VR 呢？这是我在 VR 的萌芽阶段就一直被问到的常见问题之一。

在某些情况下，直接的大脑刺激可能是有意义的，但这个问题是有误导性的。它假设感觉器官可有可无，但事实上，人们必须模拟它们，才能模拟感官体验。大脑和感觉器官是一个有机的整体。在胚胎中，它们彼此学习，而在童年时期，它们相互训练。

请记住，眼睛不是插入薯头先生大脑里的 USB 摄像头，它们是间谍潜艇探索未知世界的门户。探索就是感知。

因此，"绕过眼睛直接连接到大脑是否会更好"这个问题有误导性。真正的问题是，什么时候应该模拟眼睛的存在，模拟它们看的方式、探测的方式和探索的方式？这种差异可能听起来很学术化，但非常关键，因为眼睛是其使用者的力量的一部分，是表明力量将留在反馈源的一种直接反馈。

外部的末端

图中显示的大多数光学策略都位于眼睛外部，并且根据要使用的那只眼睛的距离远近进行组织。设备根据这个距离来呈现特征形式。在最左边，也就是距离眼睛最远的地方，VR 显示器变成了一个装有惊人仪器的特殊房间。VR 房间的典型例子就是完全由 3D 显示墙制成的"洞穴"（"洞穴状自动虚拟环境"）。你通常必须佩戴立体声 /3D 眼镜才能使用它们。（在小说里，相应的幻想设计是《星际迷航》中的"全息甲板"。）

洞穴非常适合这样的体验：你的身体没有奇幻的改变，而虚拟的东西处于遥不可及的远方。这一类别包括许多科学可视化技术，在巨大的数据雕塑内部是很有用的。譬如，你有可能处于一个巨大的脑部模型内部，观察发射神经元的 3D 模式。你也有可能会飘浮在城市中心的大型建筑上方。

洞穴是由卡罗琳娜·克鲁斯 – 内拉（Carolina Cruz-Neira）发明的。当时，她在伊利诺伊大学学习，是丹·桑丁（Dan Sandin）和汤姆·德凡蒂（Tom DeFanti）的学生。当年的她管理着一个非常有趣的地方——阿肯色大学小石城分校的仓库，里面装满了不同风格的实验洞穴。另一个例子是加州大学圣巴巴拉分校的 Allosphere，这是一个球形洞穴，中央悬挂了一条猫道。①

我猜测，自动驾驶汽车中会应用很多 VR。在这样一辆汽车里待着会非常无聊，我们会困在里面好几个小时。汽车的内部空间对仪器来说足够小，不会有太多的麻烦，但也足够大，能解决双向问题。你甚至可以让路上的移动感消失，从而防止晕车。VR 和自动驾驶汽车是完美的结合，甚至比你驾车时收听广播还要好。我很好奇，那些没有房子的人是否会在 VR 中花费大量的时间，开着车从一个地

---

① 沿着微软研究院一个部门的大厅往下走，就能看到 Allosphere。Q 站进驻了校园，数学家和物理学家在这里尝试理解一种量子计算的方法。

方到另一个地方，这会比住宿更便宜。

VR 显示器越来越接近眼睛，也变得越来越小。VR 显示器不是触手可及，但也比墙壁要近一点，它的大小和形状可能和大尺寸显示屏或电视机差不多，但具备 3D 和深度能力。

在图中，我使用了"人造现实"这一术语，这是为了纪念迈伦·克鲁格（Myron Krueger）。他很喜欢这个术语，并开创了屏幕上的视觉互动。在今天，他的工作领域就是具有高度交互性的屏幕技术，如微软的 Kinect，但是现在还没有完整的 VR 屏幕投入商业使用。①

继续看这张图，我们暂时跳过某些条目（变形服装、定容容器或灰尘演示），进一步靠近眼睛。你的手里可能会拿着一个具备平板电脑形状因子②的小装置（通常被称为"魔法窗口"），用于传达深度及立体声，并跟踪眼睛。（可以做到这些的显示器将被称为"光场显示器"，稍微没那么强大的方法但也可能有不错效果的显示器被称为"多视图显示器"。）

就更大的 VR 屏幕来说，目前还没有人销售魔法窗口，但有适用于常规平板电脑的应用程序可以提供近似的效果。来自 VPL 的戴维·莱维特正在提供其中一种应用程序。

这又让我们回到了熟悉的 VR 头戴设备。

---

① 在这里，区分一些截然不同但相似的小装置是很重要的。每个人都看过 3D 电视。一个拥有大屏幕的 VR 小装置将拥有不同于这些电视机的能力。首先，你会看到深度。3D 电视提供立体声，这就意味着，每只眼睛会看到不同的图像。另外，"深度"意味着眼睛可以集中注意力，这样，当附近的事物看上去很清晰时，远方的事物就会变得模糊，反之亦然。而更重要的区别是眼动跟踪：显示器知道你的每一只眼睛在哪里，并调整视角，以随时进行匹配。（我在之前的章节解释过为什么这很重要。）最重要的是，和 VR 显示器一样，VR 大屏幕也必须有 VRish 输入法。你不只是在 VR 中启动视频，你还会进行雕刻、抛掷和黏合。

② 形状因子是一个常见的硅谷术语，用于描述事物的大小和形状，以前主要应用于电路板，现在可以应用于任何能够想象到的产品。

镜头是长着羽毛的 ①

　　没有任何 VR 头戴设备是完美的，而追求完美的头戴设备往往成为 VR 项目投资的驱动因素，因为我们对视觉十分重视。其实这是在钻牛角尖，除了视觉，其他的感官模式同样重要。其中一个起因就是工程师被吸引到了头戴设备光学领域，其中有大量诱人的工程挑战。②

---

　　①　如果你没有搞懂这个笑话，请查查诗人艾米莉·狄金森（Emily Dickinson）的作品《希望是长着羽毛的》。

　　②　显然，你不能只是在眼前悬挂小屏幕，因为眼睛会失焦。因此，至少要把小屏幕放在焦点上，但这还不是全部。以下是部分其他要求：

　　• 视野往往成为一种具有男子气概的竞赛。谁可以设计出最广阔的视野？马克·博拉斯（Mark Bolas）进行了一项实验，以 90 度为基准，为消费者的经典/封闭式 VR 头戴设备提供合理的视野。

　　• 图像不应该扭曲，立体声配对在整个视野中必须是正确的。

　　• 在现实世界里，不同距离的物体通过眼睛进行差别化的聚焦。虚拟的东西会为眼睛提供这一选择，这很好。行话中把这种称为"调节"。

　　• 重量应该较轻，因为脖子很可能被挤得不舒服。

　　• 戴着头戴设备时头部的重心应该与没有佩戴头戴设备时相同。

　　• 图像应该足够清晰，保证使用者能阅读小字。

　　• 头部周围不应该有太大的力量，以免造成危险。

　　• 不应该让人发热。

　　• 不应该让人出汗，不应该有冷凝现象。

　　• 在理想情况下，应该能够在没有电源线的情况下工作，这意味着使用电池供电或以其他方式自行提供能量。

　　• 应该提供至少与现实世界一样好的对比度和色域（色彩范围）。

　　• 不应该有闪烁或其他破坏性的人为现象。

　　• 像素的纹理、时序、分布和其他特质应该是不可察觉的，或令人愉快的。

　　• 价格足够低，可以用于实际用途。

　　上述列表仅适用于经典的封闭式头戴设备，你所看到的仅仅是虚拟的东西，比如原始的 VPL 眼机和升级产品，如 Oculus Rift 或 HTC Vive。如果我们正在讨论 HoloLens 这种混合现实的头戴设备，那么，这个清单会变得更长，需求也会随之变化。混合现实的头戴设备是很难设计的。

根据我的经验，当工程师第一次进入 VR 时，他们通常会痴迷于为一系列光学 / 显示挑战提出解决方案。团队得到了资金，围绕一个特定的方法建立了一个完整的 VR 系统，确保其余的问题将得以解决，但到目前为止，这些还没有发生。

值得一提的是，头戴式显示器的光学设计通常从光学平台开始。我很喜欢这个早期的研究阶段。激光器和镜子安装在特殊抗震工作台上的小金属柱上。这些结构总能让你有疯狂科学家般的美妙感觉，特别是在关灯后，你能看到激光纯净的颜色。

作为 VR 视网膜显示器的联合发明人，我的同事乔尔·科林（Joel Kollin）曾经建议我们在实验室墙上贴一张海报，上面写着"建议在凳子上观看"。对大多数高风险或奇怪的 VR 头戴设备发明来说，从在凳子上观看到在头部观看已经成了一种奢侈。

VR 头戴设备已经有数以百计种光学 / 显示设计，而且每一种设计都只能解决部分难题。你就别想让年轻的 VR 工程师最终妥协了。他们总是感到震惊，每一次都是！

作用域

在实践中，建立一个有效的 VR 系统总是与平衡有关，并始终围绕着一个目的或设置。尽管近年来，组件性能已经得到了大幅提高，但要放弃平衡仍需一段时间。也许那一天永远都不会到来。

在每个可行的 VR 设备设计中，妥协和平衡都有自己的魅力。同样，也不能把黑白摄影称为过时的形式，它有自己的文化，自己的感觉。

第 33 个 VR 定义：一种终极媒介技术，这意味着它永远不会变得成熟。

与其他一切一样，感知是有限的。我们只能通过弱化一件事来强调另一件事。没有焦点，就没有感知。

在每一步，每种形式的 VR 都是自己本身的媒介。这些年，我们通过它们进行创新，放弃一些设计，进入下一步，但没有花时间去真正了解它们其中的任何一个。我怀疑，未来的 VR 爱好者会追随我们的脚步，消除每一个差异。

双重问题

下面我会介绍 VR 头戴设备设计中一个尚未解决的问题作为本章的总结。VR 仍然是一门年轻的学科，仍然充满神秘。

我们在 VPL 构建了一些独一无二的实验性眼机，包括朝内的面向脸部的传感器。为什么呢？请记住，在 VR 中，测量比显示更为重要，这样，不管在任何时候，你都应该测量关于一个人的更多信息，即使不能马上知道最终目的，最后你往往会发现它的重要性。

也许有朝一日，程序员会利用面部表情更细微地调整算法设计。毕竟，面部是有表现力的。

这是一个长远的目标，但直接的动机是让 VR 能够呈现有表情的化身。当真实的你笑了，你的化身也会微笑。

在 20 世纪 80 年代，要将这种能力纳入产品中，是不大可能的。光学传感器还不够好。我们采用微型接触滚轮来测量皮肤的移动情况。（在那个时代，我们用的鼠标都拥有在桌面上移动的小小的滚动球，而不是 LED。）

近年来，传感器并不是问题所在。通过精心挑选的内置光学传感器，不仅可以测量目光所及的位置，还能测量瞳孔的变化。不仅能测量变化的眼皮形状，还能测量眼睛周围皮肤的透明度。不仅能测量嘴巴的形状，还能测量脸红。相机已经足够小巧、精确、便宜且低能耗了。

我很喜欢玩面部追踪。我最喜欢的一次经历就是受邀在 NAMM 会议上做主题演讲，这个会议是美国乐器行业的大型展会。我用一组有趣的脸部表情触发了一组声音，并一直练习，直到我可以通过反复而疯狂的面部抽搐获得稳定的节奏。这是我在舞台上做过的最好笑的事。为什么在流行文化中这不是一件大事呢？它在嘻哈音乐里会很棒。这又是一个谜。

无论如何，我们现在可以测量脸部正在做什么了，但当我们把适当的传感器放在 VR 头戴设备中，用以驱动化身的脸部时，可能不会产生很有吸引力的结果。我们陷入了著名的"恐怖谷"中。

人类的大脑能以很高的精细度观察人脸，因此，如果稍有偏离，这种奇怪感很快就会让人毛骨悚然，这真是令人震惊。之所以被称为"恐怖谷"，是因为如果情况真的变得很怪，比如你有一个龙虾化身，你的大脑也不会太介意。

当大脑有充分的理由期待与世界和谐相处时，就不能违背这种信任。当一个化身很奇怪但很有表现力时，大脑就有点迷惑了。当一个化身稍有偏离时，大脑就会感到恐慌。

你可能会认为，抽搐音乐或龙虾脸将足以驱动人们开发商业 VR

头戴设备的面部感应器，但你错了。测试人员和焦点小组总是希望至少尝试下人性化的设计，之后，每个人都会因为恐怖谷而感到不安。当精于计算的人抱怨产品成本太高时，面部感应器就不可能走到最后一步。我已经看到这个剧情在不同的公司反复上演了。

如果我们至少能在 VR 头戴设备和化身中跨过恐怖谷，就可能会收获巨大的回报。这可能会使远程协作效果更好，也可能会减少人类的碳足迹。便利的交通将会议、课堂、喜剧俱乐部等聚集在一起，但燃烧了大量的碳，并造成严重拥堵。

通过相机获得的直接联系，比如我们熟悉的 Skype 体验可以做很多事情，但依旧不能满足我们的需求。还记得我之前提到人们之间存在通过头部运动传播的潜意识信息通道吗？眼部运动、肤色、微表情变化，肯定还有我们尚未意识到的其他因素，都会被添加进去。麻省理工学院的阿莱克斯·彭特兰（Alex Pentland）把这些因素称为"诚实的信号"，没有它们，我们在与彼此相处时，就不会那么开放而轻松，特别是在陌生人之间。

人们戴着太阳镜，试图隐藏这些信号，但这不起作用，因为太阳镜不会隐藏头部运动和其他信号通道。佩戴者可以假装信号是隐藏的，这能够提升自信，就像化妆一样。这很好，但如果信号真的被阻断了，人们就无法与彼此相处了。

要诚实地看待诚实信号，人们就必须在 3D 中准确地体验对方。例如，你需要能够分辨眼睛接触的位置。即使人们不在同一个房间，一切也必须是真实的、可以测量的。（我并不是说人们总会有目光接触，这因文化而异，但人们如果没有目光接触，这通常也会表示一定的意义。）

它不只是目光接触。观察角度对感知肤色、潜意识下的头部运动、身体语言，甚至语调都是至关重要的。这是值得用一整本书来讨论的另一个话题。

使用 VR 头戴设备查看正在由一系列 3D 立体摄像机实时扫描的对话者时，这种体验非常棒。你可以四处走动，从任何位置观察那个人，就好像你们在同一个房间一样。在这种信息传输下，你会感觉到这个人的等大动态雕塑，这种感觉是现实的。很显然，它并不是一个真正的人，但非常具有吸引力。

作为我牵头的国家远程全息计划的一部分，这一效果在 20 世纪 90 年代首次得到了证明。最近，由沙赫拉姆·伊扎迪（Shahram Izadi）牵头的微软团队展示了一个更好的版本，称为"全息传送"。

对任何尝试过这种体验的人来说，很显然，具有这种功能的产品更容易建立信任，避免会议偏离议题，或避免参与者被隔离在外。

但是，由于你正戴着头戴设备，所以没有办法建立双向对话。如果其他人能够看到你，他们会看到你戴着一个头戴设备。

这是因为，3D 立体摄像机必须至少从对方的脸上移开一点点，才能像摄像机一样工作。如果你把它们放在一个 VR 头戴设备中，它们会变得非常近，你就必须搜集元素数据来重建脸部。然后，你又回到了恐怖谷中。

你可能正在想："解决这个问题有多难？"你能提出一个超越恐怖谷的渲染算法吗？你可以让头戴设备对容积相机透明吗？或者，你可以制造一个足够大的头戴设备来给摄像机留出足够的距离，但同时又是实用和可取的吗？

这就是我们要在 VR 领域解决的复杂问题中一个很好的例子，它处于认知科学、文化研究、传感器物理学、高级算法、工业产品设计和美学的交界处。针对 VR 中的双向问题，已经有几十个部分解决方案了，但没有任何东西能够改变世界。

听起来很容易解决，对吗？一旦解决，这些就会变为现实了。

―――

第 34 个 VR 定义：有朝一日可能用诚实的信号激活远距离通信的工具。

―――

让我们再回到 20 世纪 80 年代的帕洛阿尔托吧。

16

VPL 的经历

螺旋状

在这个时候，一本硅谷初创公司的日常回忆录往往会进入一种"八卦模式"。接下来会发生的就是董事会的明争暗斗，争夺股权，争吵和离职，背后捅一刀，背叛。

所有这些事情也在 VPL 上演了，这些可能会组成一个精彩的故事，但那不是我要讲的。原因如下。

首先，你必须了解创业经历的基本要素，那就是比你以前想象的多得多的努力。我们努力工作，没有太多时间反思发生了些什么。我们都只是在努力地游啊游。

另一个更好的比喻就是陷入黑洞。你看不到黑洞，因为光都被黑洞吸收了。但天文学家会观察它们。怎样观察？当物质被吸入黑洞时，就会开始以螺旋状旋转，就像水在螺旋状的排水管中旋转一样。在物质被黑洞吸入的过程中，这种活动十分明显，完全可以观察到。这种活动显示了黑洞的存在，但它并不是黑洞本身。

VPL 一开始运转，纯粹的工作强度就会抹去其他一切。到目前为止，这本书中的一切就已经以螺旋状进入了一个时期，即我没有心理空间将不重要的记忆适当地写入意识。

还有另一个原因。还记得在新墨西哥州搭我便车的那个女孩吗？那个不想有心理负担，因此希望没人知道她在哪儿的女孩。谁会把其他人的注意看成心灵入侵？

我也正在经历她的那种体验，不过是作为一个作家。我所叙述的大部分故事几乎没有涉及其他人的记忆，但是，VPL 一成立，对除了我之外的其他人来说，风险就陡然上升了。金钱和荣耀对他们中的某些人来说很重要，但这也与身份和目的有关，这是生命中的珍宝，很难得到。

我知道有人非常关心 VPL 的问题，我也知道他们会讲出不同版本的故事。

对那个多事之秋，我记得不是很清楚，而且我也知道，无论我以怎样的结构来讲述故事，都会辜负别人的关怀，我真的不知道为什么还要去尝试。也许我选择了他们，而没有选择读者。也许你应该读一堆描写老派政治的生动读物，即使这会让经历过的人感到难过。也许这是我作为一个作家的责任。或许，如果我没有因为你而辜负他们，我就不是一个真正的作家。

此外，还有第三个原因。我不记得有关 VPL 的肥皂剧似的情节，有一部分原因在于它很无聊。我能告诉你的与你读到过的关于野心和冲突的所有其他故事都是类似的。

忘记那些吧。我可以告诉你一个螺旋状的故事，它对我们这个时代来说是新鲜的。你读到的是重要的内容，而且它本身也很生动。

维普人

人们听到的许多与最新 VR 浪潮相关的小故事和冒险，都与

VPL 的老故事很相似。2015 年年初，Valve（维尔福）① 的一名工程师推出了在 VR 中熟睡并醒来的非凡体验，这激励了各地的 VR 工程师尝试复制这种体验，毕竟黑客常常在实验室里睡觉。是的，这就发生在 20 世纪 80 年代的 VPL，首先是偶然，然后才是设计。顺便说一句，这是值得一试的。

我们还很年轻，也很淘气。20 世纪 80 年代中期，玛格丽特·明斯基（马文·明斯基的女儿）在 VPL 工作了一段时间，参与了我们一个情色可穿戴设备的项目，这个项目被称为"非常愉悦的内衣"。项目创意是，在触摸内衣时，它会产生和弦，在划拨时，和弦会更加强烈。只有在特定部位，和弦级进才会分解为基音。我记得最近在 Kickstarter 之类的网站上再次看到了这个创意，希望现在正在进行的人能完成这个项目。这是一个非常值得开发的项目。

当时在 VPL 接待室的桌子上，还有一个振动器由 MIDI 连接器（用于控制音乐合成器的一种电缆）连着，用于终止振动，这显然是为了整蛊访客。我不确定它是否做了什么，也不知道是谁把它组装起来的。从来没人问过这个问题。我看到布莱恩·伊诺（Brian Eno）曾经盯着它很长时间，但他并没说什么。也许他正在看着我们观察他。

我是 VPL 中最年轻的人。为什么？我与年长的人（多希望他们只比我大一点点）在一起，难道是为了找妈妈吗？就算我抗拒，也很难避免必须要接受成年人的角色。我想成为一个叛逆的怪人，但我周围都是在这方面有多年经验的人，所以他们胜过了我。

有一次，我接到了政府部门的一个紧急电话，称我们的一个黑

---

① Valve 是让 VR 进入二十几岁年轻人的复兴时代的公司之一。它可能是这一批公司中最具魅力的，让我想起了我在 VPL 度过的大部分时光。这家公司也因 Steam 游戏平台而闻名。

客在日本走私大麻，被抓住了。我不会说是谁。这是一个特别可怕的困境，因为它可能意味着终身监禁。我十分害怕，但事实证明，这个人让日本的侦探完败了，使他们无法出示任何证据。整件事的结果只是高风险的黑客娱乐，马上就被遗忘了。

我记不得每一个同事的名字，但是我会提到其他一些维普人。米奇·奥尔特曼（Mitch Altman），我们叫他米奇彗星，因为他有点"季节性"。他会在半年左右来一次，帮助汤姆处理硬件。最终，他成为创客运动的领军人物之一。

安·麦考密克·皮斯塔普（Ann McCormick Piestrup），我该从哪里开始描述她呢？安曾经是一位修女，乐观外向，就像是从马奈的画布上走出来的人物，她沉迷于计算机教育的潜力，创办了"学习公司"。这家公司出售沃伦·罗比内特的开创性编程游戏《洛奇的靴子》（*Rocky's Boots*），这个游戏是《我的世界》（*Minecraft*）这类建造者游戏的鼻祖。她希望我们为孩子开发 VR 工具，并改变教学方式，尤其是数学教学。

比尔·阿莱西是另一位杰出的程序员，也是有史以来最好的程序员之一。他曾在惠普工作，被称为公司的常驻代码恶魔。他渴望成为一名音乐明星，也有成为明星所需的足够的外貌和才华。他住在帕洛阿尔托市区最后一个破旧的彩色酒店，这是纽约切尔西酒店的"山寨版"，而他也曾在后者住过。（不用问了，那家酒店已经拆了。）他常常编程到半夜，作为休息，在城里的一个朋克俱乐部演出。但他总是会回来，他的代码也没有漏洞。

还有很多其他人。英俊的乔治·扎卡里（George Zachary）致力于早期 VR 市场营销中的新奇问题，并最终成为一位知名的风险投资人。迈克·泰特尔是另一位来自麻省理工学院的全息摄影师，他是一个体贴且绅士的人，设计出了新一代的眼机光学镜头。在我任职期间，VPL 的规模变得很大，我没法认识每一个人。可爱的码头已经容不下我们了。（如果住在硅谷，你可能知道圣马特奥大桥南边的那栋高楼，就是顶部有大八角形窗户的那栋。我们就在那里。）

约翰·佩里·巴罗（John Perry Barlow）为自己对迷人女性的吸引力而感到自豪，他会跟我讲在那里工作的有趣女性，而这些人我从来都没见过。据说，其中一个长得像奥黛丽·赫本和阿尔贝·加缪（Albert Camus）的后裔。也许她就在那里，谁知道呢？

我不仅遇到了新人，还见证了 VPL 的新版本。我从一个悠闲的乡村嬉皮士变成了一个压力巨大的 CEO。很难相信这还是我，但天哪，我开始学会发脾气了。

我想举一个我无法解释的例子，但我并不想用迷信去解释它。VPL 的工程师言之凿凿地说，当我不高兴的时候，附近的计算机都会死机，甚至隔着一堵墙壁也是这样。不过幸好日志保存了下来，统计数据也分析完毕。

不仅软件如此，硬件也会受到威胁，而这不仅仅是精神力量。我记得有一次与一家供应商召开了紧急会议，他们希望延后交付我们需要的零件，但不想支付合同中规定的违约金。我狠狠地盯着那家公司的代表，在他们的眼皮子底下，我慢慢地徒手把一台计算机砸成了碎片。我没有说一个字，但最后我们按时拿到了所需零件。

之后，彬彬有礼的汤姆小心地从会议室的桌子上收集了一些碎片，用来恢复计算机里的内容。我也不想变成那个样子。

VR 的用途

人们经常问我的最常见的一个问题就是："VR 的杀手级应用程序是什么？是游戏程序吗？"

即使在撰写本书时，VR 的故事也才刚刚开始，所以我仍然期待 VR 应用程序给我带来惊喜，但我们在 20 世纪 80 年代创造的应用程序一次又一次地重现。我怀疑它们最终可能会成为人们心目中的杀手级应用程序，或至少具有致命的魅力。

我将以我们合作伙伴的类型来分类我们在 VPL 开发的应用程序。VR 是关于合作关系的。VPL 具有煽动性和促进性，但它并不孤单。

（我们还有几个特殊的合作伙伴，他们不仅涉及 VR 的具体使用，还涉及很多不同的应用程序。有的是学术部门，有的是初创公司。有一些比较突出的曾经是客户、合作者、旅伴以及合作发明人：美国国家航空航天局①、华盛顿大学②、北卡罗来纳大学③和另一家初创公司

---

① 当然，在麻省理工学院时，是玛格丽特·明斯基把我介绍给斯科特·费希尔的。他到了西部，在硅谷成为美国国家航空航天局艾姆斯研究中心的研究员。他计划创建一个杰出的 VR 实验室。实际上，斯科特最喜欢的术语是"虚拟环境"。他的实验室的工作是那个时代的标志性工作。他制作了自己的头戴显示器，并出售了第一批 VPL 手套。斯科特后来在南加州大学创办了一个系，并在那里任教。

② 汤姆·富内斯是 VR 领域的另一个关键人物。他一直在空军部队研究模拟器、平视显示器等与 VR 类似的技术，后来决定进入大学。他在位于西雅图的华盛顿大学创办了一个伟大的实验室，也就是 HITLab。这个实验室的成员意气相投，实验室和 VPL 之间达成了各种各样的合作。本书开篇提到的那个让我的手变得巨大的虚拟西雅图，就是在 HITLab 编写的，但手的尺寸错误跟他们没有关系。

③ 我获得过各种奖项和荣誉，为此我感到十分荣幸，但最让我感到激动的就是在北卡罗来纳大学的实验室看到他们使用 VPL 的设备。我所期望的事情正在发生。通过提供基本工具，我们可以加速学术研究的进步。

Fakespace[①]。勉强提及对这个故事如此重要的人物和地点，我觉得是远远不够的，但我至少可以给出一些提示。）

图 16-1　永不服输的萨莉·罗森塔尔（Sally Rosenthal）通过 VPL 的手套，使用美国国家航空航天局 20 世纪 80 年代的虚拟环境系统。这个头戴设备和整个系统都由 VR 先驱人物斯科特·费希尔和他的团队设计。

---

① 其他小型 VR 公司在 20 世纪 90 年代初涌现。他们一般都是我们的合作伙伴和竞争对手，虽然没有其他人会疯狂到制造和销售整个 VR 系统，但多年后，这种制造和销售终于得以实现。我最喜欢的是 Fakespace，这家公司由马克·博拉斯和伊恩·麦克道尔（Ian McDowall）创办。他们制造了一种安装了微型起重机的 VR 头戴设备，其性能有点像眼机。他们还和 VPL 一样，与有趣的客户合作，有时还与我们合作。

马克继续担任南加州大学的教授，在二十几岁年轻人的复兴时代中起到了至关重要的作用。他设计了一款名叫 FOV2GO 的开源纸板智能手机支架，在谷歌发布自己的版本的前几年，将手机变成了一个基本的 VR 头戴设备。（顺便说一下，微软也为此提供了帮助。）由于这个设备，VR 的价格终于可以让很多人接受了。马克还让他的学生设计了更多重要的头戴设备，其中一些人继续这项事业，创建了 Oculus。

我们现在来谈谈其他一些更专业的合作伙伴和客户，以此了解为什么有人会在 20 世纪 80 年代花费数百万美元购买 VR 设备。

外科手术训练

乔·罗森（Joe Rosen）是一名再造整形外科医生，VPL 时期，他在斯坦福大学工作，现在在达特茅斯学院。他曾经是一名雕塑家，对身体有很好的感觉。他在艺术界感到如鱼得水，曾为马克·波林（Mark Pauline）再造被爆炸毁掉的手，因而声名大噪。马克·波林是臭名昭著的生存研究实验室背后的推手，这是一家研究被机器强化了的豚鼠的机构。

最初，乔和我在他的"神经芯片"项目上合作。这是世界上第一个假肢神经。当神经束被切断并重新加入时，他们会用错误的映射来进行治疗。个别神经连接到错误的目的地。因此，虽然整体已经治愈，但大脑仍需花费多年时间来学习如何处理这种混乱感。我们的计划就是，在神经治愈的路径上放置一个带孔的硅芯片，再让芯片重新正确地映射神经。但我们怎样才能找到正确的连接呢？

我们设想的情景是通过神经芯片治愈神经束，从而将患者被截肢的手重新接上。（不幸的是，被截肢的患者经常出现在乔的手术室里。）患者会戴着一个数据手套，当他试图弯手或握拳时，手套会详细检测实际发生的情况，算法会自适应地重新映射芯片里的神经信号，直至手开始按照患者的意图做出反应。

这项工作超越了时代，虽然乔做出了芯片，并且在原则上证明了这一点，但它并没有走得太远。

随后，乔、安·拉斯科和我制作了第一个实时手术模拟器，即一个虚拟的膝盖。这项工作最终被分拆到另一家初创公司，而这家公司最终演变成一家所谓的医疗信息公司，转手赚了数十亿美元，最终成为辉瑞公司的一部分。但那是在我参与项目之后很久才发生的。

　　第一个手术模拟器更像是一个概念的证明，而第二个更具挑战性。第二次是一个胆囊手术，我们的医疗合作者是里克·沙塔瓦上校（Rick Satava），他是一名部队医生，在美国国防部高级研究计划局（DARPA）启动了一项非常有影响力的医学 VR 研究计划。

　　在我开发的所有虚拟世界中，我最满意的就是这些手术模拟器。

图 16–2　乔·罗森博士和安·拉斯科。乔即将尝试我们的顶级 VR 头戴设备，即 VPL 眼机 HRX。

第 35 个 VR 定义：VR 可以将训练模拟器用于任何领域，而不仅是飞行领域。

信风

日本与早期的 VR 文化有着特殊的联系。斯科特·费希尔尤其喜欢去日本。部分原因在于日本文化具有异国情调，颇能代表我们在实验室发现的奇特新世界。在灯火辉煌的夜晚，漫步在新宿街头，就像是置身于未来的虚拟世界。早期的赛博朋克作品，尤其是威廉·吉布森（William Gibson）的作品和《银翼杀手》（*Blade Runner*）中就有很多日本元素。

日本人也很喜欢虚拟现实。日本各地都有很棒的早期 VR 实验室，令人叹为观止。亨利·富克斯和我曾对虚拟现实研究进行了分类，如单人 VR、多人 VR、增强 VR、非增强 VR、触觉 VR、非触觉 VR 等，但我们无法将"日本的奇怪实验"单独归类，他们总是在不断推出最奇特的项目。

有一次我在京都谈论 VR 时开玩笑说，生产虚拟食物简直比登天还难，"想想要用促动器就让人觉得恶心。你要在嘴里放一个黏糊糊的机器人异物，来模拟不同的食物纹理，并在你咀嚼时释放出美味的化学物质"。

一年后，我收到了来自日本某大学实验室的消息。这家实验室是 VPL 的客户之一。"我们很高兴地宣布，我们最近研发的成果可以使人产生恶心感。"毫无疑问，他们已经开发了这种装置原型，每次演示后都需要进行三种形式的杀菌消毒。我不知道现在进展到哪一步了，但起码这个发明在音乐视频中有点用处。

VPL 在东京有个展厅，来访者都是日本文化和技术界最有趣的人士。我们以前在日本上过很多次电视节目。有点尴尬的是我们的产品质量没有达到日本标准。和日本人比起来，我们太懒散了。

让我惊讶的是，在早期 VR 产品中，最赚钱的产品之一是日本的厨房设计工具。这款工具是我们与工业巨头松下公司合作开发的，我们还在东京的一个高档厨房展厅搭建了 VR 体验区。松下会派专门的团队将现有厨房数字化，之后消费者可以在 VR 中体验各种可能的厨房改造。

其中最难的部分是调整眼机的松紧度，以免弄乱前来体验全新虚拟厨房改建的女士的昂贵发型，而这些体验全都花费不菲。之前，对所有 VPL 工程师来说，所谓的发型问题毫无意义。厨房设计模拟器实现了赢利，使用了好几年，直到 VPL 解体，无力提供支持后才停止。

───

第 36 个 VR 定义：
在正式改变现实世界之前进行尝试。

───

我们在巴黎有一家经销商，其华丽展厅正对着埃菲尔铁塔，中间隔着塞纳河。在来来往往的顾客头顶上，高悬着一个玻璃柜，一位来自米兰的穿着入时的年轻模特一直在没插电源的苹果计算机上敲打键盘，进行展示。直到现在，我都不太能理解这种法国时尚。

我们通过在法国的关系，最终与石油勘探技术公司斯伦贝谢（Schlumberger）达成合作。其中一位斯伦贝谢员工的孩子还曾在 VPL 工作了一段时间。我们两家公司共同开发了早期的可视化地理数据融合模型。通过这一模型，你只需在油田上空环绕，就可以模拟不同的钻井策略。现在看起来很普遍，但在当时十分新颖和震撼。

我们的客户还包括各大城市。我们为迅猛发展的新加坡建立模型，进行城市规划，而这一模型就是受前文中所说的虚拟西雅图的启发。我们与德国大学的杰出研究团队以及我们在德国的合作伙伴

ART+COM 合作，帮助柏林在柏林墙倒塌之后规划修复工作。我相信，这些柏林渲染模型是最早具有实时阴影和倒影的虚拟世界。我们后来将其中的一个柏林地铁模型用于设计"环球虚拟恐怖世界"，火车大小的巨蟒潜行其中，对人类发动攻击。

第 37 个 VR 定义：
一种尽可能清楚地显示数据的仪器。

我们的美国项目

我们曾帮助波音公司建立机舱设计、现场维护和生产线设计模拟器。波音后来成为混合现实，也就是所谓的"增强现实"的早期关键驱动者之一。

我们还协助福特和其他汽车制造商利用 VR 建立设计原型，现在这种做法早已在汽车行业得到普及。我们也与火车和船只设计公司达成了类似合作。运输通常是我们一年中合作最多的领域。过去 20 年你所乘坐的每一辆商用车辆都采用了 VR 原型。这可是个默默无闻的杀手级应用，还是个连环杀手级应用。

我们的客户之一是一家拥有巨大商业机密的制药公司。他们曾计划推出名为百忧解的药物，这是首个轰动一时的抗抑郁药。

我们参与设计了一个虚拟世界，向精神病医生介绍百忧解的工作原理。戴着眼机的医生坐在一个模拟的咨询室里，情绪低落的虚拟病人斜靠在沙发上。这个项目中的人像渲染要用到当时最大绝对值的计算机绘图能力，不过幸好我们的客户负担得起。我们成功设计出一个看起来很郁闷的病人，对此我很自豪。

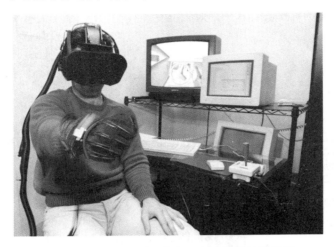

图 16–3　VPL 的乔治·扎卡里在试用驾驶模拟器。

嗒嗒声之后，参与其中的精神病医生成为电影《神奇旅程》（*Fantastic Voyage*）中的一员。缩小后的医生穿过患者的虹膜，经过视神经，进入大脑，之后在那儿变得更小。我们会将他带到一个突触，他可以抓住一个百忧解分子，将其推入受体，使其发挥化学作用。这可能是当时最具野心的虚拟世界了，它将化学模拟和其他难题融为一体。

我没有想到的是，自己之后会在每年的精神病医生大会上度过疲惫又奇异的几天，将这些世界上顶尖的精神病医生缩小并置于虚拟世界中。这种情形比 VR 本身更加离奇。在那几天里，他们中有一半人看起来像是弗洛伊德的冒名顶替者。

第 38 个 VR 定义：在广告里吸引人们的一种终极途径。让我们希望 VR 尽可能避免这一点吧。

我曾怀疑我们有趣的小型促销世界能否对抑郁症患者有治疗作用，而事实证明，VR 最终被用来治疗抑郁症了。

士兵和间谍

起初我对军事合同很谨慎，对此我也有充分的理由。其中之一是大多数维普人认为自己是和平主义者，而我也担心和军事机构的合作会陷于缺少创新的机械循环。合同是为了达成事先商定的目标，可 VR 刚刚出现，我们无法提前得知自己的目标是什么，一切都只能说是信仰的巨大飞跃。

尽管如此，我们还是学会了假装知道自己在做什么，并且与美国国防部高级研究计划局和其他军事机构签订了几个合同，创造了当时史无前例的疯狂的东西，但我目前还无法对此进行具体说明。

遇到的军人越多，我就越尊重他们。军队里不乏非常慷慨和聪明的人。

我还见识到军队对高科技工具有多么着迷。我担心我们 VPL 的技术不能增强军队，反而会削弱他们，但我不知道如何表达这种顾虑，并使他们了解。向技术爱好者说明这种顾虑直到现在都很难。无论人们怎么看待和平主义，没有人想要一支不够强大的军队。我一直担心人们可能有点过于吹捧高科技工具。

有些项目涉及 VR 中复杂的数据可视化，以便于理解。当然，我不会说这些数据具体是什么。

如果你将复杂数据变成一个虚拟世界，比如可以漫游的宫殿或是可以游览的城市，你的大脑会记得更多，注意到更多。在印刷术之前，世界各地的文化就已经进化出"记忆艺术"了，人们通过想象宫殿或其他地方来放置记忆。在欧洲，这种方法被称为"记忆宫殿"[①]。你可以在假想的宫殿墙壁上，在漂亮的框架内标记需要记忆的事实。澳大利亚原住民可能设计了最精致的方法，它被称为"歌之版图"。通过记忆地形，你的大脑得以优化。当我们将复杂的记忆转化为领土时，我们就征服了它。

第 39 个 VR 定义：
"记忆宫殿"的数字实现方法。

这一方法也被用于帮助有记忆障碍的退伍军人，以便他们用更坚定的步伐迎接新的记忆。[②]

---

① 夏洛克·福尔摩斯也使用了这一方法，至少在康伯巴奇主演的电视剧版本中是这样。

② 这一系列 VR 应用很少提及针对残疾人的帮助。实际上我们做了很多工作，如手语手套、针对失语症患者的治疗等，但我厌倦了围绕 VR 和残疾的大肆公关宣传，所以最近我宁愿只采取行动，而不再高谈阔论。大肆宣传非常容易，但它就像是药物依赖，实际上可能成为资助者和相关组织坚持到底并最终发挥作用的障碍。

第 40 个 VR 定义：
认知增强的通用工具。

我们通过军队认识了行政执法人员。我们为联邦调查局设计了工具，帮助他们找出威胁公共活动的狙击手所在的可能位置。到目前为止，最难的部分是早期如何在计算机中建立精确的城市模型。对此我们主要依赖测量人员。

第 41 个 VR 定义：
信息时代战争的训练模拟器。

虽然上述应用获得了成功，但同时也揭示了负面的可能性。另一个机构看到演示后问我是否可以选择摄像头的安装位置，从而用最少的摄像头持续监视城市中游荡的个人。我的回答是当然可以。

之后就是同样的问题，但角色进行了反转。如果国外的城市也安装了摄像头，可以持续跟踪个人，我们的间谍在未来还能否发挥作用，怎样才能避免被跟踪？

我对客户的建议是侵入国外网络，造成成千上万个间谍同时存在的假象，这样，对方就需要时间确定哪个才是真实信号。分散注意力是占领先机的老套思路，也是目前的常规战略之一。

（后来，我为电影《少数派报告》设计了一个场景：男主人公在逃离警方追捕时，他的影像被投影到他所经过的每一个广告牌上，这样警方就可以轻而易举地掌握他的动态，每个人都可以。我在一次脚本会议上就用了这个技术模型。）我们的秘密客户很喜欢我的建议。毫无疑问，这是一次成功的展示。但当我离开时，突然间产生了怀疑，就像当你徒步旅行时，脚步突然变得不够坚定，而你面前恰好就是一条深深的裂缝。我们需要停下脚步，认真地想一想。

如果数字网络可以用来隐藏真相，甚至可以在公开的信息流中高效地做到这一点，那么我们凭什么确信网络会全心全意地为整个真理事业服务呢？

不过还是让我们回到早期 VR 应用的快乐故事中吧。

人物

我们可能是最早的运动捕捉产品供应商，我们研发了 DataSuits，并将其出售给娱乐业中的各色人员。这比任何人工渲染的逼真的计算机显示影像（CGI）电影角色都要早得多，但它们在当时仍有可用之处。

例如，有个只播了几集的电视游戏节目，参赛者会穿着DataSuits 来控制火柴人拿东西，我不记得是什么东西了，不过这个想法值得再尝试下。

我们当时还有个奥运项目，打算在 VR 中创造一项新的体育运动。这在当时还为时过早，但现在也值得重新考虑。

我们建立了主题公园原型，主要依赖环球影业的资助，可惜没有一个原型完美到可以布局真实场景。我们的主要合作者是电影导演亚历克斯·辛格（Alex Singer）。他后来利用全息甲板拍摄了《星

图 16–4　利用眼机 HRX 的滑雪模拟器

际迷航：下一代》剧集。我很喜欢去现场拜访他。这可能是最后一部兼具人性、创造性和乐观精神的科幻剧集了。

　　直到兰迪·波许（Randy Pausch）[①] 与迪士尼合作之后，VR 才得以真正运用到主题公园的设计中，面向大众。在 VPL 时代，兰迪正在弗吉尼亚大学担任教授。我们当时私下里认为，VR 将成为一种新的语言。（你们可能之前听说过兰迪，不过不是关于他在 VR 领域的工作，而是他著名的演讲"最后一课"，它讲述了如何体面地生活和面对死亡。兰迪和我的年纪差不多大，但他 2008 年就因胰腺癌去世了，像一位尘世的圣人离世。）

　　当时很少有人尝试将 VR 应用于剧院。乔治·科茨（George Coates）设计了用薄布隔开的倾斜舞台，创造出现场演员在虚拟

---

　　① 　提到兰迪时，我必须要提到他的博士生导师安迪·范达姆（Andy van Dam）。安迪是布朗大学计算机科学系的主任教师。他的学生们发明了我们的时代。本书中已经提到了其中几位，比如安迪·赫茨菲尔德等，安迪的学生遍布各个领域。

世界四处行走，与虚拟事物互动的幻觉。他把舞台设在隐蔽在旧金山早期一栋摩天大楼内的教堂般的空间中，效果令人着迷。虽然我们的数字工具在放映期间经常出现问题，来自 VPL、美国国家航空航天局和硅图公司的人员会私下将设备偷偷转送给他，并协助编程。

杰瑞·加西亚（Jerry Garcia）[1] 的女儿安娜贝勒（Annabelle）曾在感恩而死乐队演唱会上用数据手套和我们在外科手术模拟研究中所用的手骨，投射出一个巨大的骷髅手。她说，她喜欢看歌迷的目光都注视和跟随着骷髅手，就像小猫盯着钟摆。

我们与吉姆·亨森（Jim Henson）[2] 合作，设计了名为沃尔多（Waldo）的简单计算机绘图木偶原型。（沃尔多后来经过装扮，比原型要别致得多。）在我们的实验室里与木偶师合作很有趣。我喜欢在纽约参观杂乱喧闹的亨森木偶工作室。我们从那里学到了很多角色和表达相关的知识，他们也从我们这里学到了不用记住特定的摄像机观察视角，直接设计虚拟角色的全新怪异理念。除此之外，吉姆还是个特别可爱的人。

---

[1]　年轻的读者可能不知道，杰瑞类似于感恩而死乐队的领导者，虽然领导者这种词与该乐队的理念正好对立。让我感到惊讶的是，互联网出现后，我们的记忆反而消失了。年轻的时候，我知道了之前好几代的音乐明星，如歌舞杂耍表演时代的伊娃·坦格伊（Eva Tanguay），她是 Lady Gaga 等明星的榜样。现如今，和我一起工作的千禧一代甚至大多没听过感恩而死乐队。对 20 世纪八九十年代的硅谷来说，这个乐队可能比计算机还要重要。感恩而死乐队与迷幻药物相关，他们与观众建立了心灵连接，拥有非常热情的支持者，许多支持者会跟着乐队去各地观看演出。（我自己不算是忠诚的粉丝，因为我是个局外人。）

[2]　吉姆·亨森，著名木偶大师，青蛙克米特、猪猪小姐等形象的制作者。

第 42 个 VR 定义：数字木偶戏。

图 16–5　我教吉姆·亨森的木偶弹奏锡塔尔琴，我旁边是木偶师戴夫·戈尔兹（Dave Goelz）。

　　我们也有一些稀奇古怪的客户。有一年冬天，我乘坐私人飞机去加拿大，与圣苏玛丽的欧及布威部落的长老会面，评估 VR 能否用于保护他们的语言。他们的语言基于对部落神话事件的隐喻，不太适合通过字典进行保存。（这次经历间接地启发了《星际迷航：下一代》的编剧，这部剧中有一集讲述了面临类似问题的外星人种族。）

　　我对 VPL 最满意的一点就是拜访客户和合作伙伴。无论发生了什么，VPL 都成功完成了自己的核心任务，那就是发起和推动 VR 应用。

其他

上述内容中消费者级别的 VR 应用很少，原因很简单，VR 对消费者来说不够便宜。不过我们也做了一些努力。最著名的可能就是之前提到的威力手套。

我们建立了有趣的消费者体验原型，之前没有推出过，之后可能也看不到了。我们利用旧的 Amiga 计算机、3D 眼镜（3D 电影或电视所用的眼镜，比眼机简单和便宜得多）以及威力手套，获得了介于弹球和壁球之间的体验。但是 Amiga 不够用，事实证明，其他家用计算机也不行，直到 16 位彩色计算机的到来及时拯救了这个项目。

我们还创造玩具原型。我们将 VR 中映射的泰迪熊命名为"大鼻子"，部分原因在于它的鼻子上有传感器，另一个原因是 VPL 早期有个叫鼻子的 logo（V 看起来像是朝上看的眼睛侧面，P 像耳朵的耳郭，L 则像是伸出拇指的拳头）。

扬的 3D 建模器成为独立产品，也就是 Mac 上的第一个 3D 设计工具：Swivel 3-D。这个产品之后被分离出来成立了 Paracomp 公司，后来该公司与拥有 Mac 上第一个动画编辑器的 Macromind 合并。合并后的公司 Macro-media 最终又被 Adobe 收购，因此那里只保留了很小一部分 VPL。Swivel 仍然是我最喜欢的 3D 设计工具，虽然它现在已经不在任何计算机上运行了。

我们曾向投资者承诺获得专利，因此提交了专利申请。VPL 专利一直是个存在争议的问题。一方面，新兴的黑客理想主义蔑视知识产权这一想法；另一方面，我们很早就将 VR 用于现实，能够申请很多 VR 相关的基本专利。比如还没有人描述过如何连接同一世界的不同人物，如何将计算机角色与人的动作联系在一起，或如何像拿实物那样拿起一个虚拟物品。

我的黑客朋友不希望我们申请这些概念的专利，投资者则希望我们尽可能积极地提交申请。最终，我们想出了一个有趣的折中办法。

我们确实申请了专利，但我们全面详细地列出了所有的源代码，这样就没有了商业秘密。一方面，拥有这些专利的人可以进一步挖掘代码，进行新的专利申请，太阳微系统公司收购 VPL 后就是这样做的。

另一方面，我们完整地介绍了我们的做法和工作内容。这意味着任何人如果想基于我们的知识产权开展工作，都会知道他们所需的一切。这有点类似于我们在开源的同时也受知识产权的驱动。

这种方式是否奏效？在当时不算奏效。这些专利被认为具有很高价值，人们执着于争夺专利的所有权，可是过度的争执也很可能破坏了很多机遇。

现在，VPL 专利已经全部到期了，这些都是历史了。

内外翻转的球体

（关于 VR "视频" 和声音的简单介绍）

VideoSphere

我们基本上已经完成了一场20世纪80年代"经典"VR系统之旅，了解了我个人关于这些应用的全部想法。只有两个部分我还没有提及：与VR配合使用的摄像机以及立体声的创建方法。

格雷厄姆·史密斯（Graham Smith）是一位友善的加拿大人，他最早解决了一个难题，即如何制作那种可以用VR头戴设备观看的环绕"全景视频"①。格雷厄姆在VPL工作之前就已经制作了自己的头戴式显示器，这可是个不小的成就。他设计了我们的环境视频捕获和播放产品，也就是VideoSphere。

VideoSphere是另一个领先一时的VPL产品。它是个造型奇怪的摄像机，可以一次性拍摄全方位场景，当然，拍摄这样的全景视频比一般的几何学问题更棘手一些。

这类摄像机在今天并不少见。你可以在音乐会或在喧闹的城市中拍摄一段全景视频，视频播放时，观众戴上VR头戴设备就可以全景观看。

我需要暂停VR视频这个话题了。

起初，捕获全景视频的局限性在于缺少互动。以音乐会舞台上

---

① 实际的方案比在文字上描述拍出全景视频要更复杂，但它是个合理的方案。

的视角四处观看确实有趣，但你无法做任何事情。你不是真的在那里，只是个影子。我之前谈过这一点。

但 VideoSphere 的视频记录可以进一步改善这一点。你可以在其中叠加虚拟事物，计算机绘制的角色可以在摄像机捕获的实际空间中走动，而且完全是可交互的。他们会回应你，让你觉得自己就在现场。

计算机已经变得足够强大，我们可以互动式地修改空间捕获视频中的事物。视频捕获不再是简单的现实记录。

空间视频通常比传统的平面视频更容易修改，因为空间视频的算法在数据中有更可靠的连接点。如果是警察拍摄的老式二维视频，我们可以很容易地检测出其中是否存在视频修改，因为修改后的某些视频细节会很奇怪，或者会出现接合处。空间沉浸式的视频记录修改起来会更容易，而且可以跟踪每个连接点，预测所有潜在的错误。比方说，如果算法可以识别手和枪的完整形状，那么一旦手和枪的动作发生改变，就可以很容易地确保在正确的位置显示出它们的投影。

这将很快成为一个政治问题。新一波记者正在寻找具有乌托邦色彩的全景视频。这让我想起了过去的岁月。我曾经预计，空间视频捕获技术的普及将促进地球和平，放大人们的同情心。人们会身临其境地体会真实的暴力、战争的可怕，从而难以忍受其存在，和平也将会来临。但是等着看吧，通信技术越强大，越可以用于编织谎言。

无论如何，格雷厄姆自加入 VPL 以来，用了几十年时间，通过远程呈现技术改善了医院患儿的生活。他为我们树立了明确的技术使用方式，那就是利用技术使世界变得更美好。

AudioSphere

斯科特·福斯特（Scott Foster）设计了 VPL 的 3D 声音技术。当时 VPL 坐落在码头上，工程师经常在船上生活，偶尔乘船上下班。斯科特是我记得的唯一一个坐小飞机上下班的人。他会从约塞米蒂的简易机场出发，在码头旁边降落。

斯科特设计了定制的 PC 板来计算立体声。人们可以通过眼机内置的音频耳机听到声音。

什么是立体声？这很复杂！我们能听到这个世界上空间内的声音，部分原因在于我们有两只耳朵，大脑可以比较听到的内容。例如，如果声音到达每只耳朵的时间稍微有所不同，大脑就可以利用这一差异监测声音来源的左右轴方向，但这只是感知的第一步。

我们的大脑也善于破译回声。虽然不如蝙蝠那么厉害，但比我们通常意识到的要好。我们听到的回声的模式可以传递出很多信息，比如所在空间的形状、空间表面构成、空气潮湿度以及我们在空间中的位置等。

所以 VR 的声音子系统有两个明确的任务：它必须使声音到达每只耳朵的时间不一致，同时必须模拟在真实空间回荡的回声。

耳郭，也就是耳朵从头部伸出的那个奇怪的部分，是我们听到声音的另一个原因。为什么耳郭是不规则的、螺旋状的一块？这个奇怪的设计会使你从前面收集的声音比从其他方向收集到的声音稍微清晰一点，但这也使来自不同方向的声音呈现出不同的音色，略有差异。

斯科特的计算机板利用卷积来模拟耳郭的功能。卷积可以被看作一种数学方法。如果我们检测到早期信号发生了变化，新的信号也会通过卷积算法发生类似的变化。我们在 VR 中一直使用卷积。

在这种情况下，一些倒霉的研究生不得不待在一个完全无回音的安静房间（消声室）里，耳朵里塞着让人讨厌的微型麦克风，接着我们会四处移动一个发出测试音的扬声器，卷积算法会分析之前来自特定方向的记录在耳内的声音，并将相同的变化应用于虚拟世界内可能发出的任何新声音。

结果出人意料地令人满意。实际上，相比于真实世界，VR 盲人用户可以通过声音更好地游览虚拟世界。模拟的空间声音也比现实的空间声音更加清脆。

现在，芯片的质量非常好，价格也很低，VR 系统中都预置了立体声，但很多新系统似乎都没有正确校准立体声。我们对待便宜的事物就会变得态度随意。

如果不提及与此相关的戏剧性诈骗史，关于空间声音的介绍就不算完整。有个方法可以很容易地获得非交互的空间声音，而且这种方法在音频录制初期就已经存在。将两个麦克风放在仿真人头类似于耳膜的位置，就可以收集到通过仿真耳郭接收到的声音。

我们每 10 年就会重新发现那几个经典的仿真人头录音演示。最常见的是关于理发的演示。我不太记得真正的理发是什么感觉，或听起来如何了，但那些记得的人告诉我，剪刀在头部周围剪发的声音（来自理发师靠近仿真人头剪东西的录音）逼真到让你起鸡皮疙瘩。（如果喜欢恶作剧，你甚至可以得到剪刀似乎移动到头颅内的声音，你要做的就是撕开一个足够大的洞，方便剪刀进入仿真人头。）

这个戏剧性的演示在过去几十年来被反复使用，从天真的投资者那里获得了空前的巨额资金，这些投资者从来没有意识到这是个多么简单的伎俩。

18

场景

（从 VR 演示的艺术到火人节）

拆除

我们用一半的时间进行演示，用另一半的时间避免演示。当时的机器造价非常高，我们不可能买一套设备专门用于演示，但又不得不向访客进行展示。VPL 的演示曾是世界上少有的体验之一。

董事会成员或投资者会要求我们向穿着华丽的身份不明的客户进行演示，这构成了硅谷内隐秘的易货交易。有些客户十分看重演示，将其列入合同条款和争议解决之中，为此我们必须承担演示的法律义务。我们的大客户会要求为他们的员工或为远道而来的客户进行演示。

在我的印象中，一场午后 VPL 演示的经典场景是这样的：巨蟒剧团成员兼电影导演特里·吉列姆（Terry Gilliam）会走进我们名为"仪式世界"的超现实幽灵虚拟世界内的休息场所，一进去就开始讲话。他告诉我，随着年龄不可思议地增长，他不得不担心年轻人会抢走舞台。他说："这些年轻人真的很棒。"

之后，主接待员打开演示厅的大门，用浓重的苏格兰口音喊道："接下来是莱昂纳德·伯恩斯坦（Leonard Bernstein）的演示。"

演示不算公平。即便是晚上的非正式演示，有些政治家和名人还是会比其他人更容易看到。短短的几个小时内，各种反主流文化的人物涌进实验室，尝试将 VR 与奇怪的性别或药物结合起来。我确定有一半我都毫无所知。

图 18-1　我的早期虚拟世界中的几何设计

原本应该令人疯狂的演示最终却推动了理智的事业。有一次是刺脊乐队的参观，他们的假发被小心地挂在金色的水桶上。他们在大厅遇到了正要进来的参议员阿尔·戈尔和正要出去的彼得·加布里埃尔（Peter Gabriel）。新鲜的是，我们这些人一起谈了谈技术，大家都很有见解，也很有创意，这很少见。在音乐生活被互联网摧毁的多年之前，我们谈到了网络和音乐家的权利等。

我后来与戈尔共事了很久。他推动了各种新兴数字网络的统一，并在 1991 年取得了突破。最后，充足的资金和时代的发展将所有先前分离的网络合并成了互联网。

支持戈尔很有趣。我曾与弗雷德·布鲁克斯等其他来自 VR 世界的人一起去参议院做证。那可能是我自受戒礼之后第一次穿西装、打领带，也是最后一次。连戈尔都认为我看上去很好笑。他让参议院感谢我在选择得体服装上做出的真诚尝试。

据说戈尔后来因为"声称自己发明了互联网"而遭到嘲笑，这很遗憾。一方面，他并没有这样说，另一方面，他确实算是"发明"了互联网，因为互联网的缺失不是技术问题，而是政治问题。戈尔被抹黑，正是他所倡导的互联网出现了设计原型信息错误所产生的结果。

关于戈尔还有个故事。他刚刚担任美国副总统时，我去哥伦比亚特区的老行政办公大楼拜访他。我对他说："在互联网的支持下，每个人都能够直接访问科学世界，就无法再否认全球变暖了。"是的，我这样说了，而且当时的我对此深信不疑。这显示了一个人多么容易被自己时代的流行文化所迷惑啊。

演示时谁是我最喜欢的观众？我真的不知道如何找出最喜欢的那位。我想我最喜欢的回忆可能是坐在轮椅上的孩子来这里体验飞行。

哦，我想起来了，我最喜欢的是莱昂·特雷门（Leon Theremin）！20 世纪初期在莫斯科时，他就发明了我孩童时用到的类似 VR 的乐器特雷门琴。莱昂后来在美国成为富有魅力的企业家，与一位迷人的芭蕾舞演员结婚了。冷战期间，他被苏联绑架，被迫为其建造间谍装置。（他狡猾地弄坏了装置，例如窃听器会发出警告的哔哔声。）之后很多年，大家都没有听到过关于他的消息，直到斯坦福计算机音乐实验室找到他，在他 90 多岁的时候带他来美国访问。莱昂在 VR 中高兴地颤抖起来，我很为他担心，甚至很为站在他身边的人担心。

演示还带来了终身友谊。小野洋子曾带着她十几岁的儿子肖恩来观看演示，之后这些年来，我们一直保持着友谊。

演示的艺术

VPL 拥有当时最强大的制图计算机，但即便如此，我们在早期也只能提供折纸般的世界，直到 20 世纪 80 年代末才有所好转。当今 VR 演示的细节更为具体，视觉上可以媲美电影，但 VR 体验的核心还是互动性。早在 VR 的视觉效果刚刚起步时，我们就可以实现互动性。

要进行一场伟大的 VR 演示，你必须设计出脚本，把握好时机。通常会有一位主讲，可能还有助手，助手负责确保没有人被电线绊倒或者走出安全区域。主讲会带着访客通过一系列虚拟世界，尽可能让他们留下深刻印象。

如果你是一位出色的 VR 演示者，你可以在引导访客感受虚拟世界时让他们觉得自己才是一切的主导。正如你准备了让访客掉落的暗门，或者一朵小花，当有人触摸它时，它会变成精心制作的雕塑，可惜访客偏离了你事先准备好惊喜的地方，你可能会碰到戴手套的手，没关系，大方地道歉，然后设法将访客带回原路，让他们看到你准备的惊喜。

演示开始时，你需要用哑剧、玩笑或者任何其他技巧，帮助访客尽快学习关于虚拟世界的一些规则和技能。在很多 VPL 世界中，伸出一根手指代表向前飞行，两根手指则代表向后飞行，等等。

我们发现，有些老套路仍然是今天 VR 演示的主角。渲染演示所在的房间可以制造奇妙的效果，你可以利用它吓一吓你的访客，使墙壁突然向内融化。

访客刚刚将头探入一个虚拟物体时，他们会惊讶地发现里面可以看得一清二楚。人们可能会前倾着穿过铬龙的头部，然后突然陷入正对着他们旋转的齿轮和电缆中，这些齿轮和电缆马上就会穿透他们的皮肤。人们会大叫起来，吓得颤抖。

我今天还能看到这个把戏，另一个常见的把戏就是你变得很大，而你的同伴变得很小，可以走在你的手上。还有一个把戏是地板上有个深坑，即使你知道这不是真的，也不敢踩下去。（梅尔·斯莱特发明了这个坑。）杰里米·拜伦森曾经评论说，这个坑已经成为 VR 的第一个标志性事物，就像卢米埃尔兄弟迎面而来的火车那样。

经过几年的实践，我们掌握了如何快速地向参观者展示绳索，就像他们之前就知道一样。对此我们一点都没有不好意思。在开始的几分钟，通常会有不被透露身份的接待员在虚拟世界里像孩童般学步，为访客加油打气。

今天的 VR 公司可能很难相信，虽然我们的演示在过去的视频里看起来很拙劣，但在当时非常有吸引力。

现在的很多 VR 既廉价又常见，VR 演示文化已不像过去那样流行。人们在家里或者任何地方，无须设计者的任何指导就可以体验 VR 世界。不过，我们应该继续欣赏课堂、展会或者团队设计演示等特定情况下的演示文化。

有个小窍门特别适合完善 VR 演示：游客在里面体验 VR 时，偷偷地将一朵真花放到旁边。这样，他们出来看到真花时，就像看到了他们小时候第一次见到的那朵。VR 的最佳魅力就在演示结束后的那一瞬间。

世界的艺术

由于 VPL 的客户大部分是企业用户或者学术机构，我们大多数的虚拟世界都注重用途，而不是幻想。你可以用来学习做膝盖手术、修理喷气发动机、设计厨房等。所有这些虚拟世界用的都是基本图形，但展示了一种理解和获得技能的全新方法。

但也有很多人真正想要的是奇异。为了满足这一需求，我们创造了单纯用于娱乐的光怪陆离的世界，尽管我们很少有时间这样做。

我喜欢为传统的无生命物体添加动物元素，比如云和桌子长着调皮的尾巴，甩来甩去。在我的世界里，有些细节会以微妙和出奇的方式根据用户做出反应，模糊化身和环境之间的界限。吊灯可能会根据你耸肩的方式摇摆，但这只发生在你感知的细枝末节中，你可能不会有意识地注意到。我的虚拟世界的色彩总是在慢慢变化。你可能会发现自己逐渐变大或变小，这种变化也是感知的细节。我拒绝将任何直线元素纳入我的虚拟世界，因为这会让人想起地球站。

在 SIGGRAPH 展示的世界中，在众多电影观众面前，安和扬的小女儿曾变成了一个茶壶，这就是著名的计算机图形茶壶[①]。是的，她还唱了"我是一个小茶壶"，我们觉得丢人极了。

安绝对是一位充满奇思妙想的人。她曾经制作了一个有趣又特别的"爱丽丝梦游仙境"世界。在那里，你可以跑进兔子先生的嘴里。很可爱，它是对约翰·坦尼尔（John Tenniel）原始插图的克莱因瓶[②]式的阐述。

如果你最近在旧金山自拍，那么你的照片背景中肯定有人是 VR 设计创业公司的老板。他们有时会问我对虚拟世界设计的想法，可能你现在已经猜到了，我不会一言不发。

给 VR 设计师和艺术家的建议

- 最重要的画布不是虚拟世界，而是用户的感觉运动回路。拉伸它，收缩它，扭转它，把它与其他人的回路交织起来。
- 注重生物运动而不是僵硬的用户界面（UI）元素，用户界面会丢失身体的大部分动作。最糟糕的是按钮。不要用按钮，

---

① 多年来，所有计算机图形人员都在使用相同的茶壶模型来演示渲染技术。你甚至可以在皮克斯的《玩具总动员》中看到这个茶壶。

② 克莱恩瓶是一种可爱又奇怪的几何形状，一个瓶子就在另一个瓶子内部。

用连续控制。

• 我们已经有一些 VR 的老旧套路了，所以有必要避免套路。已经存在太多陷阱，比如物体在面前飞来飞去，或者你的视线来回之间东西会变。此外，你或许可以用旧套路达到更大的目的。

• 找不同的人体验你的世界，最好是让不同的人加入你的团队。与其他媒介相比，人们对 VR 的接受程度受文化背景、年龄、性别和认知风格的影响更大。确保你了解自己的设计如何符合更广泛的人类认知风格，因为这里是唯一的剧场，而在这里，这点尤为重要。

• 上条原则的推论：VR 技术还很年轻，所以多多考虑 VR 的目标用户。如果有人告诉你 VR 更适合男士而不是女士，你应该想想这是不是因为所测试的虚拟世界是由男士设计的。

• 最重要的叙事弧不存在于虚拟世界中，而在现实世界中，是一个人开始接触你的设计，参与其中，然后离开的过程。可能从他或她戴上头戴设备开始，做要做的任何事情，最后拿下设备。想想整个体验过程。他在进入虚拟世界前的期望是什么？离开后觉得怎么样？

• 试着放弃设计工具最容易做出的效果。

• 考虑一下不存在于虚拟世界内的周边其他人。他们是体验的一部分吗？他们会在老式屏幕上看着体验者看到的一切吗？虚拟世界内部和外部的人有没有什么共同目标？

• 抑制一下你在电影学院所内化的冲动，VR 不是电影院。一个例子就足以说明这点，观众在电影中是无形的，但在 VR 中是有形的。可以游览的虚拟世界不如用户的身体重要。当她看着自己的手时，她看到了什么？在镜子里时呢？如果答案是她看到了模块化的故事，而不是故事的核心，那么你就不是在设计 VR。

• 与内在的游戏冲动斗争。例如，传统屏幕上激动人心的游戏在 VR 头戴设备中可能会有点孤立和沉闷。原因是人比屏幕上的游戏大，但比周围的游戏小，所以玩家的状态从游戏中通常的追逐、射击变成了被追逐和被射击。

• 用户必须能够留下痕迹，影响宇宙，否则他们就不是真正存在于虚拟世界中，这意味着你没有成功设计出一个虚拟世界。

• 不要以为一切都必须遵循算法，都是自动的。也许你的世界恰好适合有位现场表演者，也许你的世界会出现在网上，甚至可以获得付费？

• 一定要考虑危险和安全。如果你使用的是线性头戴设备，考虑一下有的动作会不会让人绊倒。即使是坐着体验也要考虑到这点。例如，不要让他们在同一个方向无止境地旋转。当你的设计有可能意外出现模拟器眩晕时，对自己坦诚，也对用户坦诚。如果真是这样，告知人们体验完毕之后，不能立即开车。

• 关注电力动力学以及可能导致的混乱或滥用，但不要因此放弃改善未来的大胆想法。战术上要悲观，但战略上要乐观。

• 不一定要同意我或其他任何人的看法。自己思考。

第 43 个 VR 定义：一种必须摆脱游戏、电影、传统软件、新经济权力结构甚至先驱想法束缚的新的艺术形式。

竖起旗帜

经常有人说我创造了"虚拟现实"这个词，但这取决于你如何看待语境、语言和历史之间的界限。有个很好的例子可以证明不是我创造了这个词。

第二次世界大战之前，激进的剧作家安托南·阿尔托（Antonin Artaud）在讨论"剧场残酷"时使用了"réalité virtuelle"（虚拟现实）。这不是一个贬义词。阿尔托指的是剧院的非语言形式能够超越传统语言的界限，从深层激发人类的体验和理解。

在我知道阿尔托之前，我就开始使用这个词，但我很高兴看到这种跨越几代人的联系。现在的 VR 人员读到苏珊·兰格（她在 20 世纪 50 年代提出了"虚拟世界"）或是阿尔托时都会大吃一惊。

关于 VR 词汇的起源还有其他争议。我清楚地记得科幻小说作家尼尔·斯蒂芬森（Neal Stephenson）创造了"化身"这个词，显然是因为它源自古代的印度教，但这个词也指你在 VR 中的身体。这也是观点不同。

"虚拟现实"并不是粗略描述这种技术的唯一术语，很难相信人们在 20 世纪 80 年代为此进行了多么激烈的争执。术语有着部落般的重要性。

各方在会议上据理力争，说服大家把它命名为"虚拟环境"而不是"虚拟现实"，或者反过来。也有人支持"合成现实"和"人造存在"，虽然我不太记得到底哪些人支持的是哪个了。回想起来很难相信有人会在意这些事情。

迈伦·克鲁格是我们 VR 领域的另一位开拓者，他倾向于"人造现实"这一表达。20 世纪 70 年代，他可以将人体轮廓实时渲染到电视屏幕上，与人造物品进行交互。这是非常出色的早期作品，它预见到了我们今天利用 Kinect 传感器所做的类似的交互。

"虚拟环境"与美国国家航空航天局这样的"大科学"地点有关，当时很多正式文献都使用了这个词，它可能是由美国国家航空航天局的斯科特·费希尔创造的。

"远程呈现"用来表示与机器人连接时，你感觉自己成为机器人，或者至少处在机器人的位置上。对远程呈现的研究可以追溯到模拟时代，早在伊凡·苏泽兰，甚至艾伦·图灵（Alan Turing）之前。最近，远程呈现具有了更广泛的用途，包括在 VR 或混合现实中类似 Skype 的交互。

"远程存在"一词由杰出的日本 VR 研究开拓者多知进（Susumu Tachi）创造，它包括了远程呈现和 VR。

我希望我能记起开始使用"虚拟现实"一词的确切时间，大概是在 20 世纪 70 年代，在我来硅谷之前，它既是我的北极星，也是我的新名片。

我喜欢"虚拟现实"这个词，因为它表达了虚拟世界中第一人称的存在，尤其是有人与你在一起时。在技术环境中，"现实"可以作为伊凡·苏泽兰"世界"的社会版。

20 世纪 70 年代的嬉皮士文化痴迷于"共识现实"的想法，我一直不喜欢这种懒散的新时代哲学，可能是因为当我的想法失败时，这会成为我坠落的悬崖。在那个年代，我们经常听到如果所有人同时相信某一事物，那么任何事情都可以改变。天空可能变成紫色，牛可能飞起来。现实只是一个集体梦想，而悲剧都是坏梦想家的过错。

在我看来，对现实的贬低只会阻碍这种思维方式最积极的一面：如果每个人的想法都可以改变，也许世界可以变得更加宽容和智慧。即使在这种情况下，我们也很难知道人们应该思考或者期望什么。

要使世界变得更好，这个问题的解决不可避免。

在硅谷周围的信徒曾要求我们都向往乌托邦，但随后变成了自由主义，最近他们支持的是人工智能至上。完美的梦想还没有明确，也许永远不会明确，没有人为此做好准备。

无论如何，"现实"一词在 20 世纪 70 年代不仅仅具有乌托邦色彩，我也喜欢这种感觉，如果它不完全是文化负担的话。

据我所知，我也创造了"混合现实"一词。但当时我们最大的客户之一波音公司有一位工程师更喜欢"增强现实"，所以我们很高兴地使用了"增强现实"。我自己还是更喜欢"混合现实"。或许"搅拌现实"也不错？

现在，"增强"意味着为世界增加了注解，而"混合"意味着世界被额外添加了某些可视为真实的事物。

"虚拟现实"曾有品牌价值，因为它最初与 VPL 有关。在 VPL，不是每个人都喜欢这个词。我们的首席黑客查克认为，这个词听起来太像"RV"，也就是休闲车的缩写。"听起来像是我们希望把老年人关在模拟世界里，这样我们就不用管他们了。"希望他之后会被证明是错的。

好了，下面是另一个定义。

第 44 个 VR 定义：如果你偏袒 VPL 的这些怪人，在 20 世纪 80 年代，你可能会用到这个词。

散漫的名字

在本书记载的事情发生很久之后，1999 年秋，《全球评论》（*Whole Earth Review*）杂志刊登了我的一篇文章，描述了"虚拟现实"一词在当时的广泛使用，它用于指代很多事物。我摘录了以下内容，稍微进行了修改：

> 几十年前，我将一种计算机用户界面技术称为"虚拟现实"。社会和躯体两种特质共同创造了与孤独的虚拟世界完全不同的事物。虚拟现实成为人与人之间的间隔或连接，这个角色之前只能由物理世界担任。"现实"这个词很恰当。
>
> 当意识相信它所感受的事物持久存在时，就会产生"世界"。当意识相信存在其他意识与它共享这个世界，能够进行沟通，产生共鸣时，就会产生"现实"。之后再加上身体部分。意识可以占有世界，但身体生活在现实中，VPL 的人体界面，包括手套和服装，既是为身体，也是为意识打造的。

流行文化幻想曲

我们现在不考虑实际技术，跟着流行文化幻想曲这个比喻，跳出实验室，进入宽广的世界。虚拟现实的隐喻潜力无穷，我们几乎无法跟踪得到。

以下是截至 1999 年夏，对目前使用情况的不完整统计：

- **违反真相的犯罪行为**：在上次总统大选中，4 位全国候选人①中的每一位都曾指责对手"活在虚拟现实中"，这还是他们

---

① 这 4 位候选人是比尔·克林顿、阿尔·戈尔、鲍勃·多尔和杰克·肯普，按照今天的标准，他们任何人说的话都不算过分。

的委婉说辞。在其他时候，他们用的是"过家家"这种更过分的词。"虚拟现实"指的是不够友善和聪明，是一种错觉，而不是操纵。

- **一次创造力的全面胜利**：弗兰克·西纳特拉（Frank Sinatra）的 CD（高密度光盘）封面上吹嘘"弗兰克唱歌时创造了虚拟现实"。这个词后来在小说、电影和唱片的大肆宣传中反复出现。

- **普遍异化**：技术文明使人与自然现实之间产生距离。不仅仅是马克思主义者所讲的与工作疏远，个人还因大众媒体和其他普遍技术的极度混乱疏远了自然生活。曾有人给我一个伪 X 世代中期的冰箱贴，冰箱贴上恶意书写的"虚拟现实"一词覆盖了诺曼·洛克威尔（Norman Rockwell）家族。在这里，虚拟现实在本质上被憎恨和恐惧电视的人视为电视的终极形式。

- **技术带来的狂喜或顿悟**：《华尔街日报》（*Wall Street Journal*）第一个关于虚拟现实的封面故事，竟然将其称为"电子迷幻药"。

- **技术带来的超越视角**：好莱坞剧本经常将虚拟现实作为赋予人物、观众知识优势的设备，认为带着护目镜的人会看得更远。在早期的《割草人》（*The Lawnmower Man*）中，知识常常用于统治世界或破案，而在最近的作品《黑客帝国》（*The Matrix*）中，英雄使用逃脱虚拟现实的能力，成为佛祖或基督式的人物，比普通人更聪明的人物。

隐喻核心的模糊性

为什么关于这种用户界面技术的隐喻会有如此多流行的引申含义？我认为原因是虚拟现实让人想起了计算机和数字化产品地位方

面的未解之谜。

计算机科学家可能会将整个世界看作一个大型计算机或算法有机体集合，如树木或人类的集合。他们向公众提出了这样一个问题：现实和一台很好的计算机之间是否存在根本区别？

他们用流行隐喻的方式解释了虚拟现实的两面性。虚拟现实是超越的，因为如果现实是数字化的，就可以被编程，一切都会成为可能。你可以享受像梦想一样多元的宇宙，并与其他使用设备的人共享，而不是困在自己的头脑中。在相互关联的人们眼中，一棵树可以突然变成闪闪发光的瀑布。

另一方面，如果现实是数字化的，一切事物都与其他事物并无两样。幽闭恐惧很快就会到来：比特就是比特。当你看到树变成瀑布，你会意识到无论比特是树或者是瀑布，无论你是不是你，都不重要。

派对

曾经有一个派对场景，也不只是派对，它算是一个与 VR 连接的整个文化设施。不太好描述，这个场景有点尴尬。就像是因为终其一生都不会拥有一艘真正的太空飞船，所以太空旅行的梦想家选择待在寂寞沙漠中的一艘假太空飞船上。

最开始，大家通常都不会实际去体验 VR，因为设备很少，价格也很高。因此先会有一些"大师候选人"对 VR 大肆谈论一番。发言之后还会有发言，然后是 VR 主题乐队、奇怪的派对装饰、奇怪的场所，这些都构成了人们对未来 VR 的设想。

怀着对旧世界 VR 的迷恋和思索，这场迷幻技术派对最后发展成了今天的"火人节"，至少是夜晚的火人节，不过人们再也看不到山了，只能看到人类发明的闪烁灯光。这个节日完全是对即兴拼凑现实的模拟，一种对模拟本身的模拟。

回想起那些 VR 主题派对的时光，我都会觉得内疚和愤怒，直至今天依然如此。愤怒是因为当时有太多的大师推崇者咄咄逼人地攻击我，希望以此获得声望。就像一个晦涩难懂的艺术世界或学术"小宇宙"里充斥着嫉妒和背叛，虽然最终的奖励少得离谱。我与其他真正研究 VR 技术的人建立了友情，但有不少演讲者只是在自我推销，毫无用处。那些江湖骗子利用这个机会推销自己的假药和其他骗局。

我感到内疚是因为有一些可爱的年轻人很关心这些活动，并从中找到了一种生活方式，我不再出席之后，许多人公开指责我背叛了他们。

在这些派对上进行 VR 演示也给我带来了很大的社会压力。有一段时间，在大型活动中，VPL 会允许参加派对的人分批进来观看演示。大型聚会可能是在废弃的工厂、遗弃的渡轮或其他一些令人毛骨悚然的旧金山湾区派对地点举行，每次会有一些人从那里乘坐秘密面包车到湾区附近的 VPL 办公室，整晚都是这样。

几个稳定的演讲者和乐队因此确立下来。我最喜欢的乐队叫 D'Cuckoo，琳达·雅各布森（Linda Jacobson）是我最喜欢的 GNF 和 VR 专家之一。VR 的"派对宇宙"会与迷幻世界和感恩而死乐队的活动重叠，成为湾区乌托邦和邪典文化的不规则且无尽目录中的一部分。

在伯克利山上潺潺有声的温泉旁坐落着一个 19 世纪的不规则形状的美丽木屋，这里聚集了一些神秘迷幻杂志的出版人。他们通过出版一本名为《Mondo 2000》的迷幻风格科技杂志，应和了 VR 派对的审美。（2000 这个数字代表了极其遥远、超验和可怕的未来。）

《Mondo 2000》是之后许多硅谷熟悉的沉迷于晚熟风格的原型，一种鲜明的迷幻式疯癫。他们乐于为世界上任何新的事物起无意义的押韵名字，像是那些蹒跚学步的孩童对超级大国抱有的幻想。《连线》（*Wired*）最早出现时看起来像是模仿了《Mondo 2000》，但《连线》很酷，早期的《连线》人也在我们这个圈子里。[①]

女人

猜猜是谁住在《Mondo 2000》那间小屋里？是我在剑桥遇到的那个女人，我之前说过会娶的人。

我们在麻省理工学院第一次相遇后，仅仅几年内的时间，我就变成了名人。《危险边缘》会在电视节目中讨论与我相关的问题，我还出现在了杂志封面上。我就这样成了一个"圈内人"。

她低声说："你会为人类历史带来一场革命。你会改变沟通、爱和艺术。我会在你身边。"

我们结婚了。这可能是我一生中最大的错误。

我现在很难再与她交谈，因为我会不停皱眉。我当时在做什么？

有些自大的男人和女人会让彼此觉得他们的名望确实存在。我成名后，在 20 世纪 80 年代末的硅谷，我看到也感受到了性和权力的巨大能量，这是一个似乎总有巨人在格斗，有鲸鱼和巨型章鱼的隐秘世界。年轻女性会花几个小时打扮自己，带给有权有势的男人些许神秘感，以此换得些"面包屑"。

---

① 《连线》重塑了早期的计算文献形态。一半是书呆子式的系统思维，带着乌托邦的敏感性，意识到书呆子现在掌管了世界。我更喜欢另一半，即个人视角的迷幻狂欢。我作为早期特约编辑出现在杂志人员列表中。

后来我认识了几位玩这种游戏的女人，我成了她们的朋友，而不是对手。她们通常精通世故，完全有能力照顾自己，但即使如此，她们有时也难免被那些花言巧语所迷惑。

这就是我的生活，事实上，在 20 世纪 80 年代末，我曾经得意忘形，自讨苦吃。

浪漫与自负结合后的作用强大到可以重塑现实，包括重塑你周围人的认知，就像史蒂夫·乔布斯著名的"现实扭曲力场"那样。

准确地说，这不是欲望，而是更强大的事物，是古老又深刻的人类事业，让你可以与伟大的历史人物交流，将你带入他们不朽的交际中。内心的虚荣"恶魔"会变成诱人的怪物，包围你和你的内心。"那些我们铭记的伟大科学家和征服者，你会加入他们的行列。"

因为太愚蠢了，我简直没办法再谈下去，但我希望指出这个巨大的陷阱，也许这样就能打破别人的"咒语"。我不知道当时有什么能打破我的"咒语"。

我和她在《Mondo 2000》小屋住了一段时间。她和《Mondo 2000》的主要编辑之一奎因·穆（Queen Mu）产生了巨大争执，穆占了冰箱的大部分位置，放置她所说的狼蛛毒液样品。我不记得这种毒液到底会对人有什么影响，只记得我的妻子说："如果由女人掌管世界，战争就会少得多，但下毒会多很多。"

我们搬到附近由伊莎多拉·邓肯（Isadora Duncan）[1] 的圈子建造的一座华丽的、带有花环的仿希腊神庙。那些日子就像住在马克斯菲尔德·帕里什（Maxfield Parrish）[2] 的画中。我们参加了各式各样有关新奇事物的聚会。之后，我们在一座夸张又昂贵的房子里住了一

---

① 伊莎多拉·邓肯来自旧金山地区，是现代舞的早期代表人物之一，也是众人皆知的自由精神人士。

② 马克斯菲尔德·帕里什是一位有影响力的美国画家，以渲染梦幻场景出名。

小段时间，从房间里可以俯瞰旧金山，这座房子就像是个电影场景，就像是个声望的圣地。

她想结婚，但她谈到结婚时就好像结婚是一种奖励，是触底得分，是同花顺。回想起来，我不觉得她是我的对立面，她更像是一个陷入创伤和传统深渊的受害者。她身上有着漫画般夸张的淘金者性格，像是电影里的某个典型角色。我想，她是我身体里那个愚蠢虚荣的"怪物"的镜像。她的"恶魔"有一天把我的"恶魔"拖到了法院的结婚仪式上。虽然当时看起来像是幸福的，但实际上我在整个仪式中因羞愧和愤怒而流泪满面。她和我都因为可怕的、与生俱来的，但又不属于我们自己的虚假欲望而一败涂地。

婚姻完全就是谎言吗？不一定。

除了欲望外还有热恋。热恋可以包括自恋、野心和不存在的童年幻影。生活变得如此热烈，颜色如此饱满，香味如此甜美，这些让你彻底缴械投降。我记得那种感觉就像现在的一个理论，一个结构，一个占位符，盛放着那些一去不复返的旺盛好奇心。

我奇怪又短暂的第一次婚姻中，最特别的是，经过这种自我诋毁式的迷恋后，又没有真正受到对方吸引，我感觉到一种纯粹的形式。用书呆子的语言来说，我感受到浪漫展示的力量，就像是计算，像是造就了我们并创造了生命未来的基因工程。迷恋可能转瞬即逝，但有些东西确实存在：与生活的纠缠书写了漫长的数十亿年的时光，在这个浩大的结构中，你只是一个微小的幼芽，或是下一个幼芽的护根。

但是，每一个小小的幼芽都一点一点引领着这数十亿年的开花结果。浪漫可能会使我们成为无能的傻瓜，但我们也在创造，我们是宇宙的艺术家。我能感觉得到。也许这一整个可怕的经历也是值得的。

黑暗家族

20 世纪 80 年代出现了与 VR 相关的新文学形式：赛博朋克。在我看来，赛博朋克是对 E. M. 福斯特（E. M. Forster）《大机器停止》（*The Machine Stops*）的延续，通常是些警示性的黑暗故事。

赛博朋克作品里的角色通常彼此操纵和欺骗，或者陷入不安的境地之中。弗诺·文奇（Vernor Vinge）写了一本名为《真名实姓》（*True Names*）的小说，后来又有了威廉·吉布森的《神经漫游者》（*Neuromancer*）。

我很喜欢《神经漫游者》。我有种荒谬的想法，觉得有人在召唤我支持赛博朋克运动。重现我和比尔之间的对话可能会是一团混乱，大致是下面这样的。

"尽管赛博朋克的目的是驱逐人类，但它也会吸引人们。"我这样说。比尔很愿意谈论赛博朋克。他听起来仍然像来自田纳西州，不过加拿大的生活最终改变了他的口音。

"拉尼尔，一本书不是被计算出来的，它已经出现了。我还是个孩子的时候，就被《裸体午餐》（*Naked Lunch*）所震撼，现在我可以想象到一个孩子被《神经漫游者》所震撼。"

"《神经漫游者》绝对会震撼年轻时候的你，毫无疑问。但是，你能不能试图想出一个更积极的未来？让人渴望的事情？因为你正在做的是使书中的一切更有吸引力，但实际上它却让人不快？"

"我可以试试，拉尼尔，但这就是结果。"

"我只是担心，科幻小说中有关计算机的一切都带着某种黑暗气息，这似乎无法起到警示作用。相反它们变得很酷，大家都想要。"

"我的工作可不是修复人性。你可以试一试，你其实是在创造。"

"哦，谢谢。"

"如果有机会重新来一次，我可能会试着开个 VR 公司，而不是写小说。"

"欢迎你来我们公司工作。"

"呃……"

当时我不知道，写一本不算好而只算还可以的书有多难。我希望当时我没有打扰到比尔。

后来出现了其他伟大的赛博朋克作家。布鲁斯·斯特林（Bruce Sterling）像是年轻版的海明威，有着得克萨斯懒洋洋的说话调子，尼尔·斯蒂芬森则是我们阿波罗式的学者。

如果仔细观察，你会发现早期赛博朋克小说中有对我的描述。我的思想可能飘浮而过。

奉承的镜子

自赛博朋克之后，VR 相关小说大多是黑暗风格的，比如《黑客帝国》系列、《盗梦空间》（*Inception*）等。与此同时，科技新闻却坚决关注其积极的一面。

VR 使新一代的记者非常忙碌，例如史蒂芬·列维（Steven Levy）、霍华德·莱茵戈德（Howard Rheingold）、卢克·桑特（Luc Sante）和《Mondo 2000》的肯·戈夫曼（Ken Gofman），也就是 R. U. 赛瑞斯（R. U. Sirius）。在这里，我会主要介绍两位非常有影响力且与我私交很好的人物：凯文·凯利和约翰·佩里·巴罗。

凯文是一位值得信赖的朋友，虽然我完全不同意他的观点。我遇到他时，他正在为斯图尔特·布兰德的后期《全球概览》编辑和撰写文章，后来他成为《连线》的首席编辑。

在凯文看来，我们在软件中感知到的存在对象是真实存在的。

我不这样认为。他相信人工智能，他认为心智界不仅存在，而且随着计算机联网也可能获得自主意识。我不相信这点。凯文认为技术是对其他东西有需求的一种超级存在。他认为这个超级存在是善意的。我很高兴推荐他的书《科技想要什么》（ *What Technology Wants* ），这是对我并不认同的哲学的最好介绍。

凯文认为我们都是刚刚得出自己的想法的，不应该将我们关于计算的想法神圣化。他开放又风趣。

有一次，约翰·佩里·巴罗声称清楚地记得他曾在黑客聚会上见过我，但我可以证明我不在那里。这很奇怪，因为他应该是对一切都记忆清晰的人，而我是生活得云里雾里的那个。

巴罗和我很快就亲近起来。我们有很多共同之处。他在怀俄明州一直是个牧场主，认为奇幻的城市生活大多是骗局，我也这样想。我们喜欢阅读和写作，这在科技界更为新奇。巴罗在音乐界工作，我们也有那个圈子里共同的朋友。

他是感恩而死乐队的作词，在当时，感恩而死不止是个乐队，还是乐迷的生活方式，所以巴罗备受推崇，地位很高。

我们的社交方式不同。巴罗像是一直生活在镜头前，他总是以一种或另一种方式被人围观，努力让自己说出的每句话都值得记忆，他喜欢和女士打交道，总在制定策略。①

我拒绝参加巴罗的聚会。我们只会单独见面，或者和另外一两个真正的朋友，而不是奉承者一起见面。确立这些基本原则后，巴罗和我越来越亲密了，我很喜欢他。

巴罗最初写 VR 文章时，有些偏激主观的新闻记者的味道，这

---

① 这不是我的判断，是巴罗自己这样描述自己：http://www.nerve.com/video/shameless。

很有趣。之后他与推定数字乌托邦的理论家产生了很大的共鸣。

这种变化对我来说很难接受。

虚拟现实在《神经漫游者》中被称为网络空间，记住，当时的规则是每个人都必须提出自己的 VR 术语。

巴罗采用了音乐人比尔·吉布森（Bill Gibson）的用语，把它重新用于描述他所认为的比特现实。

后来，在 20 世纪 90 年代中期，巴罗为网络空间书写了"独立宣言"，认为网络空间是新的狂野西部，但它又是无限的，永远超越政府的管辖，是自由主义者的天堂。

我曾认为巴罗对网络空间的重新定义是错的，但对此没有必要争论，因为有足够的空间可以容纳我们所有人的想法。但巴罗是组织者，他最终将我放在了我不得不做出选择的位置。

19

19

我们如何安顿
未来的种子

19

19

虚拟权利，但不含虚拟经济权利

1990 年，我受邀在旧金山教会区的一家墨西哥餐厅吃午餐，考虑联合组建一个新的组织来争取网络权利。VPL 的首席黑客查克和我去见了米奇·考波尔（Mitch Kapor）、约翰·吉尔摩（John Gilmore）和巴罗。他们三人后来一直推进这个项目，成立了电子前沿基金会（EFF）。

不过我犹豫了。（查克一直在忙于编程，没有太多精力关注我们。）

我当时没有解释原因，还没有准备好向这些亲密的朋友说明我的怀疑。在大多数情况下，我都支持基金会工作，但我不支持基金会的基础理念。

电子前沿基金会旨在支持"隐私"，比如使用安全加密的权利，但它没有阻止他人在获得私人信息后进行复制。

早期的例子就是音乐。在新的乌托邦中，以前支付版税后才能合法复制的音乐现在可以"免费"复制。

我认为我们在拥有隐私的时候，也会在信息空间中形成新形式的私有财产。这就是私人财产的意义。

一个人有空间才能成为个人。如果你分享的一切突然被拥有最大、最坏的网络计算机的人商品化，那么你注定会成为被监听的信息农奴。推进不含经济权利的抽象权利，只不过是施加在被遗弃者身上的残酷计谋。

我认为，"免费"音乐只会导致自动化最终完成时，没有人能够以此谋生。如果信息是唯一剩余的价值（一旦人们认为机器人可以承担所有的工作），而且信息是"免费的"，那么从经济的角度看，普通人将毫无价值。

当然，关于机器人工作的这种观点是个谎言，因为机器人实际上无法自己做任何事情，没有了人，机器人甚至不存在。在我的故事中，我对机器人和 AI（人工智能）的敏感性非常重要，我将以两种不同的方式进行表达。在本章后面，我将回顾之前对这个话题的观点，附录三则是我目前的看法。

关键点是数字理想主义在 1990 年左右转向荒诞。我们开始基于比特，而不是基于人，去组织我们的数字系统，而人才是使比特有意义的唯一媒介。

统治世界的捷径

20 世纪 90 年代初出现了名为万维网的网络框架，它迅速得到了关注。在数字网络中，如果一个设计开始是成功的，之后往往会不断成功。虽然万维网起初只是一个微小的新事物，我们很快就清楚地看到，它会使我们所有人沉迷其中。

部分原因在于标准降低，至少从我的角度来看是这样。万维网采用了网络设计的一点小变化，使其成为"网络空间"思维方式的完美载体。

早期的网络信息设计要求保留来源记录。任何在线访问的信息都可以追溯到源头。如果网上一件事与另一件事之间有链接，链接会是双向的。例如，如果一个人可以下载文件，那么提供文件的人会得知谁正在下载。[①] 因此，下载的所有内容具有上下联系，艺术家可以获得报酬，骗子也会被发现等。

之前的设计基于人而不是数据。没有必要复制信息，因为我们总是可以回到与人有关的数据来源。的确，复制在当时被认为是降低效率的罪行。

蒂姆·伯纳斯－李（Tim Berners-Lee）的万维网采用了不同的做法。这种做法在短期内更容易被采用，但在长期上我们付出了很大的代价。开始使用时，个人会简单地链接到网络信息，链接是单向的。没有人知道信息是否被复制过。艺术家得不到报酬，上下联系丢失，骗子得以藏身。

蒂姆的做法非常便于使用。任何人都可以通过拼凑他人提供的

----

① 当时，许多黑客出于隐私的考虑支持单向链接。

有人会问，如果能对什么人得到什么消息进行跟踪，会不会不好？那样做会不会出现监视型社会？我的反驳是，如果匿名复制使信息变得毫无价值，那么随着技术越来越受信息所驱动，大多数人将会处于不利地位，因为他们的贡献不会获得回报。这将使所有的权力和财富集中在最强大的网络计算机的所有者身上，而那些所有者仍然能跟踪任何地方的任何人，因为他们最终将控制网络。

我讨厌自己当时不得不这样想，我也讨厌现在看起来我好像是对的。

特别的是，单向链接在以微妙的方式破坏资本主义。回想起圣克鲁斯的虚伪或有吸引力的雅皮士，他们通过拒绝他人获得信息而赚钱。我喜欢市场和资本主义，因为它们有办法避免奥斯卡·王尔德发现的严重问题（太多会议），同时不屈服于独裁者。但只有各方都有与他人不同的信息时，市场才有效力。这种信息的不同为市场上的不同参与者提供了多样化的机会。如果某些计算机可以积累比普通人所用的计算机更多的普通人信息，那么顶级计算机的所有者将开始累积极大的财富和权力。我们今天已经在优步这样的大公司看到了类似情况。工人阶级的工作不再那么安全，运行监督计算机的少数人则变得非常富有。整体上看，虽然万维网为最大计算机的所有者创造了巨大的机会，但从宏观上看，它一直都是非常反市场的。我在《互联网冲击》一书中更充分地表达了这一观点。

资料，快速大量地在网上发布信息，几乎无须任何管理支出或维护，也无须对其他人负责。

用现在的话来说，万维网像病毒一样扩散开来。我们当时却不是这样谈论话题的。"病毒"和"破坏性"这样的词在当时听起来仍是负面的和破坏性的。我们还没有被莫比乌斯－奥威尔式（Möbius-Orwellian）的科技演讲催眠。现在我们可以准确地描述正在做的事情，但我们会假装在嘲讽，这样自我感觉会更好。也许我们可以称之为"非奥威尔式"。

我还记得有一次与施乐帕克人员和泰德·尼尔森（Ted Nelson）一起浏览最早的网页。"真的有人会用单向链接的设计，真让人难以置信。"当时的普遍看法是，这是骗人的。但新生的万维网中存在无法否认的活动，比其他任何地方都多。

我们技术人员集体默许，屈从于忽略反向链接的决定，人为地使网络变得神秘了。也许我们担心，可知的网络不符合我们创造奇迹的能力，因为它已经存在很久了，于是我们选择了含糊的、不可知的网络。

没有了双向链接，我们就没有办法全面了解什么对应的是什么，因此，出现了完全人造的、无法追溯的特性，就像是在荒野上一样。狂野西部得以重生！但这是人为造成的。

我们开始使用万维网时会感到内疚。与网络一起长大的人一定很难体会这种感觉。

很久之后，谷歌和Facebook这样的公司通过提供部分映射服务获得了数千亿美元，而这项服务原本在万维网一开始时就可以做到。

这绝对不是在批评蒂姆·伯纳斯－李。我仍然欣赏和尊重他。他没打算统治世界，只是为了支持实验室的物理学家而已。

尽管我们觉得内疚，我们也惊叹于网络的兴起。我曾在讲座中热情洋溢地赞叹它。这是有史以来第一次数百万人不是因为胁迫、利益或任何影响，而是因为项目本身的意义而共同合作。实际上，现在回想起来，虚荣过剩曾是、现在仍是其动机之一，即便如此，那曾是支持我们人类乐观主义的伟大时刻！如果可以去掉网络无影无踪这个问题，也许我们就可以解决我们的大问题了。

我仍然觉得这是个奇迹，但它浮动于其上的基石是空虚的。我们付出的长期代价太高了。

微重力

在互联网普及的早期，存在的争议是：网络数字体验应该看起来是休闲的、无重的，还是通过成本和成果变成严肃认真的？例如，早期的杰出人物，包括埃丝特·戴森（Esther Dyson）和马文·明斯基，主张对电子邮件收取小额费用。如果电子邮件不再免费，即使费用很低，也能在很大程度上避免垃圾邮件。同时，人们会感激电子邮件，电子邮件本身也是个成本很高的大项目。

邮件付费的反对者赢得了这场辩论。他们认为，即使是最少的邮资也会为那些穷到甚至没有银行账户的人带来不便，他们也有使用邮件的权利。除此之外，当时人们普遍希望在互联网上创造无重的错觉。

提供无重服务时，互联网零售商不需要像实体店那样支付相同的销售税；云公司不会有同样的责任来监测他们是否因侵权或伪造获得收益。责任被看成负担或阻力，因为付费是对无重的冒犯。

同时，互联网的设计尽可能地简化，便于企业家进行实验。作为原始资源，互联网不能提供持久的个人身份关联符号，没有交易方法，也无法知道其他人是否与其所声称的身份相符。所有这些必要的功能最终必须由 Facebook 这样的私营企业提供。

结果，在之后的几十年，我们不计代价，甚至牺牲了谨慎和质量，疯狂获得用户。19 世纪与 20 世纪之交时，硅谷的口号改编了鲍比·麦克费林（Bobby McFerrin）的著名歌曲《别担心，要开心》，鼓励大家"别担心，要拙劣"！①

我们最后得到的是一个未知的、特别的互联网。在本书所描述的时期里，我们使生活变得更容易，但整个世界在多年之后将付出沉重的代价。

一方面，我们不信任互联网②，每个科技公司和服务供应商都运行在自己的"宇宙"中，这些"宇宙"之间的裂缝为黑客提供了机会。

计算本身不存在草率或不严谨。例如，银行间的在线交易系统是很可靠的，没有人曾经侵入或泄露谷歌、Facebook 等公司的关键运行算法，是我们自己选择了不严谨的网络。

看不见的手成为化身的手，变得可见时就得到了改进

对无重的向往源自一种愿望，即让数字网络成为针对一个永久无解问题的便捷解决方案。最终人们有可能摆脱乏味和烦恼，实现独特个体之间的真正自由的合作，推进不受政治影响的民主形式，实现卸去其他人的权利负担的自由，消除危险的无政府状态。要做

---

① http://guykawasaki.com/the_art_of_inno/.

② 美国总统特朗普建议公民不要依赖互联网："如果你有非常重要的内容，写出来，通过快递这种老方式寄出去。"之前发生过类似的事情吗？汽车行业成为国家的领头行业时，一国总统有没有阻止公民使用汽车？（http://www.cnn.com/2016/12/29/politics/donald-trump-computers-internet-email/index.html.）

到这一点，唯一的方法是让人们不那么真实。

让我感到惊讶和悲伤的是，许多数字思想家将其激烈的、形成中的 VR 体验内化，进而导致了很多在我看来是信息时代巨大混乱的东西。巴罗只是其中之一。他直接从对 VR 的迷恋转移到我认为的对理想信息时代社会的可怕规划。

也许，我们的分歧与我在农场而巴罗在牧场长大的生活经历有关。栅栏是他的敌人，却是我的朋友。

如果以网络空间的方式思考网络中的比特，那么网络就是个悬浮的世界。你不能指望别人的帮助，同时你也不用承担责任，你可以自由漫游，你可以摘取土地上的果实，获得免费的内容和服务。

这是牛仔的想法，电子前沿基金会的名字中就包含"前沿"一词，巴罗著名的"网络空间独立宣言"中更是反映了这一点。[①]

至少这是个实际上有益于黑客的方案。真正的西部世界（与电影中的不同）很少对骑兵或持枪者宽容。虽然最终的受益者是那些拥有大型云计算机的人，就像在真正的西部世界中，拥有了铁路和矿山就拥有了一切。

巴罗还算温和！有些黑客倾向于更极端的黑客至上，巴罗对此也很沮丧。

在万维网存在之前，曾有个无处不在的、类似于电子公告栏的服务，名为 Usenet（新闻组）。Usenet 出现于 1980 年左右，比互联网要早得多[②]，所以在 1987 年左右，它已经不算一个新组织了。Usenet 在 1987 年经历了重组，来支持"用户创造话题"的混乱大爆发。重组者之一就包括后来电子前沿基金会的联合创始人约翰·吉

---

① https://www.ef.org/cyberspace-independence.
② 互联网之前已经有联网，但都是分散联网，互联网是政治上实现的网络互通。

尔摩。这个无政府主义的"新宇宙"被称为"alt. hierarchy"（另类层次）①。

令人诧异的是，其中出现了很多色情内容，同时也出现了另一个问题。在"alt. universe"（另类宇宙）上的交流开始变得极端，例如，现实中最应受到谴责的人，如恋童癖者，也建立了论坛。

更糟糕的是，理智的人们开始通过在线体验发生改变。我知道一些黑客起初只是游走在边缘，但在网上，他们陷入了相互强化的偏执模式，阴谋论得以放大，任何持不同意见的人都受到欺凌。这在当时只属于边缘现象，几十年后却造成了可以改变世界的后果。

我要解释下，"alt. "的大部分内容都很棒。我曾经在上面谈论过奇怪的乐器，但其令人讨厌的边缘地带也很显眼，而且难以避免。垃圾邮件由此诞生了，"怪物"开始出现并迅速发展起来。

新的媒介将极少数人最黑暗的部分激发出来，而这部分人就在你面前。我们突然间有了可以连接人们的新式全球网络，但即使"怪物"只潜伏在偶尔出现的桥梁下，这也改变了你过桥的方式。

政治讨论小组开始合并，而且变得更加易怒。想法来自左派或是右派并不重要，只要它包括了广泛和恶意的伪技术阐述并贬低了圈外人，就可以了。对"特定失败者"（通常基于性别或种族）的敌意令人震惊地大幅增长。

（关于退化社会的规模模型如何爆发，进而形成主流政治和社会的故事，请见附录三。）

我很爱巴罗、米奇和约翰。我们会一起找个方法，度过这段时间。

事实上，我和巴罗还有米奇参与了后来菲利普·罗斯代尔

---

① 它被称为层次的原因在于利用树形结构划分话题。例如，树上有一片叶子叫 alt.arts.poetry.comments（艺术诗歌评论），另一片叫 alt.tv.simpsons（电视辛普森）。在 2017 年仍然有大约两万个这样的活跃团体。

（Philip Rosedale）创立的公司，名为"第二人生"，它指出了一种解决方法。

可能有人没见过，《第二人生》是一个屏幕上的虚拟世界，里面的化身在 PC 或 Mac 上进行了优化（在智能手机出现之前，这一点很重要）。在《第二人生》中，人们可以创造、购买和出售虚拟物品，如化身设计、虚拟房屋所用的虚拟家具等，所以这个世界里会有经济增长。

我不是说这个设计很完美，但它很好地证明了人们在购买和出售自己的比特。为什么社交媒体不能这样做呢？游戏中的一点点"重力"、一点点"触感"就会削弱互联网政治吗？

《第二人生》还可以用于证明之前 Kinect 破解讨论中提到的现象。通过 3D 图形和化身建立的虚拟世界激发了关注个人价值的经济实验。计算机内部的数据不再那么抽象，也更便于透过比特了解人们。

与此同时，社交媒体等"网络空间"的出现促成了双层方案，其中普通人群以货易货，所有者则从所谓的广告商那里获得真正的巨额报酬。[①] 这种模式以最快的速度产生了历史上最多的财富，加剧了已经使大部分发达国家失衡的财富聚集危机。

正如我之前关于 Kinect 数据所说的那样，相比于仅仅将虚拟现实作为一种隐喻方案，虚拟现实数据的经验更有利于信息时代的健康发展。虚拟要优于虚拟的虚拟。

---

① "广告"一词不能精准地表示大部分线上广告。你可以在附录三中读到我的观点。

第 45 个 VR 定义：以人为本、基于体验的数字技术有望推动数字经济，使作为价值来源的真实个人不被忽视。

硅谷仍然过于相信比特。有很多严肃的对话都是关于在虚拟现实中为普通人、消费者提供虚拟永生的。雷·库兹韦尔（Ray Kurzweil）推动了这一想法。还有些硅谷领袖投资了一些很疯狂的项目，来实现自己在生物上的不朽。

宗教的诞生

说起人们太相信比特时，最糟的借口就是 AI。我整理了本书出版时期内的 AI 话题如下。我和我的朋友曾就此展开过多次论辩。

在人们还把 AI 当成一种宗教（但其实是已经跨过的门槛）进行讨论时，我曾嘲笑过 AI。现在 AI 成了一种敏感的信仰，相信它的人希望 AI 能带来不朽，联合分离的部分，或者自动解决人类所有的问题，用无限的智慧统治我们所有人。见证宗教的诞生真是一种神奇的体验。①

因为我见证了 AI 的诞生，在我眼里，AI 起初是老式的、单纯的、没什么思考的实验，后来变成了获得融资的有效故事，最终爆发成为古

---

① 这使我重新思考古代一些宗教的诞生方式。第二代信徒总是比第一代更虔诚吗？

怪的信仰体系，使得它本身的进步都显得不再那么有用。[①] 同时，鉴于目前人们对 AI 的真实信仰，我必须把讨论姿态转换为自由和宽容模式。

宗教宽容必须是双向的。我认为除了人们解读的内容，比特没有任何意义。我希望至少能够有自由基于这个前提探索未来社会。但有些 AI 信徒已经变成狂热分子，甚至认为其他观点不可以存在，宽容根本都不在讨论范围内。

回到 1990 年左右的小湘菜馆。

一个硬件工程师一边吃饺子一边说：“好吧，拉尼尔，在 AI 问题上，我同意你的看法。我被 AI 吓坏了。我做噩梦梦到计算机突然进化了，只吃人类，直接除掉了我们。我不相信他们会喜欢我们或者把我们当成宠物。”[②]

“天啊，你并不同意我的看法。害怕 AI 比喜欢 AI 更糟糕。如果你害怕 AI，说明你最相信 AI。如果你让人害怕魔鬼，这不仅是在宣扬宗教信仰，可能还是在促进宗教的偏狭专断。人们害怕时就会变得偏执。”

“恶魔不是真的，但是计算机是真的。”

“如果 AI 只是我们在设置好的比特中看到的幻象呢？如果这是一种避免人类承担责任的方法呢？”

---

① 与早期让 AI 管理人类事物的极端方式类似，这些想法用处不大。例如，市场是有用的，但是极端的自由主义者认为市场应该是人类事物的唯一组织原则，或者不受监管的市场将永远趋于完美，这样的观点妨碍了市场发挥作用。同样，民主是有用的，但认为应该尽可能多地通过民主程序做任何小小的决定，也削弱了民主的作用。宗教也类似，我就不详述了。

② 斯蒂芬·霍金（Stephen Hawking）和埃隆·马斯克（Elon Musk）是当前代表这种恐惧的主要公众形象。

"这个问题已经争论了几十年。当人和 AI 难以区分时，AI 就是真的。图灵测试就是这样。"

另一个大胡子黑客刚才一直在吃面条，现在他开口说："他已经有了答案。"

"对。你认为人们会停留在原地等着 AI 赶上我们，然后超过我们。但是，如果人们是动态的，甚至比计算机更快呢？如果你在计算机之前改变了自己呢？如果你让自己愚蠢只是为了让计算机看起来很聪明呢？"

"这永远不会发生。"

现在我必须用最近的故事来捍卫自己之前的观点。这已经发生了！现在，计算运作着我们的生活，我们一直让自己愚蠢，而让计算机看起来很聪明。

想想奈飞（Netflix）。

奈飞声称它的智能算法可以了解你，为你推荐电影。奈飞还提供了 100 万美元的奖金，奖励能让算法更聪明的点子。

奈飞算法的问题在于它无法提供完整的目录，尤其是最近热门电影的目录。如果你想到某个特定的电影，可能它无法在网上播放。推荐引擎类似于魔术师的误导，它分散你的注意力，让你注意不到并非所有电影都可以看到这一事实。

智能算法也是如此。人们是不是让自己显得盲目愚蠢，让算法看起来非常聪明？奈飞的做法令人钦佩，因为奈飞就是要带给你戏剧性的幻想。做得好！

（顺便说一下，过去几十年，人们自以为是地恶意攻击版权，要求制作者"免费"自愿提供艺术和娱乐，可现在奈飞和

HBO 等公司让人们为好的电视节目付费时，你看看发生了什么？我们正处于所谓的"电视巅峰"复兴。）

与奈飞算法类似的误导行为为你带来了朋友、恋人、花销和不安全的经济诈骗。网络上似乎有太多的选择，我们无法自己挑选。生命短暂，所以你放弃了质疑，转而相信这些算法，一个傻瓜诞生了。

一位看起来甜美又悲观的数学家慢慢喝着馄饨汤，说道："拉尼尔，你把 VR 当成了 AI 的对立面。但它们不会融合吗？我的意思是，想想摩尔定律，我们应该可以算出在哪一年 VR 性爱会比真实性爱更棒。算法会了解你，自动为你设计最终的伴侣。我做了些初步计算，我认为那可能就会发生在 2025 年。"

这个想法已经被称为"性奇点"①。你可以花一整天的时间去了解它。也许我可以把这个留作读者练习？在这里，我只引用几句我的典型回应：

> "你是在倒过来想。这不是算法可以为你做什么，而是你是否可以拓展自己的想法。一天结束后，这就是计算机可以帮我们做的。为什么不把性爱看作你可以提升自己的事情？你不仅要和别人接触，你还会活着、成长、变化，而不是与算法陷入循环中。如果设备为你计算出了完美的性爱体验，那么真正发生的是，你在斯金纳箱中接受了完美训练。不要做小白鼠。"

人们告诉我 AI 算法有一天将可以谱出理想的音乐、写出理想的

---

① 性奇点假想在未来某一时刻，VR 性爱将比真实性爱更具吸引力，根据这一典型框架，女性将失去对男性的掌控力。

书籍或导演出理想的电影时，我的答案是相似的。前提从一开始就
颠倒了。

"但是如果人们喜欢呢？你现在那么高傲，但是如果有人喜欢自
动设计的虚拟情人，以及由算法专门为他们创建的完美书籍和音乐
呢？你是在挑剔，我们都有权拥有自己的审美。"

"我们都想成为优秀的工程师，对吧？我的意思是，当我们
把机器当成人时，我们就把让我们成为优秀工程师的反馈回路
颠倒了。"

"你把简单的问题复杂化了。"

"不，想一想。当你让一个人信任人格，相信另一个人真的
是人时，就会产生尊重。你不能重新设计人，那是法西斯主义。
你要让人们自己发明自己，即使他们很烦人。他们确实经常是
这样，但那就是我们爱人性的原因，对吧？开放的不可预测性、
多样性。如果你决定把计算机当成人，你给了计算机同样的尊
敬。这意味着你失去了计算机设计决策的基础。你无法让他们
变得更好。"

"也许我们需要避免过于敏感，接受我们需要重新设计人的
观点。"

"天啊，不。"

"我不明白，如果你不同意需要重新设计人类，那么怎样建立心
智界。至少要有点儿！"

"我不觉得必须尽快地建立心智界。《星际迷航》的基本原

则有错吗？[1] 不要自上而下的设计者，让文明自行出现，然后才有深度和多样性。急什么？"

"听起来我们像是决定如何处理地球事务的高级外星人。"有人低声赞同。也许那就是我们当时的身份。

一个瘦得像铁轨一样的小伙子正在挑鱼里面的小骨头，他觉得该把话题转回来："你说 AI 不是真实的，唯一依据就是它现在还不是真实的。等它实现后，就会有大量的证据。"

大胡子一边吃着面条，一边说："小心，拉尼尔的'过早的神秘减退'要抨击你了。"

"我想那个观点已经折磨过你很多次了。我们是否可以同意，所有人都可能对事情的发展感到惊讶，我们都不应该如此确定自己知道未来会发生什么？"

"这是不证自明的。摩尔定律告诉我们，计算机未来会比现在厉害数百万倍，之后会再进化，再进化。它们会超越我们的大脑。它们将享有权利，要求权利。"

"那我只能再次用我的移情圈理论来回应你。如果你的移情圈过大，就会变得无力，这不会帮助任何人。当你开始支持这些完美的小生命，也就是我说的"特殊代理人"时，你就会变得可笑，就像有的人会因为不想杀死细菌而不再刷牙。"

在座的人不自在地喃喃低语。

"你拿这一点举例，不太公允。我认为你真正不喜欢的是，你将因为虚拟生命支持而被起诉。"（我们会在下一章中看到这个故事。）

---

[1] 《星际迷航》的虚构宇宙中著名的基本原则是不要干涉技术落后星球的事务。

"我希望你们至少想想，我们该如何向世界上的非技术人员解释。如果你听到巫师说他们会创造出更高级的生命，守旧的人会被淘汰或者成为宠物或者其他的什么，你会怎么想？你不觉得这会让他们不信任现代世界吗？他们不会恨我们吗？他们不会成为骗子的目标，转而相信科学不是他们的朋友吗？我们要为非技术人员服务，这难道不是我们工作的全部意义吗？"

当你读到机器人值得同情的评论文章时，请记住以下观点：科技作家有个坏习惯，他们善于表述一些在特定时刻服务于大科技公司利益的"大想法"。谷歌通过侵犯版权迅速获得前所未有的财富时，曾有很多文章批判版权多么罪恶。同样，Facebook 首次将个人数字身份变为商品并进行垄断时，有大量的"激进"文章赞扬隐私终结和集体性价值。[①]

"那么，如果巨型机器人或超智能纳米粒子群决定没必要留下你，你的想法也不重要。你会被消灭，你也无法继续讨论它们是否真实。"

"你现在惹着我了，还记得生存研究实验室中，那只操作带喷火器坦克的豚鼠吗？动物知不知道自己在做什么并不重要。为了看表演，你需要签合同，承诺不起诉把豚鼠放在驾驶座上

---

① 疯狂效忠软件的一个极端例子是公司成为人，至少根据美国最高法院的说法是这样的，公司同时也成为算法。

谷歌和 Facebook 等公司的运行算法从未被黑客入侵，因为它们是新经济中唯一的决定性资产。所有其他比特都是别人的问题，但算法会受到严密的保护。

讨论过开源和共享之后，这些算法是地球上唯一被成功保护的秘密。任何其他资产，也就是内容，都由第三方提供，这样这些公司就可以免于承担责任。

最高法院裁决与新经济惯例的结合，难道不意味着美国已经支持算法不仅是人，而且是超人？我们有没有意识到我们已经这样做了？

的人，而不是不起诉豚鼠。"

发现摧毁人类的邪恶 AI 机器，与发现科技人员和军队无能为力，二者唯一的区别在于第二种解释可以被起诉。

你每次相信 AI，你就会不那么相信人的力量和价值。你正在消解自己和其他人。

第 46 个 VR 定义：
VR = -AI（VR 是 AI 的对立面）。[①]

我知道这会怎样被解读。VR 的推崇者说 VR 是实现数字信息的最好方法。他反对 AI，反对社交媒体，还反对万维网！他是想告诉我们他做的才是最好的吗？谁不这样说呢？

我也只是人，不能说自己没有偏见。

我的观点是，VR 是实现数字技术最清晰的方法，其原因类似于专业魔术师也是最好的魔术解密者。从霍迪尼到佩恩和特勒，再到神奇的兰迪，魔术师非常善于看穿和拆穿把戏。同样，

---

① 一个相关的表达方式是，AI 就像交换了时间和空间的 VR。也就是说，VR 中的化身是对实时反应的人的空间修改。例如，一个人可能会变成龙虾，但他仍然能与其他人和环境中的一切进行实时互动。但 AI 是从人们中搜集数据，之后通过所谓的 AI 角色进行映射和重演。AI 实体不是实时化身，这让人们幻想它根本不是化身。AI 程序运行时，提供数据的人们不在房间内，所以我们很容易想象 AI 程序拥有独立人格，而不是反映了人类数据、资金和能力。

《流言终结者》(*MythBusters*)也是电影特效专家。以创造幻想为职业的人都了解幻想。

VR 科学家是科学的幻术师。我们告诉你我们在骗你时，说的是真话，我们指出我们不是唯一的骗子时，你应该认真考虑一下。

第 47 个 VR 定义：
一种全面幻觉的科学。

爱工作，而不是爱神话

不要误会我。我所在的实验室恰好是世界上最好的 AI 实验室。我对我们完成的工作感到非常骄傲。

我不"相信"AI。我希望我们能用不同的术语和方式来构造工作。我们所做的事情是数学和算法、神经系统科学、云建筑、传感器和执行器，这些都很棒，都有用，甚至对我们物种的未来至关重要。但是，如果我们能用另一种方式描述我们的成就，我相信可以变得更好。

我的很多同事都不同意我的看法。大多数科技新闻人以及很多股东也不同意。请注意，我在这里讲的不是共识。

我的许多同事认为 AI 是我们构建的事物，而我认为 AI 是用来包装我们所构建的事物的。不同情形下，这种分歧可能是有意义的，也可能是无意义的。

如果程序应该像是可以对话的模拟人，而且这个幻想就是我们的目标，那么我们显然别无选择，只能把它看成 AI。

如果除了这个幻想外，我们还有别的目标，比如提高医疗记录分析效率，那么我一直认为我们应该试着抽出医疗记录分析相关的算法，看看能否设计出尽可能清晰地展现结果的用户界面，而且不涉及虚构物体。根据我的经验，我们这样做时，速度会很慢，需要很多努力，但是结果往往会很好。

VR 在清晰表达复杂事物方面的能力令人惊叹（想想记忆宫殿的效果，或孩子可以学习操纵四维物体的方式），所以非常适合解决这样的问题。

从这个观点再引申一步，如果我们没有优化的用户界面来查看分析结果，怎么确定机器人是在向我们展现最有用的结果？换句话说，如果我们依靠机器人了解重要事物，了解如何最好地进行表现传达，那么如果没有其他方法来检查机器人的工作，我们怎么知道机器人有用呢？所以我认为我们应该先攻克高级用户界面这一难关，可能是通过 VR，然后再考虑用 AI 包装。（这种优先级反映了附录二所述的表现型理想：中间结果应该始终采用可理解的用户界面格式。）

我知道，如果跟别人说你正在开发工具，用于在医疗记录中找出我们之前未能发现的模式，这听起来很无聊，但如果说我们正在开发完成这一工作的机器人就听起来很棒。如果说我们在用 VR 实现这一点，会不会更令人激动？

无论 VR 是否会更好，即使在基础技术是美丽和必需的时候，AI 也会使设计更混乱。我们应该先做哪个？坚持做一个爱幻想虚构的人，还是确定一个目标，比如改善医疗记录分析？

外星人 VR

我要提到的最后一个 VPL 时期留下的文化遗产是，一种可能比 AI 信仰更极端的比特信仰。如果 AI 成为新的宗教，那么我们会遇到新的经院哲学，变得更加书呆子气。

有一批技术人员相信我们已经生活在 VR 之中。用格雷戈里·贝特森（Gregory Bateson）的理论来说，除非他们的信仰变成有害的痴迷，这种观点不会产生任何影响。黑客最大的恐惧是被黑客攻击，如果我们已经生活在 VR 中，那么也许我们很容易受到元黑客的攻击。

回到像小湘菜馆这样的场所，在我讲话的问答环节上，经常有人问这个问题：我们怎么确定自己是否已经身处 VR 之中？

我在不同的时间回答不一样。只要我们能观察到的物理世界性质——实验可以重复，优雅的物理定律从未被违背，这就表明如果我们是在别人操作的 VR 中，那么操作者没有进行微管理。我认为，相信虚拟操作者的存在类似于相信上帝，不过虚拟操作者只是拥有超级能力的初始神，而不是超越的神或具有道德意义的神。

这谈起来就很长很长了。

我曾经提出另外一个观点：运行 VR 系统的神为什么不会被嵌入另一个更高级的神操作的 VR 系统中？在原始神链条的顶部将会是最深远的神的概念，不用考虑中间的所有神，一样可以接触到。终极现实总是在你面前，为什么还要考虑中间的神呢？

或者，我曾预测量子密码学的成功将表明没有人观察我们，我们并非以任何会产生重大影响的方式存在于 VR 中。量子密码学使用自然最基本的特性，证明消息以前绝对没有被读取过。无论是人还是神，观察的行为会改变量子系统。

量子密码学最终成功了！所以，如果你相信这个观点，现在就不用那么担心我们可能身处 VR 中了。

另一个论点通常与尼克·波斯特洛姆（Nick Bostrom）等哲学家最近的工作有关，但最初成型还要回到小湘菜馆。[①] 简单来说：如果存在大量的外来文明，就会有一批文明能够开发出高质量的 VR，会有许多 VR 系统在运行，但真正的宇宙只有一个。因此，当你发现自己在现实中时，很有可能会是在 VR 中。

我对这个观点和类似观点的回答是，可能有不止一个真正的宇宙。想想李·斯莫林的宇宙景观论，宇宙会进化出支持有趣化学进程的特性。李提出这个想法后，出现了各种变体。弦理论现在有自己的宇宙景观版本。这些理论中，有的认为可以有无数个宇宙，所以将宇宙数量与其中运行的 VR 数量进行比较不是个明确的问题。你最终可能是用无穷比较无穷，所以还是不要担心了。

这些都不重要，但我知道已经有几位年轻的男性技术人员，因为过于担心这些问题而伤害了自己。因为他们相信 VR 操作者会毁灭与自身利益或存在相悖的人类或整个宇宙。

这并非在暗示存在一个邪恶的操作者或神，它可能只是网络达尔文效应。你看，我们可能正在发明一个超级 AI，类似于神的黑客。如果我们的现实没有出现这个结果，它就不会出现，就像没有遗传下自己基因的动物一样。那些钻牛角尖的年轻人相信他们的想法可能会毁灭自己，或是整个宇宙。他们用精神困住自己，以免有犯罪的念头。[②] 但大多数人只是消化不良和失眠，虽然也有谣言说有人自杀了。

---

① 机器人专家汉斯·莫拉维克（Hans Moravec）可能是其开山鼻祖。

② 我不想在这里全面解释这个问题，因为没有任何意义。如果你好奇的话，可以去查下"罗科的蛇怪"。

针对这种痛苦的解药就是不要想太多，用 VR 进行真正的物理研究。研究传感器，感受实际现实的美丽质感。与真正的人一起工作，你甚至可以放弃 VR 部分，只和真正的人在现实中工作。

另一个解药就是想出更具异域感、更有趣，但不是自我毁灭性的理论。

我和现在的布朗大学的理论物理学家（也是爵士音乐家）斯蒂芬·亚历山大（Stephon Alexander）想出了这样一个疯狂理论：如果宇宙中存在大量智慧生命，那么外星人肯定会想要最强大的计算机来运行 VR。

外星人会更喜欢时空拓扑量子计算机，因为这是最好的选择。这些假设的计算机通过在时间和空间上打结来存储信息，进行计算。我们的想法是，这类计算活动过多的话将会改变宇宙曲度。

显然这个想法很疯狂，但我们还没有其他更理智的想法可以解决决定宇宙曲度的宇宙常数要比它应有的数值小得多这个问题。那么为什么不是外星人的计算机在影响宇宙曲度呢？宇宙常数将能够衡量宇宙硬盘的存储程度，因为外星人的信息广泛存储在整个可见的宇宙中。我们看着夜空时，不仅看到了一个充满生命的宇宙，还看到了有其他生命入侵的宇宙。外星人计算机太夸张了。球形列队的宇宙飞船将激光朝内使用，来操纵微小的黑洞。[①]

外星人 VR 可能已经在帮我们了。没什么好担心的。

[①] 微软研究院正在研究拓扑量子计算机，但是他们还没有使用黑洞，所以我们目前还没有改变宇宙的形状。

1992 年，出局

微观世界

1992年，一切都变了。在VPL里，伴随着一系列奇特的活动，这一年如我所愿地开始了。

精彩项目包括我们将德国、美国加州和日本的人们在生动、共享的虚拟世界中联系起来，并让他们横跨各大洲远程操作机器人。我们小心翼翼地将机器人的手放到化身的手里，让化身拿起手术工具。手术模拟已经扩大范围到了大脑。

在20世纪90年代初，VPL就开始了一个雄心勃勃的秘密项目，名为"微观世界"（MicroCosm）。它是第一个独立的VR系统。它的基本单位包括跟踪传感器和一台个人计算机，其中各种特殊卡片被嵌在一个漂亮而弯曲的塑料雕塑中。它本将以约7.5万美元的价格完成销售，这在当时算得上是显著的成本降低了。

微观世界的眼机可以转换成手持立体观看器，有点像歌剧眼镜。使用者可以手持手柄把眼机立在眼前，而不需要总是用头环安放，这样人们就可以随时进出虚拟世界。在该配置中，虚拟世界的视觉访问可以随意共享。发型也不会被弄乱。手柄也是一个控制装置，配有传感器和主动触觉反馈。用户的另一只手，通常是惯用手，可以戴上手套。

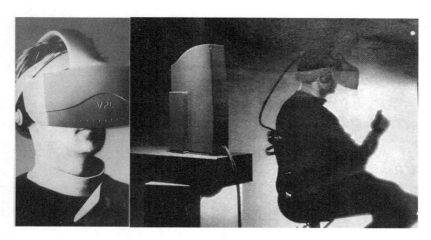

图 20–1　从未发货的 VPL 微观世界 VR 系统原型的照片。微观世界由艾迪欧公司（Ideo）为 VPL 设计，本应成为第一个独立的 VR 系统。未示出的是具有触觉表面的可拆卸手柄，通过它可以举起头戴设备，而不需要头环，这非常像歌剧眼镜。这些图片来自 1992 年 10 月发行的《大都会》（*Metropolis*）设计杂志，是唯一公开发表过的图片。微观世界被认为是最能代表美国设计的产品，不仅仅这一年是，一直以来都是这样。

图 20–2　微观世界项目团队的部分人员正在进行原型测试。从左到右依次是：我、安、"彗星"米奇·奥特曼、戴尔·麦格鲁（Dale McGrew）、戴夫·莫里茨（Dave Molici）、戴维·莱维特和迈克·泰特尔。

微观世界使用的并不是硅图公司的冰箱大小的计算机，而是采用了由我们的英国合作伙伴和经销商 DIVISION 公司为个人计算机设计的第一个 3-D 显卡。微观世界可以用配有手柄的小巧软箱进行运输，运输简便，安装迅速。

微观世界比我以前尝试过的任何 VR 系统都更美观、更好用、更舒适。可是对一家小公司来说，它依旧非常昂贵，因此，它从没有真的卖出去过。

VR 陷入电影的困境

1992 年年初，我们还没有搬到拥有大八角窗的新奇大楼里，当时我们正在打包。也就是从那时起，我们开始感觉到现实世界变得太奇怪了，随时可能会走向破裂。

在昂贵的公寓可以直接建到水面上之前，有一个汽车影院恰好停在海湾的砾石上，房东通过它赚了点小钱。VPL 公司面向内陆的窗户成了模糊屏幕的框架，高高地悬在汽车里约会的夫妇头顶。通常我们可以看到蹦蹦车追逐和伤感的亲吻，但在 1992 年，我们看到的是我们自己。

《割草人》是一部使用真正的 VPL 装置作为道具的科幻电影，讲述的是阴谋收购一家 VR 公司的故事。皮尔斯·布鲁斯南（Pierce Brosnan）扮演的大概就是我的角色。

这部电影以斯蒂芬·金（Stephen King）小说的改编为开始，但最终成为一个关于阴谋的故事，说是受到 VPL 真实故事的启发。[1] 但至今为止，我还真的不知道到底怎么就是真的了。

---

[1]　源自导演布雷特·莱昂纳德（Brett Leonard）在谈话中提到的内容。

据新闻报道，我们心爱的 VPL 已经成为法国情报部门的关注目标。法国人显然认为我们掌握了有价值的技术秘密，或者基于这一前提，至少有一名法国官员欺骗他的上司去资助冒险行为，按照推测，我们的法国投资者和董事会成员与渗透到硅谷各公司的更广泛的秘密行动有关。

荒唐是"美味的"。法国人！渗透 VR 公司！一家报纸头条写着：VR 已经被渗透。另一家报纸上写着：VR 公司几乎不存在。

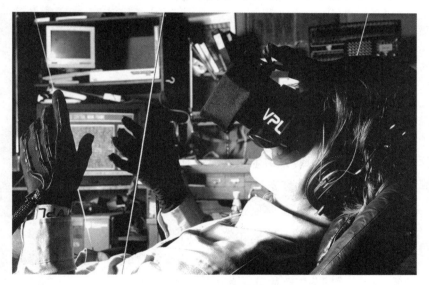

图 20-3 《割草人》中使用的 VPL 设备

《国家问讯报》，一家可靠的超市小报，撰写了一篇恳切的文章，透露中央情报局雇用了一个秘密地下间谍组织，他们的成员都戴着数据手套。这些间谍整天摆动手指，远程控制独立的机械手爬入敌方领土抢夺文件。据说这是一种法国人所追求的获奖技术。

法国董事会成员可能并没有试图去实现这种幻想，但是他们仍然是深不可测的。（其中一个人几乎在每一句话中都喜欢使用"尽管"一词。）

董事会坚决拒绝让 VPL 联网。严重的是，我们无法注册 vpl. com。我几乎不可能说清楚这有多么荒谬，他们给出的原因竟然是存在安全隐患，认为有人可能侵入我们并窃取文件。而且他们也担心每个人都会花时间在 alt. hierarchy 的各种分支上，从而变得粗暴且无用。

我们逐渐变得沮丧。

丧失巨大的可能性

VPL 有段时间看起来像个大型公司，但事实上如果它要成为 VR 中的苹果或者微软，它还要爬过一座高山，并且要想出一个办法潜伏数十年。现在考虑这些还为时过早。

我们正在打造的产品更像是 VR 中的 PDP-11，而不是 Mac。PDP-11 是 20 世纪 70 年代每个实验室都需要用的计算机。它对普通人来说太贵了，但对大学来说就很便宜。它拥有很棒的疯狂科学家的气质，带着闪烁的灯光和旋转的磁带卷轴。

VPL 太小了，不能集制造商、软件公司和文化力量为一体，这需要一定的时间。核心算法无效。我们没有足够的资金建造昂贵的VR 设备，然后一劳永逸地等着收钱。当我们帮助公司解决这个愚蠢的问题时，法国董事会成员一直在阻挠。

其他问题更加古怪。我开始怀疑威廉·吉布森是否描写的是我们的生活。

当威力手套出现的时候，我们与挡在我们和美泰公司之间的许可代理公司发生了争议。那家公司里有一些优秀的员工，他们为产品做出了真正的贡献，但领导者是一个经典的纽约角色。

他在销售和人际交往方面非常出色，在情感上也很疯狂。这是一名优秀销售人员的必备素质。他们最终通过愚弄自己来达到愚弄他人的目的。

他的造型看起来像 20 世纪 80 年代的好莱坞巨人，全身闪闪发光，留着很长的大波浪卷发。如果没有花大价钱对头发精心修剪，看起来就会有点嬉皮士的感觉。他会让每一次对话为销售铺路，让每一个缺乏完美的协议变成歇斯底里的故事。

"看着这些眼睛，它们好多年没有看到自己亲爱的母亲了。你必须明白，在这位亲爱的女士对我表达不满后，这些眼睛甚至不会看她。现在你告诉我，你不觉得我可以放弃这个交易吗？"

事情就这么继续着，令人惊奇的是，这对他还总是有用的。

那家伙有着自我毁灭的犯罪倾向，美国联邦法院宣判他犯有欺诈罪和其他罪行。也许你会问，为什么我要和一个有过犯罪记录的人交往？律师和董事会也提出了同样的问题，并且比你刚刚问的更不客气。答案很明显，我不知道我在做什么，经验不足。

多年以前，这位活得很精彩的家伙已经决定要停止特许权使用费，我们去了法庭，他态度软下来，然后问题就解决了。

为了解决问题，他只问我是否同意出席他向其他方推销包含 VPL 技术的交易。我没有义务接受任何这些交易，只是出席。成为一个由优秀的推销员推出的舞台剧中的人物，这很好。

终于到了我要履行义务的时候了，但是我们的游说对象看起来毫无反应，包括伊梅尔达·马科斯（Imelda Marcos）、唐纳德·特朗普（Donald Trump）和迈克尔·杰克逊（Michael Jackson）。那家伙想要我全年全天候在全世界飞来飞去，我基本上就是一个在不合理交易达成的超现实镜头下的抵押物。

与迈克尔·杰克逊的家人在他们的厨房里打发时间很有趣。我猜在那些年，与迈克尔的任何相遇都很奇怪，但是那个优秀的推销员暗示我的头发里可能有虱子，而迈克尔对这样的事情很是痴迷。当我们相约在一个美妙而巨大的模拟调音台上讨论技术时，我坚持认为混音增益调整器在最右边，但他认为输入通道在最左边，我们礼貌地互相大喊大叫。

那个优秀的销售员从来没有把整个目标列表都看过一遍。我可能限制了他的风格。

真实现实的怪异超越了 VR，而且我不知道会继续多久。没有任何意义。

在日本，我了解到我们的一名被许可方卷入了与有组织犯罪有关的指控中。虽然讨回那些人欠我们的钱是一件麻烦事，但在等待的过程中，有幸见识一些东京的奢侈享乐和据称是罪恶的一面，确实使拖延变得有趣。戴着各色流动面纱的艺妓的现代后裔和女性服务员闪烁着的金色光芒，漂浮在摩天大楼顶上微微发光的水池中的贡多拉游船，无处不在的夜景，黎明时分远处的富士山，这一切让人迷醉。

回想一下，VPL 当时已经为虚拟化身和在模拟中的人物联网等技术申请了基本专利。这些专利真是纯正的"蜂蜜"，它们吸引了无数的诉讼和争议，但是这还为时尚早，所有人都在浪费时间。如前所述，VPL 专利现在早已过期。只有在几十年后的今天，VR 才准备开始赚钱。

当价值不可实现时，对价值的感知便是引发冲突的最坏的磁铁。没有人能得到满足。

花言巧语和秘密行动

婚姻短暂且痛苦。

她说："你没有一点喜欢我。"

"我只是不喜欢你的尖刻。"

"哈哈。你太聪明，但还不够聪明。"

离婚有可能成为一场荒唐的泰坦尼克式的斗争。

一位名叫马文·米切尔森（Marvin Mitchelson）的著名好莱坞离婚律师决定在我身上尝试一番。情况是这样的，我拒绝让我前妻怀孕，因为她年纪大了，生物钟已经被打乱。这样做的结果是，我有可能会因为"虚拟的孩子抚养费"而被起诉，但其实他的真实意图是那些专利。事实上，米切尔森在诉讼取得进展之前就被取消了律师资格，并且因一些不相干的事件被监禁。（我的前妻后来跟另外一个人有了孩子，所以一切都结束了。）

在这个过程中，我感觉像是不断被人跟踪。一天早晨，我在曼哈顿漫步、思考。当时我还住在加州，只在城里做生意。午后，我在中央公园的一个长凳上坐下来，然后收到了一份与离婚有关的文件。一定有人告诉司法文书递送员要一整天跟着我，所以我才会有一直被人盯着的感觉。

这一经历使我明白了理论与经验之间的差异。我一直认为，人的生命是神秘而神圣的，而且一个人不能霸占别人的身体。因此我支持妇女选择堕胎的权利。

但是我从来没有经历过这样的事情：法律可能会强行要求我用自己的身体来满足别人的生殖目的。我必须提供一个精子样本，以便在法庭上证明我的生殖力。这就像这个情节本身一样怪异，我希望其他男人能体验一下这是什么样的感受。有关堕胎的辩论会很快得到平息。

这件事情的副作用是，我不幸地体会了一直被跟踪是什么感受。在那一刻，在公园的长凳上，我得到了一个几乎令人心悸的发现：如果事情未经查实就被传开了，硅谷很快就会跟踪所有人，就像跟踪我那样。你不能以这种方式生活，除非你逃避现实，最终不得不在内心死去，被这个骗局欺骗一辈子。

不幸的是，我们的数字专家即将推动每个人远离诚实的生活经验，因为除非他们也逃避现实，否则任何人都不能适应被监视的生活。

但是，当我聪明地使用微观世界的原型时，至少我能够享受最后一个奇妙的时刻。

单手之音

1992 年，SIGGRAPH 在芝加哥举办活动。电影节始终是活动的一大亮点，它让业界在欢呼声中率先观看最新特效。电影节上通常会有一个中场演出，在舞台上进行现场表演。那一年我利用微观世界在 VR 中演奏音乐，这是微观世界唯一一次公开亮相。

我开始设计虚拟世界，并称之为单手之音（因为我戴着一个数据手套进行演奏），我在演出前一个月才开始学习如何演奏。我不得不完全沉浸在创作过程中。投入音乐中是多么不计后果而奢侈的一件事啊。回想起来，我意识到我已经在试验将技术业务抛在脑后会是什么状况了。

在演出中，我戴着微观世界头戴设备，举着歌剧眼镜般的手柄，进入虚拟世界中，观众可以在我身后一个巨大的投影屏幕上看到我所看到的一切。当然他们也可以听到我正在演奏的音乐。

单手之音的每一个音符都是由我的手部动作产生的，这些动作通过数据手套传送到虚拟乐器上，没有预定的顺序。让观众相信这是真的很不容易。表演者可能只是跟着预先录制的音乐在模仿。为了在舞台上进行互动，你必须从一个小演示阶段开始，就让观众相信互动是真实的。

为了展示互动，我演出的第一个虚拟乐器被称为节奏万向架。（万向架是旋转接头层次结构中常见的一种机械结构。）

节奏万向架像一个陀螺仪。静止的时候，它是白色的，完全没有声音。当我拿起来移动它时，它开始发出声音。其实声音是由环相互摩擦发出的，他们在相互接触时也改变了颜色。一旦开始运动，节奏万向架会放慢速度，但需要很长时间才能完全停止。因此，除非我小心地放开它，没有任何旋转，否则当我没有顶着它的时候，它就会继续发出声音。当我演奏其他乐器时听到的"背景音"就是来自节奏万向架。

我们可以通过练习旋转万向架来探索一系列的和声和结构风格，从开放、和谐、平静的声音到疯狂的不和谐的声音，变幻莫测。我最喜欢的是中间区域，它听起来像晚期的斯克里亚宾（Scriabin）和巴伯的弦乐柔板（不是开玩笑）之间的一种交叉。

令人震惊的是，这个简单的小发明如此善于产生和谐之音。这全是由一个作曲家的大脑完成的吗？将万向架描述为一个自适应的算法音乐生成器是不恰当的。在发现这种奇怪乐器的和谐之音时，存在一个直观表现的必要元素。

我无法可靠地从节奏万向架中获得特定的和弦，但是我可以从和弦进行中找到一种感觉，进而决定和弦在何时改变以及这种改变有多么强烈。这感觉并不像是失去控制，而是一种不同的控制。它无法用来测试乐器，但是你可以测试当你进行探索和学习时，是否会变得对它更敏感。一个好的乐器，人体是可以感知到它的深度的，而无论是语言还是视觉思维都无法感知到这种深度。

本来的计划是，单手之音将是一个精心制作的 VR 演示或说明。但是当我在这个世界上工作的时候，一种情绪或者一种本质就开始显现，而且我的情感和精神体验也是真实的。虽然内容并没有让人很愉快，但也是意想不到的、令人兴奋的。所以我采取了一种更沉闷、更依靠直觉的方式，而不是符合清晰而轻松幽默的计算机文化的方式。我很少会觉得自己在以一种直觉的方式进行编程。要使一个人的技术和情感能力保持一致并不容易，但用直觉编程是其中一种方式。

当然还有其他的乐器[①]，它们全都在一个空心的"小行星"里面飘浮着，我在它们周围四处游荡，孤独失落，为看不见的观众演奏音乐。

由于其编程的性质，计算机音乐不得不使用由音乐概念构建而成的乐器。这与过去的"无声"乐器是完全不同的。钢琴不知道什么是音符，它只是在敲击时震动。对生命奥秘的敏感和敬畏是科学和艺术的核心，但是具有内在的强制性概念的乐器可能会使这种敏感变得迟钝。如果你假装你编程的内容能反映你对你所做之事的完整理解，那么你就看不到万物[②]边缘的奥秘，这可能导致"乏味"或平淡的艺术。为了使计算机艺术或音乐起作用，你必须特别小心地把人和人的接触作为关注的焦点。

我很高兴地发现，单手之音在表演者、观众和技术之间创造了一种不寻常的地位关系。在表演中使用稀有而昂贵的高科技，可以用来创造提升演员地位的奇观。表演者是相对无懈可击的，而观众应该为他感到惊叹。

单手之音设置了一种不同的场景。观众在我"遨游太空"和操

---

① 网络萨克斯是最符合人体工程学的复杂乐器。当抓住萨克斯的时候，我虚拟的手开始慢慢地握住它，它试图避免穿过途中的手指。我一拿起它，我的虚拟手指的位置就相应地响应我的真实手指，被调整到萨克斯键上的适当位置。这是在虚拟手工具设计中非常重要的控制过滤的例子，特别是在力反馈不可用的情况下。

② "万物"这个词的用法和莱昂纳德·科恩（Leonard Cohen）《赞美诗》中的"万物的裂痕，这就是光线进入的方式"是同样的意思。

作虚拟乐器时看着我以各种方式扭曲自己，但是我戴着眼机，在我摆着尴尬的姿势时，有 5 000 人看着我，但我看不到他们，也不知道他们看到的我是什么样子。尽管有技术，但我很脆弱，而且非常人性化。这创造了一个更真实的音乐场景。如果你在观众面前演奏过音乐，特别是即兴演奏，你就会知道我所谈论的那种真实表演之前的脆弱性。[①]

相比于我在 20 世纪 70 年代后期在纽约参与的所有奇怪的"实验性"表演，单手之音是向未知的一次更大的飞跃。我完全不知道这个作品是否会带有一种情绪或一种意义，或者观众是否能理解这个经历。表演对我来说是愉快的、使人心情放松的事情。这是一种技术上的布鲁斯，一个我可以玩得很高兴的单调工作。这是一个与 VPL 团队合作进行纯创意项目的机会，一个将 VPL 的所有材料视为一组既定的（可靠的）原材料，而不是作为工作去做的机会，一个实践我所宣扬的虚拟工具设计的机会，一个仅仅为了美而使用 VR 的机会，以及一个在我那可笑的充满抱负的专业同行面前演奏音乐的机会。

观众反应很好，这出乎我的意料。我没有听到任何人把这件作品描述成一个样本唱片。它就是音乐。[②]

有限游戏的终结

回想起来，单手之音就是我人生中类似于电影《陆上行舟》（*Fitzcarraldo*）的时刻。忙完堆积成山的工作，紧接着完成一场表

---

① 我发现，写一本书也能产生一种类似的力量。

② www.jaronlanier.com/dawn.

演，然后"遁入旷野"。

1992 年的 SIGGRAPH 活动是一个巅峰，之后我不得不面对现实。我与 VPL 董事会其他成员的看法不一致。我们已经捉襟见肘了，这是真的。我希望我们为了微观世界全力以赴，即使这意味着将整个公司拖入风险。我希望 VPL 主攻网络增长。我们的软件已经准备好成为第一批联网的应用软件之一了。但是，董事会的其他成员希望 VPL 改变方向，成为一个低风险的、更传统的公司，拥有军事合同，出售少量高成本、高利润的产品，等待其知识产权足以卖出高昂的价格。董事会的愿景付出了非同寻常的代价：战略性破产。

根据这个计划，VPL 将会破产，之后将出现一个没有债权人的新公司，然后它会被法国投资者彻底控制。在这里我必须指出，债权人也是董事会成员，但是没人介意。我本可以在这个时候争取一下，也许会赢。我看到了一个进行高风险投资的机会，而不需要破产。

在我的脑海里，我开始怀疑自己是否转而追逐错误的梦想。如果我想成为硅谷的巨头之一，我还有机会。VPL 有机会成为一家大公司，这与网络的兴起有关。我可能会一边领导一家大型科技公司，一边与一个无能的董事会、所谓的日本"暴民"、所谓的法国"间谍"以及坚定的好莱坞离婚律师进行荒谬的斗争。我开始怀疑这是否是我想要的。

如果那时对自己做一个客观的评估，我会说我的问题是我想要被爱。我还是那个失去了母亲的小男孩，我无法忍受在硅谷取得成功所带来的嫉妒和烦恼。

但那不是全部。我也怀疑商业世界中男性成功的神话。

商业世界里有一种氛围，它是对军事文化的微弱的回声。领导者是能够神奇地将事件变成现实的人。史蒂夫·乔布斯谈到了"在宇宙中留下印记"，正如新时代迷信所认为的那样，一个人的思想创造了现实，这就是男性的商业神话。这些都是神奇的思考，永无止境。

然而这段时间我还是了解了一些企业，例如科技公司、大型玩具公司和军事承包商。据我所知，事实与商业超人的神话并不相符。领导者争权力、争声望，但是只要有事情能以有用的方式完成，这都要归功于某个不知名的人，一个看不见的天使。属于我的"神话"更加明显，查克和安等人为了让 VPL 获得实质性的进展做了很多"努力"。

如果你不再相信伟人的神话，那么你就很难成为一个伟大的人。

于是我得出了一个让人难以理解的结论：是我离开 VPL 的时候了。

这就像放弃你的国家或你的宗教一样。我迷失了方向，惶惶不安。

据我所知，VPL 在没有我的情况下继续运转，销售同样的产品，但不再创新。我没有远远地密切关注它。VPL 于 1999 年被太阳微系统公司收购，并最终成为甲骨文公司的一部分。

我的一部分又一次死去，是时候重新开始了，忘记我所承受的一切。

尾声：现实的挫败

1992 年以来的这些年里，发生了各种各样的奇迹。我已经变了，一切都变了。

　　我被最可爱的家庭所包围。我很高兴。

　　至于那个遥远的世界，它的故事是复杂的。

　　小时候埃尔帕索对我来说是一个可怕的地方，但今天它是美国最安全的城市之一，少了很多种族分歧，让人感觉更加放松。文化中轻快的氛围是令人愉悦的、平易近人的。

　　与此同时，我亲爱的华雷斯却成了世界上的"谋杀之都"。年轻女性在那里可怕地集体失踪。在 2008 年到 2011 年最黑暗的年代，从埃尔帕索漫步过桥，感觉就像进入了中世纪的地狱。现在这座城市似乎正在爬出黑暗。

　　在其他新闻中，顾客不再在美国餐馆吸烟，而年轻时候的我甚至可以在餐厅乐队演奏。

　　纽约和洛杉矶有了相当多的可呼吸的空气。参观美国的大城市不再感觉像进入外星球的大气层了。

　　然而，曼哈顿被你在任何地方都可以看到的相同的连锁店所占领，感觉不像以前那么特立独行了。

　　与此同时，文化深度在洛杉矶扎根，这座模糊不清的城市已经不再是一个"死胡同"了。据我所知，这里的人们生活很充实。到

图 21-1 2015 年微软研究院高峰论坛上的一次聚会，包括了本书中提到的许多 VR 研究人员。这不是一张照片，而是一个容积捕捉的二维图像。从左到右：研究实习生维克多·马特耶维茨（Victor Mateevitsi）、纽约大学的肯·佩尔林（Ken Perlin）、戴着 HoloLens 的马克·博拉斯（Mark Bolas，他那时还在美国南加州大学，现在就职于微软）、研究实习生安德里亚·王（Andrea Won）、微软的克里斯托夫·黎曼（Christoph Rhemann）、布朗大学的安迪·范达姆（Andy van Dam）、我、戴维·金（David Kim）、北卡罗来纳大学的亨利·富克斯（Henry Fuchs）、实习生约瑟夫·蒙克（Joseph Menke）、哥伦比亚大学的史蒂夫·费纳（Steve Feiner）、微软的沙赫拉姆·伊扎迪（Shahram Izadi）、佐治亚理工学院的布莱尔·麦金泰尔（Blair MacIntyre）、阿肯色大学的戴着 HoloLens 的卡洛琳娜·克鲁斯－内拉（Carolina Cruz-Neira）、研究实习生基肖尔·拉蒂奈维尔（Kishore Rathinavel）、华盛顿大学的汤姆·弗内斯（Tom Furness）、研究实习生杰瑞克·斯佩希内尔（Gheric Speiginer）（实际上被现实捣蛋鬼的实验耳机挡住了）、斯坦福大学的肯·索尔兹伯里（Ken Salisbury）、微软的韦恩·张（Wayne Chang）、普林斯顿大学的肖建雄（Jianxiong Xiao）、微软的拉恩·加尔（Ran Gal）、两名不认识的访客、微软的哈维尔·波勒斯·卢兰契（Javier Porras Luraschi）和微软的张郑友（Zhengyou Zhang）。

底是谁变化更大，是洛杉矶还是我感知洛杉矶的能力？ ①

硅谷改变了大多数事情。我们赢了！我们控制了"租一个妈妈"。董事会不能插手。黑客直接拥有了自己的公司。

我们告诉世界要为了我们的快乐而改变，它做到了！全球的孩子把自己的隐私权交给了我们，我们的算法现在拉动着"提线木偶"。算法敲击着我们的斯金纳箱子的按钮。

黑客拥有有史以来世界上最富有的公司，而且不用担心有太多员工。个别年轻的黑客通常而且很快会变得比世界上大部分的人更有钱。

"帝国"在循环。太阳微系统公司的老园区现在是 Facebook 的总部。硅图的总部旧址现在是谷歌总部。（我曾经在谷歌总部的午餐室做过 VR 实验。）

在硅谷的感觉怎样？一个重大的变化是种族多样性。这些日子里的典型会议中会有来自印度、中国和其他地方的许多工程师参加。

我的感觉是，认知多样性略有减少。每个人似乎都比过去表现出稍微多一些的自闭症谱系上的能量。

另一个变化是政治。硅谷还是相当"左倾"的，但自由主义的

---

① 这感觉就像打破了一个相互奉承的沉默誓言——我们都应该知道别人知道的东西，但是我必须提到这本书以及通常讲故事的最基本的特质之一。我花时间来描述各种社交场景和物理环境在不同时代对我来说完全不同的原因之一，是我想强调内心生活的真实性。感觉不一定是事实。你可能会对你感知到的东西有强烈的反应，但有时这些反应可能与你内在的精神和情感过程有关，而不是你所感知的东西的本质。数字文化已经变得如此关注行为和测量，以致我们很容易忘记我们感知世界的方式可能不仅仅是关于世界，而是关于内在体验如何影响感知的。如果你对疫苗、麸质、女人说话时的声音、移民、政治正确性或任何使你生气的事情感到不安，也许这不完全是关于那些东西本身。也许值得注意的是内在发生了什么。我发现，对内在生活和经验认识的提高，使我和其他人成为更有效的科学家和工程师，也更加亲切。

压力变得相当强烈。①

在这本书的开头，年轻的我认为未来听起来像是地狱和天堂，而最近，我造访"地狱"的次数远远高于"天堂"。

躁动政治的数字温室从 Usenet 的另类层级迁移到了 Reddit、4chan 和其他中心，并且孕育了像"玩家门事件"一样的恶意爆发，以及最近的另类右翼。不幸的是，VR 的故事与这种迁移交织在一起。（你可以阅读附录三中的遗憾故事。）

关于计算的警示性故事有很长一段时间不足以引起人们的警醒，人们似乎总是想要反乌托邦式的技术，因为它看起来很酷。②

在离开 VPL 之后，我试着用自己的风格写文章。我写了一些关于社会如何会在某一天被算法之间的抽象战争弄得荒谬的文章，以及有关"病毒式"的在线动态如何能够引发突然的社会和政治灾难的文章。我的警示性故事在一些圈子中得到了赞赏，但那显然并没能阻止我在其中警告的事件。

---

① 我可以理解为什么许多年轻的技术人员已经摆脱了自由主义。由政府运营的硅谷在某方面看起来好像是专门为了阻挠技术人员一样。这点经常被人抱怨。

例如，我们的海湾大桥最初建于 1933 年至 1936 年之间，是世界上最长的大桥。

这座桥实际上是通过海湾中间一个岛上的隧道连接起来的两座桥，其中一部分在 1989 年的地震中受损。受损部分不在旧金山一边的壮丽的吊桥上，那是一个古老的工程。问题出在通往奥克兰的粗制滥造的部分。

政府开了很多次会议，直到 2002 年才开始修理。2013 年，更换的部分还没有开放。在本书出版之后，破坏部分的拆除才会完成。

如果你是硅谷的千禧一代，那么政府已经花了比你整个生命还长的时间，来修复一座在最原始的条件下仅用了三年时间就建好的桥梁，它的诞生甚至早于最早期的实验性计算机。而像苹果手机和 Facebook 这样的硅谷产品可以在几个月内改变世界。

我相信民主是值得的，因为我已经看到了足够的选择，但如果你看到的只有科技公司和海湾大桥，你可能会有不一样的感觉。

② 2017 年消费者电子展的热门产品是一个固定的圆形设备，它可以倾听，与您交谈，并优化您的生活。人们想要买机器人哈尔！

在这里，我再次尝试预警，但又有所不同。太多的经历已经证明，故事不再具有警示性。我撒下"面包屑"让你跟随，让你了解我们如何走到现在的位置。它会有帮助吗？但愿如此。

现在，让我们转向更愉快的话题。

我仍然热爱 VR，所以我放手去做。尝试来自年轻设计师的虚拟世界是一种享受。观察人们头晕目眩的 VR 体验令人愉快。

VR 仍然教导着我。我喜欢注意自己运行中的神经系统，这在 VR 中比在其他情况下更有可能实现。我喜欢在自然世界的光和运动中，在森林的叶子①和孩子的皮肤上观察我过去视而不见的细微差别。当你比较真实现实和虚拟现实时，这种情况最为强烈。

提高 VR 装备的科学技术依然是新鲜的。用一个更好的方式去捡起一个虚拟物体仍然是一件激动人心的事情。

除此之外，显而易见的核心乐趣是，VR 可以很美丽。

我最喜欢的就是看到别人也喜爱 VR。在 20 多岁的年轻人中，VR 又一次焕发出勃勃生机。新一代的年轻人不仅发现了 VR 的乐趣，而且变得很狂热。

有时候有人会问我，当 20 多岁的年轻人认为 VR 是几年前才发明的，或者只有在最新一家 VR 公司获得资助时，它才值得一提，我会不会恼火？我一点也不恼火，相反我很激动。年轻人很在意 VR，他们想要拥有它。

---

①　当我写这本书的时候，我的一个实习生朱迪斯·阿莫雷斯（Judith Amores）制作了一个 HoloLens 的应用，为现实世界添加艺术和雕塑。你可以雕刻彩虹结构，在墙上甚至人身上涂鸦，它还可以粘贴，或者你可以把大量的黏糊糊的东西扔向空中，发出啪嗒声，然后它们会掉下来。

我把它带到了森林里。你可以轻松地走过一棵树，并把它当成理所当然的存在。你可以毁坏或摧毁一棵树，只看到你自己。或者，你可以装饰一棵树，然后去掉你所添加的一切。现在这棵树的真实面目出现了。

年轻人应该拥有 VR。他们也确实拥有 VR。无论我说什么都不如即将到来的一代又一代的人自己了解 VR 重要。

这本书大多是关于经典 VR 的，但近年来，混合现实发展迅速，这很大程度上是因为 HoloLens 的发展。我非常期待尝试年轻设计师在混合现实中创造出的虚拟素材。

VR 和混合现实的关系是什么样的呢？它们互相重叠。未来的设备可能能够在任一种模式下运行。即使这种情况发生，我怀疑 VR 和混合现实仍然会保持文化上的独特性，就像电影和电视，即使它们现在通过相同的频道传送到相同的屏幕上，但仍然保持着不同。

到本书出版之时，经典 VR 热潮的最新一波可能会到达顶峰。如果发生这种情况，而且你是一个在过去几年被虚拟现实所吸引的年轻人，请注意，不久后将会有更多的 VR 浪潮出现。即使在实验室，VR 也很难运转得很好。如何做出好的 VR 产品，还有很多要学习的。请耐心一点。①

我意识到某些读者可能会觉得我精神分裂。如果你是一个技术人员，你可能想知道我怎么可以花这么多时间在令人沮丧的警告上，也就是我们如何把自己变成"僵尸"的警告。如果你是一个人文主义书籍的爱好者，你可能想知道我如何同时成为技术的狂热支持者。在这条"钢丝"上走并不容易，但如果我们要生存，就必须学会走路。②

---

① 我们都被苹果手机宠坏了。它是强大的，而且随着时间的推移，它的智能手机类型变得越来越强大。但这是不寻常的。

这几乎从来没有发生过。个人计算机的发展并没有那么顺畅和迅速，社交媒体也没有。当然，上述设计也变得非常强大，但是花了更长的时间。只是因为花了一段时间才能解决技术问题，并不意味着世界已经拒绝了它。

到这本书出版的时候，这种安慰性的想法估计恰到好处，不过这只是我的猜测。也许 VR 将是强大的、庞大的、巨大的，而且最重要的是要遏制涌现出的不幸的过度行为。

② 走钢丝，也就是"在线上"，你明白了吗？

在我写作的时候，越来越感觉到，反乌托邦式的 20 世纪中叶科幻小说中的幻想世界已经成为现实。这种流派总是把未来的技术描绘得十分炫目，但即使科幻小说也警告过我们其中的危险。

有一天，我的家人去探望另一个家庭。我们的孩子玩着 HoloLens，看起来很高兴，父母却对美国的权力转向感到担忧。这不是最初出现在菲利普·迪克小说中的场景吗？还是从电影《发条橙》中删除的场景？

通过观察年轻人使用技术，我找到了希望。据我所知，我下面将分享的认识还没有得到科学的证实，但它让我稍微松了一口气。

年轻人似乎不容易被网上的愚蠢言论所愚弄。他们在愚蠢过度的社交媒体中长大，所以会更小心一些。年长者被社交媒体上的新技术重重打击，似乎已经被带到一个比我在 VR 中梦想的任何东西都更加虚假的世界。

一个人越年轻，他似乎就更能明智而适度地使用技术。现在看起来，X 一代比千禧一代更加沉迷于社交媒体，[①] 而千禧一带很快就厌倦了相似虚荣的无穷繁衍。

《我的世界》特别会讨好年轻版本的我。如果你还没有见过它，它就是一个最初在计算机屏幕上显示的、异想天开的、看起来斑驳的虚拟世界。这个虚拟世界经常被使用它的人重新设计和重新编程，它是有史以来最受孩子欢迎的数字设计之一。

微软收购了《我的世界》的制作公司，我与《我的世界》的工作人员一起调整它的 VR 版本。我 9 岁的女儿和她的朋友一起测试了一下我们的设计，能表达我感受的词必须是"欣喜若狂"。他们不

---

① 实际上有一些初步的研究支持这一观察，尽管现在称之为趋势还为时尚早。就称之为希望吧。https://www.nytimes.com/2017/01/27/technology/millennial-social-media-usage.html。

仅掌握了技术技能，还创造了美好。当我还是一个十几岁的孩子时，我曾试图寻找词语来表达这样一个未来的梦想，他们实现的比我所希望的更好。

深入而全面地享受技术是拥有技术的最好方式，不要被技术所拥有，要"潜入"技术。

后 记

2014 年，我获得了德国图书贸易和平奖。我认为没有什么能比我在颁奖仪式上的演讲更好地传达当时发生的一切，所以我将引用那次演讲的结尾来结束本书。

你可以相信人是特殊的，在某种意义上说，人不仅仅是机器或者算法。这个命题可能会招致科技圈的粗鲁嘲讽，而且确实没有绝对的办法证明这个命题是正确的。

我们相信自己、相信彼此，这比传统的相信上帝更加务实。它带来了更公平、更可持续的经济，以及更好、更负责任的技术设计。（相信人与相信上帝或缺乏信仰都是可以相容的。）

对一些技术人员来说，对人的特殊性的信仰听起来可能是感性的或虔诚的，他们讨厌这样。但是，如果不相信人的特殊性，那么怎样谋求一个富有同情心的社会呢？

我建议技术人员至少试试假装相信人的特殊性，看看感觉如何？

最后，我必须把这次演讲献给我的父亲，他在我写下这些的时候已经去世了。

我悲痛万分。我是独子，现在我没有父母了。我父母承受了一切痛苦。我父亲的家庭在大屠杀中经历了如此多的死亡。他的一个阿姨在一生中一直保持沉默。当时她不敢吭声，躲在她姐姐身后的床底下得以幸存，而姐姐被剑刺死了。我母亲的家人来自维也纳，很多人都被抓进了集中营。所有这一切结束之后，只剩下小小的我。

然而，我很快就被更强烈的感激之情所征服。我的父亲活到了90岁，得以看到我女儿的出世。他们相互了解，彼此爱护，他们的存在让彼此感到快乐。

无论我那些信奉数字至上主义的朋友和他们的"永生实验室"如何认为，死亡和失去都是不可避免的，尽管他们宣称对创造性破坏充满热爱。无论我们多么痛苦，最后的死亡和失去都必须面对，因为它们最终都会到来。

我们建立的奇迹、友谊、家庭和意义是惊人的、有趣的、令人叹为观止的。

我们热爱创造。

附录一

后象征性交流

（关于我的一场经典 VR 演讲的遐想）

更多的副本

标题为"副本"的文件记录了我 1980 年或 1981 年的一次演讲。演讲的开始讨论的是山峰大小的头足类动物和我早期的童年经历。自然而然地，介绍这个主题的唯一可能的方式就是："技术如何能变得足够引人入胜，使其永远更多的是关于意义而不是权力？"

副本继续写道：

> 假设 21 世纪的头几十年，机器人已经变得更加先进。[1]
>
> 也许你可以建造一个巨大的、珠光宝气的章鱼形水生电子动物小屋。或者也许在将来的某一天，生物工程将能够生产出一个城市规模的定制章鱼屋，供人类睡眠使用。
>
> 我们对技术的了解是，随着技术的进步，某些事情可能会

[1] 当我编辑这份旧的副本时，终于身处遥远的"未来"，但海湾里仍然没有巨大的人造生物。

变得越来越快，越来越容易，但其他的事情仍然会像以往一样需要大量的工作。随着芯片运行得越来越快，为此建造工厂却变得越来越难。

所以我们有理由猜测，虽然我们不确定会出现什么样的困难，但制作真正的超级章鱼将会成为未来的一个无限期解决的问题。

别忘了，你可能会花更多的时间在政治上，而不是在这个项目上。即使将来生物工程不受监管，也可能存在谈判的权利，或者有关该类大型项目中土地和水的使用规定。

即使是一个成年人也有几种方法自发地认识世界上的新事物。

如果仔细思考一下人体，你会注意到有几个特殊部分的移动速度与思想一样快，并且这些部分具有足够的多样性，能反映各种各样的想法。

你知道这些部分是什么吗？告诉你，是舌头和手指！

手指可以用钢琴家能想到的最快的速度在钢琴上弹奏音符，最快的钢琴演奏者正在以人们能听到的最快的速度表演即兴创作。如果你不相信我，那就听一下阿特·塔特姆（Art Tatum）的独奏。如果你真的注意到了这些，它就会变得势不可当。

经历了越来越长、越来越缓慢的间接训练，我们用手也创造出了每一种人造的东西。双手创造了火，火将铁融化，再制成刀剑等。

在长时间的技术培训开始的时候，我们总是用手来完成，但也通过舌头来协调。我们通过说话来计划用手做什么。

我们保留的最早的记忆通常与我们最早的语言经历相吻合。为了理解语言，你必须从匆忙思考开始。

　　语言是人们用物理现实的一小部分就可以操纵的事情，我们有能力以思想的速度操纵像舌头这样的物理现实，来唤起对所有其他现实操纵的幻想。我们只能很慢地实现，并且需要付出很多努力。

　　语言就是我们所说的硅谷文化中的"黑客"。

　　通过舌头的几次轻击和声带的刺激，你就可以将"巨型紫色章鱼"这个短语脱口而出。跟这个短语相比，可能人们要花费几十年的努力，甚至在遥远的将来才能在现实中发现这样的生物。

　　符号是为了效率而使用的一种把戏，它可以让大脑在没有意识到物理现实变化的情况下，快速地向其他人表达思想。象征主义将我们可以控制的宇宙的一部分，比如舌头，转变成宇宙其余部分的召唤者，以及我们无法在匆忙中控制的所有可能的宇宙的召唤者。

　　现在我们就把 VR 看作将来可能存在的现实。

　　想象一下，有一天我们会开发出一种用户界面，用于在 VR 中创建新鲜的东西，它可以像现在的乐器一样有效快速地工作，甚至可能带来乐器的感觉。

　　也许你可以在沉浸式的虚拟世界中找到一种虚拟的萨克斯风式的东西。也许你将不得不佩戴特殊的眼镜和手套来观看和感受它，或者也许会有其他的小玩意儿来实现这个把戏。拿起它，学会用手指拨弄它，用嘴巴吹奏它，它将把虚拟的章鱼屋和拥有其他奇妙事物的世界轻松快速地幻化出来，就像今天的萨克斯风可以轻松快速地吹奏出音符一样。

　　这将是我们物种剧目中的一个新把戏，是人类故事的一个新转折。你身体中使语言成为可能的部分将被用来制造经验的素材，而不是象征性的参考假设的经验。

诚然，学习如何将事物变成现实，需要花费数年的时间，就像学一门语言或弹钢琴也需要数年时间一样。但回报是有形的，其他人会体验到你所创造的东西。你的自发发明将会客观存在，它将被人们共享，就像物理实体被人们共同感知到一样。

为了实现这个理想的目标，VR将不得不包括那些富有现实表现力的萨克斯管或者其他各种各样的工具。这些工具是否可以被创造还是未知的。但是，我们在此假设可以做到这一点。[1]

然后，VR将以一种全新的方式，结合物理现实、语言和天真的想象力的特性。

VR的命运就是我所谓的后象征性的交流。与其讲一个鬼故事，你不如做个鬼屋。

VR就像想象一样，会产生无限的变化。它会像物理现实一样客观存在和被人们共享。它也会像语言一样，成年人能够使用它，以至少与思维速度相当的速度来表达。

关于"蓝色"

这是副本的结尾，我记得接下来发生了什么，人们提了很多问题。我现在只回答其中的一个。

"等一下，虚拟的东西不会只是一种新的符号吗？它们不是抽象的或柏拉图式的对可能发生的事情的一种参考吗？它们真的和语言不同吗？"

---

[1] 附录二中，关于显性，我大概解释了我为何认为它可能会实现。

很高兴你问到这个问题。首先要明白的是，我们还没有对意义、符号或抽象进行科学的描述。我们不能把这些事描述成大脑中的现象。几千年来，我们一直在思考这些词语的含义，但是我们仍然无法探测它们到底代表的是什么。我们假装用计算机程序来实现它们，但这只是营销和投资的立场。

即使如此，我仍然可以认为，后象征性的交流与以前的任何交流都是截然不同的。

关于"蓝色"，科学家可能将其描述为与视网膜中的一类传感器最匹配的光的频率。但这不是它的全部。我们在不是那种意义的蓝色中感知到了蓝色，比如海洋和音乐。那么什么是"蓝色"呢？

想象一下，VR 中的一个桶里有各种蓝色的东西。把你的头伸进去，它就像《神秘博士》的 TARDIS 一样，里面很大，每一件蓝色的东西都向远处延伸开来。你能感觉到共性，而不需要一个词来形容它。

那将是一种新的蓝色。足够流畅的有形物应该至少能够承担一些抽象的职责。

另一种说法是，如果整个宇宙都是你的身体，那么说话就无关紧要了。你只需要意识到你需要描述什么。（前面的两句话对没有尝试过 VR 的人来说可能很难理解。）

有学者争辩说，古代人甚至没有注意到蓝色的存在，直到出现了蓝色这个词。[①] 古代文献中很多都没有相关的记载。我们怎么能不想知道我们今天可能会错过什么呢？也许后象征性的交流会让我们

---

① 参考盖伊·多伊彻（Guy Deutscher）的《话/镜：世界因语言而不同》（*Through the Language Glass*）。

的认知比词语更开阔。①

说话吧，触手生物们！

任何听过我讲座的人都对头足类动物有所耳闻。我痴迷于这些动物。

---

① 多年来我一直在思考"蓝色的桶"，但今天我可以引用具体的实验。也许是时候让我的老麦高芬消失了。

在机器学习算法中，就像能够分辨猫和狗的算法一样，我们要求很多人来识别属于某个类别的东西，比如猫、狗或蓝色的东西。因为是网络游戏或新奇事物的一部分，人们通常愿意为我们免费做这项工作。

然后，我们使用统计相关性的反馈网络（机器学习算法）来捕捉所有这些人告诉我们的内容。由此产生的软件可以将猫、狗和蓝色的东西进行分类，其效果往往跟一般人一样或比一般人做得更好。

所以我的旧思想实验已经实现了。（我甚至需要研究算法的早期例子。）

在 20 世纪 80 年代，当我进行 VR 演讲时，不得不挑战抽象和符号的优越性，因为它们是学术界的宠儿。但是现在机器学习算法不仅工作得很好，而且获得了有史以来最大的财富，而我却恰恰相反。

最近，每个人都需要明白，仅仅是因为你可以辨别猫狗，并不意味着你理解所有的认知。

在人类的大脑中存在着某种超越相关性的东西。例如，我们不只是将随机的新的数学表达式与旧的正确的数学表达式相关联来检测新的数学表达式是否正确。我们理解数学，但是我们不明白理解是什么。目前还没有对大脑中思想的科学描述。也许有一天会有，但不是现在。我们有能力忘记我们不明白的东西。我们很容易自我困惑。

我的朋友布莱斯·阿格拉·阿尔卡斯（Blaise Agüera y Arcas）（以前在微软实验室工作，现在就职于谷歌）和他的同事试图反向运行机器学习算法，查看是否会出现狗或猫的柏拉图式的图像。出现的东西必须以艺术家的触觉来引导，才会有意义，但它可以变得有趣和超现实。

我们不知道人脑中是否有柏拉图式的狗或猫。我们所知道的是当看到一只狗或一只猫时，不同的神经元被激活，但我们不知道如何或为什么。

因为我不知道什么是象征性的交流，或者即使它在 50 年内仍然被认为是一个可敬的概念也是一样，所以我不能真正地理解后象征性的交流会变成什么。几十年后，我仍然会喜欢后象征性交流的概念，因为它强调我们应该尽可能地发现 VR 中的新事物。

像我们之前说到的模拟章鱼一样，更奇特的头足类动物可以将图像投射到皮肤上。它们也可以通过操纵触手和提高贴边来改变形状，达到惊人的程度。一只章鱼可能会突然变成一条鱼，这是一种很好的伪装，只要捕食者不喜欢鱼，它们就能逃过一劫。头足类动物进化得很聪明。它们不仅可以变形，而且可以明智地变形。

有一个著名的视频，是由伍兹霍尔研究所的罗杰·汉隆（Roger Hanlon）拍摄的。视频里加勒比海章鱼成功地变形为珊瑚，至少人类看不出它与真实珊瑚的差别。另外一类高性能的头足类动物，各种各样的墨鱼，被认为可以从一种性别变为另一种性别，这样做或许是为了在交配季节迷惑竞争对手。头足类动物可以学着变成之前没有见过的东西，比如棋盘。（这是真的！）

只要我们能够这样变形，就会成为自然的化身。我们可以变成我们想到的任何东西。头足类动物的生活远非完美。头足类动物出生于没有亲代关系的卵子，这对它们很不利。它们非常聪明，但是它们不能一代一代地传承和发展文化。假设能选择一次，我仍然会选择成为人类。

通过 VR，人们可能近乎成为头足类动物，只要我们弄清楚如何制作出优秀的 VR 设计软件就行了。[①]

再现

我以前演讲中的一些想法可以加入稳定的 VR 定义中。请注意，VR 可能会具有下面的定义。

[①]　我在《你不是个玩意儿》的末尾详细地描述了这一思路，所以我不在这里完整介绍了。

——————

第 48 个 VR 定义：一个共享的、清醒的、有意识的、交流的、协作的梦想。

——————

也可以换一种说法。

——————

第 49 个 VR 定义：将早期童年的"私人魔法"延伸到成年的一种技术。

——————

童年的幻想终将实现。实践活动会变得神圣。我想知道，如果我们诚实地对待幻想，并且在幻想周围创造出可持续的技术，我们幼稚的本性是否会变得不那么糟糕？

VR 中的情感比对新奇事物的渴望更加深刻。人们在我们短暂的生命筑成的围墙内斗争，我们能够想象那种情景，可惜行动能力有限。技术是我们用"头颅"对这些"墙壁"的冲击，我们至少要留下一些痕迹。

所以，这里产生了另外一个定义。

第 50 个 VR 定义：一点生活经验，没有任何界定人格的限制。

迷恋与自杀

这里还有一个问题经常会出现，如果没有其他人问到，我会自问："思考童年的本质和广泛的人类联系有什么重要的意义？这不是一个相当复杂难懂的困扰吗？"

我的回答是："这事关我们物种的生存。"

如果沿着现在的道路继续走下去，我们最终会毁灭自己。我们未来的技术能力越强，就会有越多的方式来结束人类的故事。数字游戏对我们不利。①

我常常发现自己夹在技术怀疑者和技术空想家之间。我不得不经常重申，我是毫不含糊地赞成技术进步的。在人类历史上越往后

---

① 回到狩猎采集时代，小团伙或部落互相监督，少数人可能伤害少数人。后来，随着农业的发展，规模越大，回报越多。城墙在城市周围筑起，暴力也被正规化，多数人可能会伤害多数人。军事战略和创新能力提高了，中等数量的人可能会伤害多数人。

现在，我们面对摩尔定律之类的影响，少数人会有更多的方式杀死多数人。大规模暴力的手段越来越便宜，最终它将几乎免费。

同样，过去很多人暗中监视很多人，民主德国的史塔西和帝国操纵就是这样。但是现在，少数人可以监视其他所有人，也可以阻止大多数人做同样的事情，因为数字网络并不像其宣称的那样公平。

退，情况越糟糕。直到最近，人们还是在尽可能地促进生育，因为我们都知道，并不是所有的孩子都能活到成年。令人厌恶的疾病无处不在，饥饿也是如此，还有很多人是文盲，是无知的。

尽管有这样的历史，我从来不认为科学或技术会自动让生活变得更好。它们只是创造选择和回旋余地，通过它们，人们可以变得更道德、明智和快乐。对任何道德或伦理进步的希望，科学和技术从来都没有被视为充分条件，而只是必要条件。

硅谷的巡回乌托邦大会中的一个延续多年的比喻是"富足"。这个词在我们的语境中意味着，人类很快就会在技术上变得非常优秀，每个人都能够生活得很好，甚至可以永远活着，而且几乎是免费的。有时候这个想法被认为是在谴责我们对极端财富集中的担忧。"很快，你想要的一切几乎都将免费，所以有没有钱无所谓。"

人类已经实现了这一潜力，在 20 世纪的某个时刻。我们已经习惯了这样一个事实，即我们已经有能力养活、安置和教育每个人。每个人！但我们其实还没有这样做。长期以来，这是整个技术企业核心的黑暗耻辱。

我认为，技术进步作为一个主要的指导原则会使我们有所提升，直到我们不可避免地到达"悬崖"，并陷入自我毁灭的"深渊"。但是，我们不能因技术进步而退缩，因为这太残酷了。也许我们可以随着技术水平的提高重新审视和改善我们正在攀登的进步之路，或许能找到其他的出路。

我一直在跟你讲关于孩童、头足类动物和奇幻经历，原因在于它们指出了一条更好的进步之路，一条生存之路。我把这条路叫

"麦克卢汉之路"①。

考虑到自物种诞生以来，人们一直在彼此联系的方式上进行创新。从数万年前的口头语言，到几千年前的书面语言，再到数百年前的印刷语言，直到摄影、录音、电影、计算、网络，然后到 VR，最后是我希望我的演讲中可能会大概提到的后象征性交流，再然后到我无法想象的东西。②

麦克卢汉之路是由发明构成的，但发明并不仅仅是完成实际的任务，它们培养了新的人格维度，甚至可能是同理心。我曾经谈过，不像其他边界，"我们之间的边界"被定义为无尽的，因为我们通过探索它而变得更加复杂。

"这些梦幻般的追求，"我惊叹道，"后象征性交流的哲学概念、表现型建筑的工程项目，③ 我已经在这些疯狂的项目上投入了这么多精力，这些都是为了在麦克卢汉之路上一小步一小步地前进所做的尝试。"

除了探索遥远的恒星系统之外，我们也可以想象，未来我们将会找到更好的方式来了解彼此。既然我们从根本上具有创造力，那么这个过程便永远不会结束。随着越来越多地被他人所知，我们会变得越来越有趣。

我有时会把它称为同理心之路。随着我们不断提升，出现同理心的机会将会变得越来越多。

---

① 这个称呼是为了纪念 20 世纪 60 年代成名的著名知识分子马歇尔·麦克卢汉（Marshall McLuhan），他率先对媒介进行了研究。

② 威廉·布里肯（William Bricken）曾是华盛顿大学人机界面技术实验室的首席科学家，该 VR 实验室是由汤姆·弗内斯创办的，也是虚拟西雅图的诞生地。威廉·布里肯已经开始探索数学的后象征性方法，你可以在他即将出版的《标志性数学》（*Iconic Mathematics*）一书中了解到相关内容。

③ 关于它们的信息，见附录二！

第 51 个 VR 概念：一种可以让你换位思考的媒介，它有望成为增强同理心的途径。

麦克卢汉之路与成就之路不同。它可能不会通向"悬崖峭壁"，可能只是继续上升。从某种意义上来说，武器不会变得更复杂。一旦每个人都可以随心所欲地杀死地球上的其他人，那么军事提升之路就会完成。我们已经到达"悬崖"。

关于演讲中的这一点，我通常会提到詹姆斯·卡斯（James P. Carse）的《有限与无限的游戏》（*Finite and Infinite Games*）一书。书中提出，某些游戏即将结束，其他游戏则开启了无尽的冒险。一场篮球赛结束了，但整个世界和篮球文化不需要结束。到底哪种类型的游戏是技术？

我的讲座经常以一句告诫结束："技术人员有责任提出那些美丽的、有魅力和有深度的媒介技术，这将引导人类远离集体自杀。"

我用力地讲着这段话，观众倒吸一口气，可是他们记得的只有华丽的嬉皮士神秘主义。我本来打算以"引导人类远离集体自杀"那句话结束我的第一本书《你不是个玩意儿》（*You Are Not A Gadget*）[1]，但当时我的经纪人坚持认为那样会令人沮丧，甚至会破坏人们对书的接受度。

---

① 杰伦·拉尼尔的《你不是个玩意儿》一书简体中文版已由中信出版社于 2011 年 8 月出版。——编者注

事实上，黑暗现实主义是华丽乐观主义的唯一体面的基础。战术上悲观，战略上乐观。

一团糟

我在 1992 年之后基本上停止了发表"专家演讲"，不是因为梦想的失落，而是因为人们反响太好。这让我感觉不舒服。最终使我厌烦的是在"学习附录"这个网站上的一件特别矫情的事，它吸引了一群荒谬的谄媚者。我不想成为真正的大师，尽管很多人都以此为追求。

附录二
对显性系统的狂热
（关于 VR 软件）

强制变形

本书是一本计算机科学相关的回忆录，因此里面包含了很多计算机科学显性层面的讨论。如果技术类内容会让你觉得头疼，请跳过此部分，因为下面的内容主要与 VR 软件有关。不过你可能会惊讶地发现这些内容其实很有趣。

思考一个问题：VR 软件应该是什么样的？ VR 软件的形式应该与其他软件完全不同。原因如下：

几乎所有的软件都存在两个阶段，其关系类似于毛毛虫和蝴蝶。第一阶段是软件编写或调整阶段，第二阶段则是软件运行阶段。程序员反复编写代码、再调整、再运行。软件的这两个阶段实际上普遍存在。在某一时刻，程序员要么在编写软件要么在观察软件运行。

（确实，像《我的世界》这样的建造类游戏，你可以一边玩儿，一边修改，但通常改变程度会有限制，你必须切换到"毛毛虫模式"，才能拥有更深层次的变化。）

这对 VR 来说还不够。VR 不像你的智能手机，不是在外面的一个盒子中运行的。你就在 VR 里面，VR 就是你。

以你在现实世界中的厨房为例，你第一次做完饭，然后吃饭时，现实的规则不需要在两种活动之间进行改变。你不会成为一个被暂停的动画形象，也不会有技术人员走过来，重新设计你的手，方便你用刀叉，而不是用煎锅和铲子，至少我们没有理由相信这种情况会发生。你只需要在同一个世界里做完一件事情，接着做另一件事，保持同样的连续性。如果 VR 软件能做到这一点，不是很有意义吗？无模式？ ①

这一点从一开始就显而易见。所以我和我的同事不得不从最基本的原则入手，重新考虑我们的软件架构。

格雷丝

开发和运行代码之间的来回交换模式主要由海军少将和计算机科学家格雷丝·霍珀（Grace Hopper）发明，她编写了现今创建软件时仍需沿用的核心模式。

"源代码"是我们在毛毛虫阶段修改的代码，这一阶段负责创建和编辑计算机软件。源代码通常由英文和其他符号组成，有一定的可读性，就像是在讲计算机应该做什么，但这只是假象。源代码更像是法律文件，它详细说明了计算机为达成任务必须采取的确切行动。

这种风格上的误导经常会使刚开始编程的学生感到困惑。虽然

---

① 这是对拉里·特斯勒（Larry Tesler）在 20 世纪 80 年代著名的车牌号码"NO MODES"（意为"无模式"）的模仿。模式会让软件更加难用。拉里·特斯勒发明了我们数字世界的浏览器等很多我们熟悉的元素。

它看起来有点像人性化的文本，但只有你在编程时做到像机器人一般绝对精准，源代码才能真正起作用。要为机器人编程，你必须自己先成为机器人。

源代码对完美的要求主要源自霍珀和其女性海军数学家团队的惊人工作。她们发明和完善了编程语言、编译程序以及实施"高级"源代码所需的其他技术。①

顶尖的男性数学家被困在新墨西哥州的洛斯阿拉莫斯，研究如何制造原子弹，所以只剩下女性数学家推动计算机事业的发展。霍珀的团队很了不起，早在计算机科学成为热门话题之前，她们就已经开发了优化编译程序。

由于需要提供词汇，基于文本的代码使得特定的抽象成为主流。因此，霍珀的做法使抽象看起来是最根本的，而且是难以避免的。

设想

大多数早期的计算机，比如在普林斯顿大学高级研究所约翰·冯·诺伊曼地下实验室运转的那台，都包括一个基础的视觉显示装置。在这个装置中，每一个比特都有灯，所以你可以看到比特时不时地跳动一下。② 通过这种方式，你可以真实地看着程序运行。③ 我喜欢这样看待计算，计算是材料状态变化、比特翻转的具体过程。

---

① "高级"这个词的意义不准确，但它通常意味着离比特更远，离描述比特是什么的抽象表述更近。

② http://alvyray.com/CreativeCommons/AlvyRaySmithDawnOfDigitalLight.htm.

③ 典型的（非量子）计算机内部只是一堆或开或关的开关。我们把这些开关叫作比特，将它们描述为位于零或一的状态。计算机在运行时，开关会开或关很多次。这就是计算机里发生的一切。剩下的就是我们感知周边设备时做出的解读，比如一串比特在屏幕上可以显示为图像。

可以想象，如果程序员想让这些灯更有用，就可能会出现不同的计算机编程方法。想象一下，这个模糊又原始的可视比特阵列的跳动会变得越来越好，直到你可以在屏幕上绘制和重新绘制比特，这样我们就可以一边运行程序一边修改程序。

怎么做到这一点呢？你如何知道你所绘制的比特的意义或含义？你怎么知道哪个比特负责做什么事情呢？

你如何保证计算机不死机？你的绘制能不能做到足够完美？记住，即使最细微的错误也可能导致计算机死机。

这些比特不能仅仅显示为无意义的混乱，我们必须将比特组织成有意义的图片，因此一定要有清晰的、带强制约束力的绘制方法。

请暂时放下对这一方法是否实际、可取或可行的怀疑。

我怀疑，如果当时的计算机编程沿着这个方向发展，今天的整个社会将截然不同。主要原因可能有些难理解，不过之后我会再回到这一点：当你看着这些比特并进行操作时，你会对计算机有更加实质和现实的感觉。

然而，源代码不是完全现实的。它是与特定计算机语言相关的抽象描述。源代码使我们一直专注于这样的抽象语言，数字文化的居民从一开始就相信这样的语言，也许还因为过于相信 AI 等抽象实体或所谓的完美形态而变得有些脆弱。

我们先将这一假设放在一边，可视化、可实时编辑的具体计算方式将实现"无模式"，更适合 VR。你可以在身处 VR 的同时改变 VR，这会更有趣！

我刚刚描述的只是个设想，但源代码编程的概念已经盛行起来。

源代码有很多值得喜欢的地方。你每次测试软件时都清楚软件的状态，所以理论上至少可以让测试更加严谨。在实际中，软件仍然很难调试，这是另外一个话题了。有的人可能不知道，"软件错误"

（software bug）一词源自霍珀在一台早期计算机里抓到的飞蛾，这只飞蛾导致了程序中断。

我见过霍珀几次，我也非常尊重她的工作。老实说我有点怕她，但这个例子很好地说明了还存在一些计算机科学忘记探索的路径。我们没有必要认为所有软件都必须遵循霍珀设定的模式。

手法

人为划分的代码编程和执行是文本代码理念的副产品，不是计算固有的特点。

我所描述的另一种可能会在未来出现吗？它会不会允许你在运行程序时，重置计算机程序的比特，而不用遵循不可变的抽象语言？

等这种方法足够成熟，编程可能会变得更加实验性和直观化。这反过来又会开创重新认识编程的方式，用编程来表达整个世界、体系、经验，表达我们尚未阐明的深层意义。这就是我希望计算机做的事情。

我将这种理想描述为"显性编程"，尽管有时候也称为神经模拟或有机编程。"显性"意味着是面对面的。

显性软件仍然是个实验性想法。在商业 VR 早期发展阶段，曾出现过短暂的实验激增。例如，VPL 的虚拟世界软件就支持你身处虚拟世界时，对该世界中的内容和规则进行任何方面的根本改变。

我们通过一个狡猾的设计实现了这一点，我就不多解释了。大体说来，就是我们通过误导，在中央处理器没有注意到的瞬间，用新的比特模式替换了旧的比特模式。这个替换必须精准，因为我们要在正确的时间用正确的方式替换大量比特，以免出现死机。（在比特层面，一切都必须完美，计算机才不会死机。）

我们最初这样做是因为，只有这样才能使当时运行缓慢的计算机达到足够快的速度。通过这种机制，可以提高代码运行速度。

我们身处虚拟世界时，可以改变该世界的运行，而这起初只是一个不错的副作用。

编辑器和映射

我们将显性架构的组件称为编辑器。最开始，习惯于传统架构的计算机科学家要愉悦地接受这个概念可能有点困难。

显性编程与当前人们熟悉的编程最大的区别在于，显性程序员不需要一次又一次查看相同的源代码格式。

目前，特定编程语言的所有代码看起来都很相似，不断地反复出现 IF、THEN、REPEAT 或任何特定的字词和符号。

在显性系统中，不同程序、同一程序的不同方面都会有不同的、特定的用户体验。

你在显性编程期间感知和操作的这些设计就叫作编辑器，它看起来像是计算机屏幕上的图像，或是虚拟世界中的虚拟物体。

编辑器还是用户界面体验和比特模式之间的映射。

如果你要编辑正在运行的程序的比特，这意味着你所用的编辑器必须能够解读和显示比特，以便你了解如何进行更改。可能会有不同的方式能做到这一点。不同的编辑器可以指向同一比特模式、同一程序，并以不同的方式呈现给程序员。

由于显性编程是基于人类体验和比特之间的映射的，程序员不需要专注于特定的抽象。一个编辑器可能会以迷宫的形式展示运行程序的比特串，另一个编辑器可能会让映射的同一比特串看起来像是家族树。

每个基于源代码的传统编程语言都不可避免地与其抽象有关，比如 Fortran 的功能、LISP 的列表或是 Smalltalk 的对象。这些都是我学编程时的例子。你不需要知道它们具体是什么，你需要了解的是，这些概念都将计算机内部跳动的比特与人类意图相连接。每一种概念都是在某些情况下好用，在其他情况下又不好用。

显性编程在不同时间支持同一工具内的不同概念，通过混合和匹配抽象概念来迎合当下的需要。

变体

这并不意味着抽象已经过时了。

想象一下，在未来，VR 会以我和我朋友以前尝试的方式，显性地完成程序设计。在这种情况下，你可以通过各种操作改变其中的比特，使你所在的虚拟世界突然发生变化。

上面所说的操作到底有哪些？你操作的模拟控制面板看起来会不会像是"企业号"星舰的舰桥？你是不是要拉动中世纪地下城的锁链，或者像叶子一样跳舞？还是要编辑目前大家都在用的与格雷丝·霍珀源代码类似的文本？所有这些编辑器设计可能都会存在。

无论如何，一定要存在某种设计。你不可能不接受任何观点或思维方式，就完成某件事情。但是从根本上说，我们没有道理在特定的时间内坚持同一种设计。

在霍珀的非显性源代码世界中，每种计算机语言都对应着特定的抽象对象，使用一种语言时将不可避免地用到这些真实、强制和永恒的对象。我之前提到了 Fortran 的经典功能和 Smalltalk 的对象，我正在写本书的时候，可以很轻易地在当时流行的云软件中添加

"机器人程序"（bots）。

　　每个对象在有的时候都很好，很有用，但没有任何一个对象是必不可少的。如果"现实"指的是你不能拒绝的事物，那它们不是真实的。如果它们看起来像是真的，那就会比较麻烦。

　　如果不是历史的扭转，其他抽象对象可能已经替代了我们熟悉的对象。（是否要重新考虑目前广泛使用的软件抽象对象还是个开放性问题。在之前出版的《你不是个玩意儿》中，我认为软件中要表达的想法可能会被恶意的"网络效果"锁定，但是在本书中，我假设我们还有改变的时间和希望。）

　　你在使用计算机时，唯一基本的、不可侵犯的真实现实是你和计算机中运行的比特模式，但这两个真实现象之间的抽象连接不是真实的。

　　计算机架构能否表达出这种看法？是否真有办法更换不同的编辑器设计，呈现当前的特定比特模式，方便你在不同时间以不同方式理解和修改比特模式呢？

显性试运行

　　我和我的朋友曾在 20 世纪 80 年代初进行了几代显性试验。最开始的试验叫曼荼罗，之后一个叫"抓住"，再之后一个叫"拥抱"。（抓住用的是手套，拥抱则采用了全身服，名字既有字面含义，又有比喻含义。）VPL 的无代码软件完成了一些 VR 主要应用类别的原型。

　　"无代码"不是比喻，和字面意思一样，我们确实没有使用代码。我们使用了传统代码和开发工具来启动系统，但虚拟世界的运行不需要代码，它依赖的只是比特模式，再重复一遍，是可以通过映射到这些比特的编辑器进行修改的比特模式。

编辑器与编译程序、解释程序等创建软件的常用工具完全不同。

在基于代码的传统软件的变形方案中，编译程序类似于茧，你编辑一个文本文件，也就是源代码，编译之后，你需要查看修改后的代码的效果，然后你再来来回回地调试。[①]

对在霍珀影响下长大的年轻计算机科学家来说，显性设计听起来像是个难以置信的外来想法。人们普遍认为代码几乎等同于计算，但其实并非如此。

显性编辑器会模仿传统代码吗？换句话说，我们能不能将比特模式映射到屏幕上看似高级文本语言的图像中，从而编辑比特模式？在许多情况下，我们可以这样做，这就意味着我们模拟了代码。显性编辑器可以通过设计和限制，看起来像是文本，虽然这一效果来自更普遍的图形构造。编辑器可以做编译程序能做的任何事情，但不能做实时的视觉调整。[②]

我们会倾向于一些编辑器设计。进行代码的视觉展示时，我们通常更倾向于所谓的数据流原理。数据流通常看起来像是连接模块的电线，但数据流不是根本。我们也可以换成类似于格雷丝·霍珀文本的编辑器或其他编辑器。

编程很快就会变得更加即兴了，像是将铜管演奏爵士乐和绘制数学图表结合了起来。

---

① 解释程序与编译程序类似，是一种特定的计算机语言，也与文本代码固定的词汇和语法相关。但解释程序不在计算机比特上直接运行，而在模拟计算机上运行，模拟计算机则是在真正计算机上运行的程序。这意味着解释程序支持更改运行中的程序，因为真正的计算机没有在运行代码（所以不用担心真正的计算机会死机）。解释程序的缺点在于，因为它是间接的，所以可能很慢。更重要的缺点与编译程序一样，解释程序无法改变运行中的抽象对象，因为抽象对象固定在语言设计中。

② 通常，我们可以迅速完成小的变化，实时改变体验，但是不同调整的系统开销会不同。

第 52 个 VR 定义：
一种不用代码的计算机使用方式。

我们最终不得不要求 VR 客户在常规显示器，而不是在虚拟世界中进行程序开发，主要原因是常规显示器比 VR 头戴设备要便宜得多。更多人可以同时在不同地方工作。

一想到这个，我现在还觉得很难过。更让我难过的是，在今天的 VR 复兴浪潮中，所有人仍在常规屏幕上使用传统的编程语言来开发 VR。这就像是通过看书学习外语，而不直接和当地人对话。

我们在传统显示器上的编辑器设计通常看起来有点像 MAX，MAX 是今天用于实验性计算机音乐和动画的一种视觉编程工具。[①]

我们当初至少开拓了另一种未来，希望在今后几年能够有更加深入的探索。

---

① MAX 看起来像是通过网线连接起来的一堆散落的小盒子。MAX 大致模拟了鲍勃·穆格（Bob Moog）和唐·布赫拉（Don Buchla）设计的老式合成器的编程体验（通过将大量电线插入框架内金属盒中的插座完成操作）。

MAX 的名字是向在贝尔实验室发明数字音频的马克斯·马修斯（Max Mathews）致敬。当马克斯还活着的时候，每周四，我们和唐·布赫拉、汤姆·奥伯海姆（Tom Oberheim）、罗杰·林恩（Roger Linn）、基思·麦克米伦（Keith McMillen）、戴维·韦塞尔（David Wessel）以及其他电子音乐产品的先驱者，都会在伯克利大学吃早餐。他们和鲍勃·穆格是我进入 VR 行业时的榜样。

规模

计算机科学的根本推动力就是"扩大"，这意味着计算机科学家希望自己的成果能够不断扩大，直到无限大和无限复杂。

如何让显性结构变得越来越大？显性编辑器将计算机的比特映射到用户界面，方便人们更改比特，但编辑器可以编辑其他编辑器吗？有没有可以编辑编辑器的编辑器塔、编辑器网，会不会出现类似真菌的大规模增长？

当然可以，这个想法棒极了。在这种情况下，是否要遵循每个编辑器都要遵循的抽象原则，方便其他编辑器进行编辑？这是不是背离了避免遵循任何特定抽象规定的目标？答案令人难以置信，不用！显性编辑器不用遵循任何特定的抽象原则就可以被其他编辑器编辑。

原因在于每个编辑器都是可用的用户界面。因此，编辑器通过模拟人类就可以操作其他编辑器。编辑器可以解读用户界面，并根据这一界面的规定进行使用。

例如，用于底层访问数学库的编辑器看起来可能像是个计算器，我们可以直接使用，或者另一个编辑器可以通过模拟用户交互来进行使用。

需要调用算法来计算未来赴约日期的日历程序，将通过模拟行为按下模拟计算器的按钮。

不需要通用的抽象原则去规定程序如何调用其他程序。每个编辑器负责了解如何使用其他编辑器上为人类设计的用户界面。①

---

① 这类似于创建无须提前设定就可以探测和使用设备的程序。相关成果的例子见 https://cacm.acm.org/ magazines/2017/2/212445-model-learning/fulltext。

这听起来像是实现程序中的一部分与其他部分交互的不确定和低效的方式，事实也是如此！它只适用于比较小的程序。

显性假设认为，如果用巨大的程序处理非常大的系统，显性原则会比传统方式更为有效，因为传统方式要求必须执行抽象原则。

你可以将显性系统看成一群编辑器，每个编辑器后面都有模拟的角色在操作。在我们原来的设计中，你可以将整个大程序侧过来，看到侧立的基本编辑器排成队浮在空间中，就像是太空战争中的盾牌。

每个编辑器后面都有个侧面看来类似卡通人物的角色，它看起来像是在操作其他编辑器，其他编辑器后面也有这样的角色。当时完全是通过唯一可用的方式——八位游戏图形完成的。我们没有完全实现整个愿景，但我们已经很接近了。我希望能有图片可以向你展示，可惜一个都没有保存下来。

当然，侧面视图只是另一个编辑器，没什么特别的。

（如果你已经读过我对人工智能的看法，设想一下，AI 中模拟的人物是面对着你，而在显性系统中，这些角色都背对着你，受你的控制，面对着其他编辑器。显然这些角色都是工具，不会等同于你。它们采用了与 AI 相同的算法，但属于不同的概念。）

动机

接受显性假设有很多理由。在谈到功效的具体细节之前，我们先考虑一下系统的可用性。

编写新的程序永远比理解和修改别人的程序容易，但如果程序是显性的，至少当你打开它时，你看到的部分都是为人类设计的用户界面，因为它就是这样设计的。

　　由于每个编辑器最初都是为人类使用设计的，显性系统将倾向于选择适合人类使用的部件。这意味着显性系统往往具有比其他架构更加"粗糙"的组块。

　　显性系统没有庞杂的抽象小功能，它的组织架构将分解成更大、更清晰的组块。每个组块作为用户界面，其本身具有连贯性。这种组块自然遵循了人类实际的使用习惯，而不是工程师的理想方案，它们往往更容易理解和维护。

　　在显性系统中，你应该可以看到每个编辑器背后的动画人物，看到它们所做的工作，从而了解整体程序的工作原理。你也可以将自己定位在编辑器网络的任何位置，体验直接操作程序。

　　这一观察暗示了一个基本原则：计算机只有作为工具服务人类时才有意义。如果使计算机"高效"的前提是使人们难以理解和保持理智，那么这台计算机实际上是无效的。

角色转换

　　计算机安全很好地反映了上述原则。我们设计了无数的抽象层次，让程序与程序互相通信，但这些抽象设计很难理解。因此，黑客不断发现之前未预料到的漏洞，我们不得不承担入侵、维护、安全软件、选举篡改、身份窃取、勒索等方面的惊人开销。

　　显性软件真的会更安全吗？我还需要更多的测试来证明这一点，但我对此很乐观。

　　我们今天是这样构建系统的：采用精准比特结构的抽象通信围

绕着"深度学习"①等"有利"模块，来实现最有价值的功能。

这些关键的"类 AI"算法在比特层面并不是完美的，这些算法虽然只是近似估计，但仍然很强大。算法提供了支撑我们现有生活的程序所需的核心能力，不论是分析医疗试验结果，还是运行自动驾驶汽车。

在显性架构中，程序中"完美比特"和"近似 / 强大组件"往往扮演着相反的角色。

显性系统中的模块，通过深度学习和其他通常与 AI 相关的近似但强大的方法进行连接。

同时，只有部分显性编辑器，如计算器访问等功能，会要求比特完美的精度。绝对精度将不再用于通信。

为什么这样做会更安全？为了防止计算机遭黑客攻击，我们有时会创建"气隙"，这意味着执行关键功能的计算机甚至不会联网。因此，黑客无法侵入计算机，而用户只能在现场使用计算机。

在无代码的显性网络中，每个模块或编辑器都被气隙的关键因素包围，它们无法从彼此处获得抽象消息。没有消息，只有模拟角色按下模拟按键，也没有抽象的"按键"消息。

在回到有关安全的话题之前，我会详细解释气隙的工作方式。

---

① 深度学习指可以识别图像和其他自然数据的算法，目前这一术语仍在变化。在本书回忆起的时期中，人们更倾向于使用"模式识别"，而在 21 世纪，"机器学习"变得越来越受欢迎，因为它与基于访问更大规模数据库的更有效的想法有关。最近，深度学习也受到大量关注，它与实现更有效算法的另一步骤相关。当科学家试图将自己的进展与前几代算法区分开来时，就会产生不断变化的术语。因为这些算法和相关术语的差异对显性系统来说并不重要，所以我没有严谨地使用这些术语。

表达

我要坦白：在 20 世纪 80 年代，没有"按键"动作就没有办法做出显性效果。当时的机器视觉和机器学习还不够好。

因此，我们需要小部分语言来描述屏幕按钮等显示和用户界面功能，但我们知道这只是对临时问题的临时修补。[①]摩尔定律表明，计算机最终将变得足够快，不仅能够识别身份，还可以辨别相似性。到那时，编辑器就能够通过机器视觉观察另一编辑器，并用虚拟的手进行操作，不再需要像按钮这样的用户界面元素的抽象表达。

在 20 世纪 90 年代中期，计算机的速度终于足以实时识别视觉相似性了。我和一群新朋友创立了名为 Eyematic 的初创公司，进行面部识别、面部特征跟踪等机器视觉任务。（我们当时赢得了美国国家标准技术研究所举办的比赛，在现实世界的不同困难条件下识别和跟踪面孔。）

Eyematic 团队的大多数科学家都曾是神经科学家克里斯托夫·冯·德·马尔斯布尔格（Christoph von der Malsburg）的学生。以前 VPL 的几位同事也在这里重聚，其中包括查克和一些之前的投资人，不过公司的核心是哈特穆特·内文（Hartmut Neven）。最终谷歌收购了这家公司。

我得承认，最开始参与其中几个有效的面部跟踪和识别项目时，

---

① 20 世纪 80 年代的显性实验依赖于方案。方案中会描述你将在虚拟世界或屏幕上看到的一切，包括房间、化身、文本、窗口和图标。里面包含 5 个原词，每个原词描述了一种视觉 / 空间关系，如遏制或秩序等。我们使用这种系统描述和渲染了一切，甚至包括对传统源代码的模拟，尽管里面没有任何源代码，只是机器语言（运行程序设置的比特模式）到屏幕内容的具体映射。

我有些不安。我们是不是创造了一个怪物？我利用 Eyematic 的一些原型制作了邪恶技术的工作模型，用在了《少数派报告》的场景中，比如男主角在逃离警方追捕时，他经过的广告牌会识别出他，并将他的位置向所有人广播。

我还是坚持做了，原因在于我觉得这个技术带来的益处会弥补可能产生的遍地监视的罪恶。如果能够通过机器视觉识别人脸、跟踪表情等，我们能否通过这一能力让编辑器使用其他编辑器？我们最终会抛弃暂时的补丁，利用恰当的气隙，建立适当的显性系统。

在这种情况下，除了自己的用户界面外，显性编辑器不用支持任何交互界面或方法。没有任何协议，没有需要记录的抽象变量，没有应用程序接口①。

编辑器中的机器视觉和机器学习算法将用于解读和操作虚拟手，虚拟手会被用于触摸其他编辑器。编辑器无法识别在特定时间进行操作的是人还是另一编辑器，因为这两种情况下的界面都是相同的。

编辑器内的代码，其本质就是支持编辑其他编辑器，它不会被标准化。特定编辑器的编程方式也不会被标准化。

一些编辑器可能会通过训练执行任务（就像我们用例子来训练机器学习算法一样），另一些编辑器可能必须进行明确的编程。所有编辑器都可以和其他编辑器交流，就像人一样。

我相信这个好处足以弥补监视带来的问题。如果我们的信息系统可以基于类似我所描述的显性原理来构建，那么我们最终使用工具时，将不再需要接受某些普遍和永恒的抽象概念。

鉴于从现在起，我们的信息系统将服务于社会各个方面，担

---

① 应用程序接口（API）是目前封装用于连接程序的抽象层的常见方式。

任年轻人成为社会个体的指南，转向这种拥有多元的、可撤销抽象对象的信息架构变得十分重要。这可能就是未来鼓励开放和自由的方式。

我知道这个希望听起来可能有些深奥，像是信仰的巨大飞跃，甚至像是乌托邦式的冲动，但它实际上试图超越乌托邦。

我们暂时将这些宏图大志放在一边，能用虚拟面孔追踪人脸表情就非常有趣。有段时间，我曾在一些俱乐部（如 20 世纪 90 年代纽约的 Knitting Factory）里，用我们怪异的乐队尝试了一些富有表现力的化身面部形象。比如，我们这些古怪的乐手身后会有个大屏幕，将我们映射成当时那些腐败的政客形象。

不完美的智慧

未来理想显性系统的模块会通过近似的方法，采用机器视觉和其他通常与 AI 有关的技术进行连接，因此，今天的许多疯狂、棘手的黑客游戏不会再出现。

例如，人们很难通过深度学习网络将恶意软件安装到计算机上，比方说让摄像头对着一幅可能会引起病毒感染的图像。但"难"不等同于"不可能"，追求完美的安全本身就有些愚蠢。

明确地说，你可以利用图像植入恶意软件（人们一直都在这样做），但只有在软件一个比特接一个比特地接收图像，并通过精确协议处理图像时，才能较容易地完成这种植入。

欺骗刻板的协议很容易，因为你通常可以想出协议的原始设计者之前没有预料到的技巧。一个常见的例子是，图像中放置的比特数多于描绘图像的协议识别的比特数。协议读取图像时、一些比特会溢入之前未曾料到的计算机位置，而这些多余的比特可能就包含恶意软件。

利用这种风格的策略实现的计算机感染，可能是目前地球上最常见的人为事件。

但是，如果我们只是以模拟近似读取图像，并只对其进行统计分析，就像有个摄像头对着这个图像，那么系统就不会那么脆弱。[①]图像不是问题，僵化的协议才是问题。

有时候，工程师最好不要知道软件的精确工作原理。

与深度学习等类似术语相关的现代算法具有近似性及其他相关特性，能够在本质上抵御黑客的攻击技巧，但是我们只用这些能力执行特殊任务，而不用于建构体系结构。另一种设计显性结构的方法是在架构中使用这些算法。

和生物学一样，当系统变得强大时，安全性也会增强，这与完美不同。完美的系统会崩溃，而强大的系统可以调整。

弹性

有的显性假设认为，如果将类 AI 算法用于结构和连接，而不仅仅用于有效载荷，那么系统将不易出现持续的灾难性故障。

当然，显性在小系统中连接模块时效率很低，我们依靠机器视觉和学习算法来联合最基本的任务。但在非常大的系统中，维护协议会变得低效。例如，会有不断的更新和病毒扫描，而且每次更改协议时，都要停机很久。

我要举个音乐方面的例子。这么多年来，我为音乐软件的插件

---

① 显性系统的原型包括隐藏在机器中的实体小屏幕和摄像头，这样就可以实现物理上的气隙。

花了上万美元，来为混音添加混响等，但最后这些插件都不能用了，没有一个能用！

软件组件很快就会过时，因为它们需要完全符合软件生态系统的协议和其他方面，而我们很难防止微小变化的出现。[①]

我还买了很多物理音效踏板，甚至还有 20 世纪 70 年代的，又买了一大堆音乐合成器物理模块。这些硬件中，许多都有计算机芯片，功能与我购买的软件插件的功能完全一样。但是它们与软件插件最大的不同就是，所有的物理设备现在都能用，全部都可以。

物理设备和软件插件的区别在于，物理设备采用的是不会过时的模拟气隙连接。

理论上，软件插件应该更便宜、更高效、各方面的功能更好。可实际上，硬件设备更便宜、更高效、各方面的功能更好，因为它们都还能用。硬件音效踏板和模块就是音乐技术的显性版[②]，而插件就是协议版。

我们不能只看技术在一段时间内的表现，而必须着眼于包括开发和维护在内的整个技术生命周期。

我购买音乐工具的经历展示了显性假设的另一面：从大范围和长期的使用与修改来看，显性架构比以协议为中心的、基于代码的传统结构更加有效。

适应

我经常批评传统计算机架构"脆弱"，只要出现一比特的错误，

---

① 在我看来，问题在于苹果 Mac OS 系统的缓慢变化。

② 为避免混淆，我需要说明的是，硬件不是造成差异的原因，真正的原因在于它们的连接不必完全遵循数字生态系统的协议等其他方面。显性软件也有同样的好处。

传统计算机架构就只会崩溃而不会调整。

要找到解决脆弱的方法，我们可以转向生命，想想自然进化是如何实现的？我们的基因有时候类似于软件，偶然的单一突变可能就会致命。

即使我们没有相同的基因，不同个体也可以存活，这非常正常。微小的变化并不总会摧毁我们。

可以说，我们不完全了解基因，但我们清楚：基因强大到足以支持进化。

进化是一个渐进的过程。很长时间内积累的微小变化会成长为几乎难以估量的巨大变化，比如单细胞生物体到我们人类的进化。

在进化的过程中，关键的微小的一步就是：微小的基因变异只会导致生物体的微小变化。一旦这种从小到小的关系发生得足够频繁，进化核心的反馈回路就有机会发挥作用了。

如果微小的基因变异经常导致生物体的剧烈变化，那么基因就不能"教会"进化很多，因为其结果太随机了。就是因为微小的基因变异在许多情况下产生的影响也很小，种群才可以逐步进行一系列相似新特性的"实验"，从而实现进化。

如果你随意改变一个比特，可能会使计算机完全死机。如果你狡猾地改变一点点，可能会危害非显性计算机的安全性。

实际上，在今天的程序中，我们几乎无法通过难以预料的方式改变一个比特，实现微小的进步。这不是意味着我们在用错的方式使用比特吗？

所以，显性假设的另一个方面是，在显性编辑器中做出的微小改变应该导致其行为的微小变化，且这种变化频繁到足以促进大规模的适应性改进。[①] 现在的系统中不会发生这种情况。

摇摆

我设想未来的显性系统会扩展至形成网络，编辑器在全球各地互相操作，一群动画角色互相对峙。

对云计算和自然人来说，恒温器和无人机等物理设备的操作控制将没有区别。因此，妨碍人们理解小型仪器的秘密将越来越少。

我想象，一开始学生会通过世界的云架构浏览、使用、调整和探索为人们设计的一切，一切都便于理解。当然，我设想这一切都是从 VR 内部开始的。

如果人们身处虚拟世界，就可以改变这个世界的运转方式，那么，我不知道怎么描述，这就是我之前曾在演讲中努力描绘的"后象征性交流"。

我曾经提到，21 世纪成熟的 VR 将会融合 20 世纪的三大艺术：电影、编程和爵士乐。其中，爵士乐将会是最具挑战性的元素。

---

①　如果能够建立大型显性系统，那么一个典型的显性系统可能包含许多类似但不同的编辑器的冗余并行路径。（类似于我们今天认证用户的多重方式，除了输入密码外，还可以拨打他们的电话。）

一旦编辑器的两条或两条以上的路径产生了可比较的中间结果，特殊编辑器就会对这些路径进行比较。冗余将弥补不精确统计连接的不确定性。

除提高可靠性外，冗余也将支持架构的大规模系统性适应，而不仅仅是算法的大规模系统性适应。

编辑器和编辑器集合将通过冗余相互测试，从而改善整个系统。如果某条路径更为有效，它就会成为优先选择，并且可能会影响新路径的设计。

这一机制让人想起生物族群遗传多样性的价值。

工程师已经在用这种方式完善算法了，但还没有涉及算法间的连接架构。这种遗漏将通过显性系统进行纠正。

爵士乐是即兴的，是音乐家即兴创作的。

我们已经看到了一些可以快速创建计算机内容的基础工具。人们一直在用智能手机表达当下，包括文本、照片、电影，还有录音。灵活的用户，尤其是孩子，在《我的世界》这样的建造类游戏中修改虚拟世界的速度令人惊叹，但更深层次的即兴编程还只是个晦涩难懂的想法。

原则上，类似语言翻译或图像解读的"深层"或卷积网络可能可以适应性地修改程序，这样用户可以通过跳舞或演奏萨克斯管等变化来指导程序。

到时候，我们就可以在说话或者跳舞时，灵活、轻松地为虚拟世界定义新的交互方式或改变其物理形态了。组织语言或者设计舞蹈动作确实需要花时间，但是我们想到和感觉到时基本就能做到，所以感觉是"实时"的。

那能做到实时编程吗？我用过多种方法，帮助人们快速地"感觉到"程序是一种创作的手段，而不需要一句一句地编写。

一种方法是让人们选择，而不是建造。理解这一点最简单的方法是：想象意识的纯声音版本。假设你为用户设计了一个杂音，任何时候只要他的手一动，这个声音会再次出现，成为整个环节的一部分，其他没被选中的声音会小一些。那么他就会重复这个过程，选择更多的声音加入这一重复环节，同时允许其他声音消失。

到最后，这个可能不是音乐家的人也可以创造出属于自己的声音效果，并且这些创作会比库乐队（Garage Band）这种程序创作出的音乐更加多变，更加个性化。整个过程完全不涉及发明，只有选择，当然我们也可以花一个晚上争辩发明和选择的区别。

我们也可以通过视觉设计实现这种方法。在这种设计中，人们会处在嘈杂多风的虚拟世界中，挤压周围经过的小涡流，将其固化，直到制好雕塑。这有点像罗夏测试的活动版，不过这个是从零开始。

　　这个策略和相应的方法可以应用在普遍编程中吗？到目前为止，我还没有令人信服的证明示范，但我仍然希望能够实现这一点。主要问题在于观察行为需要时间，而程序可以描述行为。

　　在用户界面设计中，我一直期待能从乐器中获得灵感。如果我们把技术看作一种表达形式，那么毫无疑问，乐器是迄今为止最先进的技术，不过这种赞美只适用于目前的非数字乐器。

　　人们可以即兴创作爵士乐，这总是让我感到很惊讶。即兴创作涉及有一定深度的实时问题。未来编程在很多地方都要像爵士乐一样。

　　这就是为什么我花了很多精力在虚拟萨克斯管之类的精巧设计上。至少现在，它们吹奏起来还不像真正的萨克斯管那么好，当然更比不上真正好的萨克斯管。

　　我现在设想的未来显性即兴演奏者将会面临的问题与现代爵士萨克斯演奏者的问题不同。如果你要观看"外星飞行乌龟"在你的头上拍动翅膀的 100 万种行为变化，可能需要观察很多年才能选出最好的。

　　假设你看到几百只，甚至成千上万只乌龟，每只都是透明的，它们形成了"乌龟行为云"，而你要从中选择看起来最明显的行为。也许乐器，比如虚拟的萨克斯管，可以根据你想突显的乌龟的动作，同步演奏。

　　从显性角度来看，我们需要学习如何设计编辑器，以方便、可行的方式传达程序可执行的范围。记住我的话，人们会在这个问题上花几百年的时间。[1]

---

[1]　不是所有程序都会这样，只有可表达行为范围受限的程序才会如此。

目前我们通过抽象来处理大量具体的可能性。需要解决的问题是我们能否找到更加流畅的具体表达形式，可以切实替代抽象。这种情况大约只有在超越我们所知的用户界面中，或许在 VR 的未来版本中，才可以想象。

瓦砾填充了柏拉图洞穴

计算机科学可以被看作工程学的分支，或是一门艺术、一门工艺，甚至是一门科学，这些都是计算机的特性，但对我来说，在大多数情况下，计算机科学是应用哲学，更恰当地说，是实验哲学。

计算机科学家了解生活的意义，知道如何实践能使生活更美好，并且可以用这些实践形成模式，指导人们的现实生活。我们通常是理想主义者。因为理想从来没有完全实现，计算机科学的历史可以被理解为布满破碎梦想的大道。

我清楚地知道，显性可能永远不会得到充分的关注，可能为时已晚。即使现在出现了大规模显性研究的复兴，也会出现我之前从未预料到的问题。没有什么是完美的。

这是计算机科学的思维定式，你需要不断追寻。伊凡·苏泽兰多年来一直在探索异步计算机架构。异步计算机架构指的是没有主时钟的硬件系统，同时它还具有更深的含义：这种计算的本地化和分层程度从根本上有所降低。这一直是伊凡前行的动力。同样，泰德·尼尔森还在与不断更替的学生和追随者一起，实现他们理想的"上都"——一种在 20 世纪 60 年代就开始了的数字网络的原始设计。我相信这个设计比万维网更好，但只有充分实施后大家才能知道到底如何。

计算机科学家的理想主义项目不是那些最终决定世界运转的项

目，但它们会间接地影响世界。比特和字段最后被嵌入了奇数位。万维网只是对泰德最初构想的一种苍白的模拟，但万维网确实受到了他的想法的启发。

数学是一座不断攀升的真理塔，计算机科学则更像是来自一场被遗忘的战争的碎片堆，这可不是哀叹，而是两者的区别。另一个区别是，计算机科学确实可以创造财富，也会继续如此，直到计算机科学家视金钱如粪土。

然而，财富带来的可悲副作用是，人们过度关注目前顶级公司正在做的事情，而无视其他想法。计算机科学理想的丰富多样性没有在广阔世界中获得应有的关注。每一个多样性都代表着另一种可能的生活方式，或者未来可能的生活方式。

许多洞穴，许多阴影，可是你只有你的眼睛

经历过简单的显性实验后，我的哲学观点也发生了改变。我意识到将软件视为真实的存在是多大的错误。比特是真实的，因为它们可以在芯片中进行测量或传输；人们也是真实的，比特仅仅是因为人才有意义。

我曾经说"信息是异化的经验"，也就是说，人们将比特输入计算机，或者从计算机提取比特时，比特基于人们的经验才有了意义，如果没有人类的文化和解释，比特就毫无意义。

另一种说法是，对外星人来说，智能手机和熔岩灯没有区别，随着内部程序的运行，两者都会越来越热。

我在费米悖论中找到了支持这一观点的依据。我们在夜空中进行筛选时，为什么会看不到宇宙中其他生命的证据呢？也许是因为没有共同的文化，我们很难识别出其他生命。我们所认为的噪音，

对外星人来说可能就是文学。[①]

一旦你认识到比特从来没有其内在的意义,计算机的完善就会更加容易,因为剩下的唯一标准就是"为人设计"。

这种思维方式提升了人类的地位。我们一定有特别之处,我可以接受这一点。

---

① 我认为加密是一种文化形式,是解释比特的一种方法。因此我们无法察觉带有加密信号的外星人,但区分加密和纯粹的外星人语言,目前来看没有实际意义。

附录三
神神对决

奥尔德斯·赫胥黎在《美丽新世界》(*Brave New World*)中提到了虚构的媒体技术"感官电影",预测了 VR 的阴暗面。我之前没有讨论过赫胥黎的愿景,因为我不可能把所有东西都放进一本书。我感到特别遗憾,因为我父亲埃勒里曾在加州南部和赫胥黎住了一段时间,众所周知,赫胥黎也与致幻药物文化有关。想到这本书完成时,唐纳德·特朗普已经当选美国总统,我觉得需要写下以下内容,与赫胥黎呼应,同时提供与这个时代相关的细节。我不知道本书出版后读者会如何看待这部分内容,但我还是要把它加进来,反映当下。

不是人为,而是虚构

在第 19 章"我们如何安顿未来的种子"中,我写道,即使机器人和算法有一天会抢走我们所有的工作,它们仍然没有真正地做到任何事情。机器人或云算法中的所有信息最终都来自人,所有的价值都在于人。我们一直在被分解为数据,这些数据将被用于不同的机器学习项目,而这些项目最终使我们失去工作。

这个道理最浅显的例子来自机器翻译，我一直使用这个例子。互联网严重压缩了专职翻译人员的生活空间，录音师、调查记者和摄影师也是如此。

但是，如果仔细观察机器翻译的工作方式，你就会发现，算法必须每天收集数百万现实生活中真人翻译的内容，建立实例集。（公共事件和流行文化每天都在变化，语言也是如此。）算法似乎是自给自足的，但实际上它们只是在重新包装来自隐藏个体的价值。拉开AI的帷幕，幕后有数百万被剥削的人。

我不是说AI不好！我要说的是AI什么也不是。对AI的恐惧只是用另一种方式扩大以AI的名义造成的伤害。对人们想要使用的单纯算法的恐惧，只是人类幻想的必然结果。例如，担心算法会造成失业或意义危机，这是假装算法有生命，可以不依赖从人类那里获取的数据，自己获得价值。减少这一伤害的唯一方法就是不再相信AI是一种新型生物，将算法视为人们使用的工具。

机器翻译服务是有用的。害怕机器翻译，甚至放弃它只会适得其反。理想的、道德的、最重要的和可持续的做法是感谢和酬谢提供数据的人，也就是提供短语翻译的人，是他们使算法成为可能。

20世纪80年代，我的许多朋友都喜欢这样一种关于未来的观点：假装经济无价值。这样一来，每个人都将被迫接受纯粹的社会主义或其他乌托邦式计划。最近，这种想法在关于基本收入模型（BIM）的讨论中再次出现，即一旦机器人开始接手所有的工作，所有失业的人都将得到津贴。

（最近，在"另类右翼"的时代，我看到了一些黑客圈子也采用了同样的策略，这次是让人们接受某种种族主义专制。机器人让每个人失去工作时，如果我们还继续沿着这条思路思考，那么普通人将无处可去。）

　　我怀疑基本收入模型是个陷阱。人们会觉得自己毫无用处，荒唐可笑。当价值被有意忽视时，经济学就会变得具有破坏性，投机者可以玩弄的虚假的社会安全网根本就不安全，会出现一个集权的超级政治机构指导整个方案，腐败由此滋生。

　　我曾在《互联网冲击》(*Who Owns the Future*)[①]中提到这些担忧。概括地说：不同的 AI 算法对大数据更新频率的依赖程度不同，但整体的 AI 项目依赖于无须承认且酬劳微薄的对大量人类数据的隐藏式访问。我在书中提议通过纳米支付将人类的隐性数据价值纳入正规经济中，替代现有的隐形或以货易货的互联网经济[②]，进而替代基本收入模型。这一提议超越了对基本收入模型可能会退化到计划经济的担忧。普遍的数据经济还可以替代基本收入模型，抵制无法持续的政治集权，增强个人创造力和人的尊严。

　　我们的第一直觉是这可能意味着每个人都没有足够的收入，请记住，将来会有各种各样所谓的 AI 算法同时进行纳米支付。假设极端情况下，所有的活动都是通过 AI 算法进行，这意味着没有任何事情是由人直接执行的。人类数据产生的价值至少和历史上人们直接从事这些工作的价值一样大。如果以前人们有足够的价值和价值多样性，那么未来也会如此，只要我们将 AI 看作对人力资本的重新包

---

　　① 　杰伦·拉尼尔的《互联网冲击》一书简体中文版已由中信出版社于 2014 年 5 月出版。——编者注

　　② 　在大型互联网计算机运行一切的时代，尽管在美国只有精英阶层的财富上升，发展中国家的赤贫人口却在大大减少。虽然我不建议用数字技术解释一切，但这一成果似乎与廉价手机中云连接的小工具有关。有种假设可以解释为什么普通人在这种情况下会比其他情况下更好：使用低端手机发短信和打电话的人是市场的一等参与者，这意味着他们从个人角度寻求机会，而不是按照中央算法的指示行事。另一个例子是，在巨型互联网公司崛起之前，个人计算机使小企业获得了更多利润，而现在，这些小企业普遍停滞发展。我们的算法时代正在重演计划经济的谬误。

装，而不是其他资本来源。

例如，假设我们未来仍然需要刷牙，基因工程、纳米技术或任何其他技术不能替代这一行为。那么在未来，你不用自己刷牙，会有机器人借鉴成千上万被扫描者的刷牙实践，为你完美地刷牙。如果我们继续通过盗窃数据为机器人提供算法，那么机器人为你刷牙时，你会坐在那里，感觉自己很没用，受到控制，并且荒谬可笑。但是，如果你知道有些人是"刷牙天才"，他们提供经验，使你的牙齿看起来和感觉上都很好，这些人也会因此获得报酬，就像你因为自己的专长获得报酬一样，同时，这些人也因此有钱购买你在数字经济中所提供的数据，数字经济的增长源自人们的创造性……在这个世界，你不会觉得无用或荒谬。一切都应该是有尊严的，即使是刷牙这样简单的事情。

这种思维方式可能会遭到真正 AI 信徒的宗教式反对，也许我们可以为了可持续经济，推迟这种思辨的形而上学。

平庸的无重

在第 19 章中，我还谈到了使互联网体验看似"无重"的迫切原因。其中的一个后果，最早出现在 alt. Usenet 网站上，那就是令人难以忍受的废话激增，因为除了关注之外什么都赚不到，没有人会因为有礼貌得到奖励。

今天，虚拟现实最大的问题之一就是，明显愿意花钱的用户群是游戏玩家，而游戏文化正在经历一场"厌女动荡"。

这种现象就是人们所知的"玩家门"。对游戏中女性角色设计的抱怨被仇恨言论的胡乱抨击所淹没。一旦有人推广女权主义的游戏设计，得到的回应就是炸弹威胁和个人骚扰。敢于参与游戏文化的女性要面临真正的风险，除非她们选择以男性为先的人物角色。玩家门造成了一连串生活的毁灭，更为荒谬的是，有的肇事者还觉得自己是受害者。

源自科技世界的设计和文化无法解释所有事情，但它们确实能够产生巨大影响。

在过去几年，玩家门只是数字文化中的一场瘟疫，但到 2016 年，玩家门的后遗症影响了选举，尤其是美国选举。玩家门变成了"另类右翼"的原型、预演和发射台。[①] 这类问题之前只是导致 Usenet 的界限更为模糊，现在却在折磨所有人。包括美国总统在内的所有人都很厌恶"假新闻"，连新闻这个词本身也很快沾染上了虚假的含义。"假新闻"一词的故意滥用，导致这个词出现几个月后就发生了意思扭曲[②]。

幸运的是，我们还可以使用其他更准确的词。例如，本书开头提到，社交媒体公司花几十亿美元收购了一家 VR 公司。据报道[③]，这家公司的创始人将那种残酷的线上交流的病毒式传播称为"烂帖"（shitposting）和"文化基因魔术"（meme magic）。还有报道称，该创始人在 2016 年大选期间投入巨资推广这一活动。当你真正花钱购买东西时，你需要能够明确描述它的词汇[④]。

---

① 要记住，科技不是我们这个时代唯一的力量（比如，还有部落主义），但科技是最普遍乐观的力量，所以科技会产生夸大的影响。

② 非奥威尔式话语成为主流。

③ http://www.thedailybeast.com/articles/2016/09/22/palmer-luckey-the-facebook-billionaire-secretly-funding-trump-s-meme-machine.html.

④ 为什么会有人花大量的钱资助已经得到资助的活动（之后会证明）？正如本书其他例子所述，即使是很少的钱也会引发混乱。这个例子也证明了即使是圈里人也在寻找出路，网络世界纷繁复杂，没有人能看清全局。奇怪的新现状是，几乎没有人有隐私，没有人知道发生了什么。

烂帖与低劣的新闻或愚蠢的见解完全不同。烂帖是少有的会阻碍发言而不是鼓励发言的言论形式之一，就像是在被俘人员关押的房间一直播放聒噪音乐，直到被俘人员崩溃一样。它阻碍了对话和思想，使得真相和信念不再重要。

整个政界向科技公司发出广泛呼吁，采取措施反对烂帖的蔓延。谷歌首先采取行动，Facebook 尽管最初有些勉强，但也紧随其后。这些公司现在试图标记烂帖，并拒绝为其来源付费。这些都是好的尝试，但我怀疑这样做能否解决核心问题。

整个社会，不仅是美国社会，而是整个世界，都在请求几家被严格控制的公司为真诚的新闻报道提供可用空间，想想这是不是很奇怪？虽然这些公司现在就醒悟过来，并积极响应，这样做是不是也有奇怪、危险和不可持续之处？

我们真的要将公共言论空间的把关环节私有化吗？即使真的这样做了，我们愿意之后无法再挽回吗？谁知道 Facebook 创始人去世之后的运营者会是谁呢？数十亿用户真的能够一同离开这个应用，以示抗议？如果不能，用户的作用力在哪儿？我们是不是选择了另一个名义的"新政府"，而且它更少地代表我们的利益？

多点触摸屏上"看不见的手"

还有一个需要考虑的更深层次的问题。科技公司与烂帖的斗争包括算法新秩序和经济激励的旧秩序之间的有趣对抗。

新旧秩序有很多共同之处。最忠实的支持者不仅将其看作人类发明的技术，更将其看作有生命的超人。在经济激励中，18 世纪的亚当·斯密赞美"看不见的手"，出现了类似的提升。就算法来说，类似的情况出现在 20 世纪 50 年代后期创造出人工智能一词。

看不见的手助长了烂帖和其他堕落行径的流行，解毒剂则是人工智能的神话。因此我们即将见证旧人造神和新人造神之前的"职业摔跤赛"。

我们先来看下"旧神"，这位拥有无形之手的神如何影响网络世界的行为？

维持谷歌、Facebook 和 Twitter 这类公司运作的商业模式被称为广告，但这种模式实际上与广告完全不同。它更依赖于人们的关注，而不是说服力。

这些公司试图成为个人与世界之间的过滤器。这听起来和广告类似，它也因此得名，但实际上与广告不同。这种模式是一切都变得无重后唯一可用的商业模式。

与广告不同，社交媒体和搜索的现有商业模式不是基于偏向最具说服力的信息最有用，而是依赖于偏向要获得最有用的行动选项，比如要阅读的帖子或要点击的链接。

这种模式特别有用的原因在于"选择成本"。科技公司通过操纵你对无限的感知来赚钱。例如，要阅读和理解它们所提供服务的协议，你需要花上无数的时间，所以你没读就点击同意了。

同样，你无法看完数百万的搜索结果，所以你同意 AI 算法是唯一选择。选择的成本，或者说我们认为的选择成本，在选择似乎无限多时，就变得无限大了。这就是所谓的广告客户向 Facebook 和谷歌等公司支付这么多钱的原因。它们使你避免付出无限大的开支，但这意味着你让它们为你做出部分决定。这种模式中更多的不是说服，而是以更直接的方式影响行为。

同样的设计也被应用于新闻。

大部分人现在通过社交网络服务接收新闻。你可以拥有多个社交媒体账号，每个账号都扮演不同的角色，这样你就会获得不同的推送。没人有时间浏览全部新闻，而且这也将违反你所点击的合同的规定，所以你必须相信智能算法能够在无尽的新闻海洋中进行筛选，为每个人带来最好的、与自己切身相关的新闻。

新经济正在破坏调查性新闻。之前报纸的广告和订阅收入目前大部分都流向了科技公司。因此，与美国内战前相比，真正可靠的一手新闻来源很少。现在几乎没有本地调查性报告了。偶尔会有博客作者进行真正的调查工作，但他们大多数时候只能发表评论。

史蒂夫·班农（Steve Bannon）声称："如果《纽约时报》（The New York Times）不存在，CNN（美国有线电视新闻网）和MSNBC将会变成电视信号测试图。《赫芬顿邮报》（The Huffington Post）和其他一切都是基于《纽约时报》……那是我们的开场。"① 在新经济崛起之前，他不会这样说。与评论类新闻不同，过去曾有很多调查性新闻，而且分为不同类别。

但是，大多数人都陷入了类似奈飞的幻想，② 认为主要问题在于有太多新闻来源，让人无法整理归类。

如果调查性报告几乎不存在了，那这些看似无限多的新闻全部来自哪里？这些新闻是由看不见的手，也就是老式的经济激励带给我们的。

病毒式帖子、推文和文化基因构成的世界在本质上与现实脱节。它们像流行音乐一样容易记忆。流行歌曲没有事实核查，但这不是重点。重点是，提供信息的设备会记录在某一时刻谁在阅读或者观看这些信息。这才是重要的事实，而不是屏幕上展现什么内容。烂

---

① http://www.hollywoodreporter.com/news/steve-bannon-trump-tower-interview-trumps-strategist-plots-new-political-movement-948747.

② 我在本书第 19 章"宗教的诞生"一节中描述过这一点。奈飞利用 AI 建议创造出可选项比实际上多很多的幻觉。

帖比以往任何形式的通信都更贴近现实，但这种现实的传递是从读者到服务器，而不是从服务器到读者。

虽然诱惑不是主要目的，但吸引眼球的内容通常是诱人的，这种情况也令人困惑。我们必须将用户行为变化看作产品，内容则是这一产品的原材料。

网络世界里清晰可见的内容，比如可爱的猫、奶声奶气的童言童语、不可靠的消息，都不是产品。这些内容构成了原材料。我不是说这一切都不好。爱猫的人和有共同爱好的人可以彼此建立联系。在这些原材料中有许多好东西。

但产品不一样，产品将最容易获得的选项集合起来，影响用户的购物、行为或看法。

那些抹黑希拉里·克林顿的人赚了些钱，因为他们在销售原材料，但那些原材料还没有转化成产品。[①] 他们拉动了流量。你购买鞋子或咖啡的公司向科技公司付钱，而这些科技公司扮演了守门人的角色，锁住了你的注意力。指导你购物的整个过程才是产品。

再次声明，我不是说社交媒体没有积极价值。也许社交媒体公司增加了足够的价值，并据此收费，但不管它们有没有增加价值，重点在于它们不像之前的报纸那样，仅仅依靠吸引用户某一时刻的注意力获得收入，虽然在大部分时间是这样。[②]

如果我读的是《纽约时报》这种真正的新闻来源，我读过之后就得到了新闻，一切就结束了。如果《纽约时报》的商业模式包括让我

---

① https://www.buzzfeed.com/craigsilverman/how-macedonia-became-a-global-hub-for-pro-trump-misinfo?utm_term=.ghOlzDWAQ#.jj3XrKoY0.

② 这里还存在人口统计学的差异。上了年纪的美国人明显花费大量的时间看电视，在这种情况下，电视扮演的是门户的角色，而非说服者。我的观点聚焦于年青一代，他们花更多的时间在云连接的小玩意儿上。

顺便看看广告，也许我因此被说服进行购物，这也还行。但是，如果它的商业模式是要紧紧抓住我，管理我一天中好几个小时的选择，那么真正的新闻就没什么用了。读完就用完，这太快了。

　　与新闻不同，新闻推送让我感到暴躁、不安、害怕或者生气。这是要让我生活在斯金纳盒子中，由服务管理我最容易按到哪个按钮。

　　社交媒体目前的商业模式要求社交媒体成为用户生活的一部分，无论是在用户白天醒着的时候，还是半夜睡不着的时候。真正的新闻和深思熟虑的观点无法很好地实现这一目标。对现实的清醒反思用不了这么长的时间。

　　社交媒体公司要做的是，通过让用户生气、不安或者害怕，抓牢他们。公司也可以利用服务将用户和他们的亲朋好友隔开，也许让他们感到内疚。最有效的情形是让用户陷入同意或者反对其他用户的奇怪混乱的旋涡中。这样就会没完没了，这才是关键。

　　社交媒体公司没有计划，也没有实施任何这些模式。第三方受到激励去完成这些勾当，就像人们为了挣点外快就去发布恶意的假消息一样。[1]

　　科技公司从来没有要求用户变得敏感、暴躁、偏执或心怀妄想。雪花般的表象恰好可以用来解决这一明确提出的纯粹数学难题：如何拉动大部分流量，占据最多的时间和注意力？

　　值得注意的是，如果社交媒体的用户不将社交媒体视为是无重的，而是把它看成专业价值的来源，那么烂帖就会少很多，就像领英（LinkedIn）一样。无重很容易，也很有趣，但只要有一点重力似乎就至少能激发出用户本性中好的一面。

---

[1]　https://www.washingtonpost.com/news/the-intersect/wp/2016/11/17/facebook-fake-news-writer-i-think-donald-trump-is-in-the-white-house-because-of-me/.

要想完全描绘两位"人造神"的互动，我必须指出，社交媒体的无重商业模式只是公司利用大型计算机运作交易，将风险与奖励分离的趋势的一个例子。另一个例子是，将最终导致大萧条的不良抵押贷款证券捆绑在一起的人并不想知道自己在卖什么，原因是知道就要承担责任，而不知道就像是在经营赌场，风险由其他人来承担。

要求 AI 自我修复的荒谬性

如果"新神"无法战胜"旧神"，该怎么办？也许社交媒体需要改变它们赚钱的方式。可能任何类似的做法都是在无可救药地支撑永远会被经济激励浪潮推翻的算法。

我要说的是，鉴于我们目前的科学理解水平，我认为依赖道德过滤不会有效果。这些修复行为会被玩弄，变成操纵、胡言乱语和腐败。如果保护人们免受 AI 威胁的方法是发展更多 AI，比如所谓的道德算法，那就相当于什么都不做，因为这个想法本身就是在胡说八道，是对幻想的幻想。

目前我们还不能科学地描述大脑中的想法。也许有一天可以，但现在还不行。因此，我们现在甚至没有办法设想将道德纳入算法后会是怎样的情形。按照我们在互联网上令人惊讶的全球监视体制来看，现在所有的算法能做的就是把人们所做的拼凑起来。我们正在让很多这些自然人变成浑蛋。

为了便于论证，我们假设科技公司最终成功地用所谓的 AI 解决了烂帖问题。假设这些过滤算法非常成功，所有人都信任它们。但即便如此，深层的经济激励措施仍将保持不变。

有可能会出现另一种拉升奇怪流量的方法，但总体结果会是类似的。

想想美国情报人员如何发现俄罗斯情报部门干涉美国选举，这就是另一个奇怪流量的来源。这种方法不只是在烂帖，而且是将维基解密作为武器，有选择地散布信息，只伤害其中某位候选人。

假设科技公司通过道德过滤阻止了恶意的、有选择性的信息泄露。下一次道德过滤出现时可能是针对某人或某事的无意识偏执，以此锁定注意力。

如果科技公司能通过过滤预防上述种种问题，它就还会提出其他方法。我们要求算法对我们的社会有多大的控制力？算法最终会变成什么？请记住，在我们要求科技公司处理假新闻之前，我们也曾要求他们处理仇恨言论和有组织的骚扰。科技公司已经开始驱逐某些用户，但社会有没有因此变得更温和呢？

在某种程度上，即使可以实现道德自动化，我们仍有必要求助于古老的经济激励。确实有可以替代目前社会媒体经济的办法。例如，我之前也建议过，人们可以在 Facebook 上提供内容，以此获得报酬，同时可以购买他人提供的内容，Facebook 可以从中抽成。（我们知道这可能会有效果，因为像之前所述，《第二人生》等已经尝试了类似的做法。）

毫无疑问，还有其他值得考虑的潜在解决办法。我提倡实证做法。我们应该勇敢地尝试为他人提供的数据付费等办法，同时也勇敢地接受结果，即使结果会令人失望。

我们不能放弃。

人类系统有人性化的用处

这不是说看不见的手总是比假想的 AI 更有用，也不是相反。人们必须停止期望任何现有的"人造神"会变得完美，我会更明确地把这些"人造神"定义为多人组织系统。

我们的信息时代喜欢像计算机一样善于思考的人，这种思维模式并不是这个时代才有的。它一直存在，全身心地投入某一系统、某个程序中，就像之前去寻找社会主义天堂、绝对神权，或者是无人纳税但社会仍旧运行的纯粹自由主义空中花园。如果你能像计算机程序一样思考，你就可以通过现在掌控世界的计算机程序挣到大钱。

为了生存，人类还必须支持那些从模棱两可的境况中成长起来，没有向单一的社会组织原则宣誓的人。宗教、市场、政治、云算法、社会、法律、群体认同、国家、教育，我们需要所有这些系统，但它们没有一个是完美的。用工程师的话来说，所有这些系统都有故障模式。作为一个物种，我们能够成功的唯一方法就是用看待汽车或冰箱的方式来看待这些系统。即使是那些最可靠的系统，即使是我们的云算法！让我们时不时平静下来。纯粹主义者会很难接受这一点。

如果商业有一天胜过算法，正如我说的那样，我们的系统之间也可以提出和探索其他的制衡办法。仅仅因为算法是大系统中最新出现的，并不意味着其他系统就要突然停止。

有些专家一直在说，AI将能够在三分钟之内摧毁所有其他系统，如果你能比那些普通人、非技术人员更了解我们即将到来的厄运，就会发现我们别无选择，只能享受这一感觉优越的时刻。但这是在放弃自己的责任，尤其是作为工程师的责任。

我们有很好的系统可以利用。如果我们不摒弃前人留给我们的价值，就可以建立一个有尊严的、可持续的高科技社会，使其成为发射台，开启我们难以想象的旅程，但我们这些工程师可能必须学会谦逊一些，才能做到这一点。

我在最后几页内容中一直十分小心，不去设想 AI 成"真"，成为深度通用的智能，或者拥有自己的意识。对包括我在内的一些人来说，有意识的就是真的。无论在可预见的未来中，AI 将继续依赖来自人类的大数据，还是开始使用少量的数据，变得更加"独立"，上述论断仍旧成立。

例如，即使 AI 不像现在这样依赖大数据，用小额支付替代基本收入模型，仍然不失为一个可持续的、创造性的和有尊严的做法。

即使人们普遍同意 AI 应该在未来"承担所有的工作"，AI 算法仍然需要搜集人们的数据，为人们服务，除非人类变得十分乏味，可以预测，或者已经决定大规模自杀。所以，即使你是个书呆子，等着计算机不用糅合人类作家的措辞，就为你写出一本理想的书，你也可以获得报酬，因为从你这里搜集的数据优化了为你写作的算法。在这个交易中，会有社会的权力和财富的分配和至少一点点尊严的来源。

我知道，反对者会说计算机只会带来人类的灭亡。我听到这个普遍反驳时，会想起在小湘菜馆，我让我的朋友想想在喷火坦克里的豚鼠。你可以把互联网看作有生命的，你可以把美国混乱的总统选举解读为互联网开始清理人类。没有超自然的警察会从天而降斥责你。但是，认为人类有责任，是唯一给我们机会承担责任的解读方式。

不要把本书看作对时髦的未来主义的保守或传统的反对，这样想是错的。在未来主义的对抗赛中，我通常都能比其他未来主义者更超前。

我的未来主义是真实的，而目前很多未来主义都是虚假的。要求与过去完全决裂的、单一的，或者由 AI 掌控的未来是虚假未来主义。与过去决裂只意味着重新开始，它使我们变得原始。事实上，我们已经证明自己可以在网上变得肤浅。也许我们可以使自己足够肤浅，这样算法相比之下就会特别聪明。

附录一结尾提出的"麦克卢汉之路"只是一种至少和 AI 至上主义一样丰富多彩的未来设想，但"麦克卢汉之路"是在真正地展望未来，而不是倒退回过去。

假装我们已经了解未知的科学，这样的未来主义也是虚假的。如果有人假装我们已经知道关于大脑如何工作的一切重要信息，他就是个假未来主义者。这实际上表明，他正深深地陷入了当下的理念中。

即使有人设想 AI 在不久的将来必定只需要少量的数据，不会再大量窃取数据，我还是会感到沮丧。

如果你听过我为学生做的演讲，你可能会听到我提醒他们注意本书之前提到的一个例子：在 19 世纪末，人们曾自信地宣告物理学已经终结，结果 20 世纪出现了广义相对论和量子场理论，而且这些理论互不相容，所以我们知道了物理学还没有终结。我告诉学生，科学会推赶着你。如果你不能承认未知的存在，就无法成为科学家。

我们的命运取决于目前科学还无法解释的人类特性，如常识、善良、理性思考和创造力。虽然 AI 幻想认为我们将随时实现智能自动化，我们能否至少同意，目前的系统还只能利用，而无法生成这些特性？

我们的时代所面临的问题是，我们能否透过充满诱惑的信息系统诚实地看清我们自己和我们的世界？在科技文化认为有必要质疑我们最珍视的神话，将我们从混乱中解救出来之前，事情还要变得多么糟糕？

致　谢

本书部分内容改编自我在约翰·布罗克曼（John Brockman）的 Edge 网站上发表的文章，以及我的科学文章选集。其他内容改编自我在《全球评论》或《纽约时报》上发表的文章。

我的妻子莉娜·拉尼尔（Lena Lanier）在我撰写本书时给予我很大的支持和关怀，我也很敬佩她与癌症斗争时的力量和勇气。谢谢！

感谢莫琳·多德（Maureen Dowd），她的信函给了我很大启发。

感谢萨提亚·纳德拉（Satya Nadella）、彼得·李（Peter Lee）、沈向洋和微软研究院其他所有人的支持和友情。当然，本书任何内容均不代表微软公司观点。

感谢玛丽·斯威格（Mary Swig）和史蒂夫·斯威格（Steve Swig）在"阴影"那里提供的写作小屋。

感谢我的编辑，美国的吉莲·布莱克（Gillian Blake）和英国的威尔·哈蒙德（Will Hammond），感谢他们从中斡旋，特别是在我拖延一年和遇到困难时的耐心等待。感谢我的代理人，特别是杰·曼德尔（Jay Mandel）。感谢 Holt 的埃莉诺·恩布里（Eleanor Embry）对原稿细节孜孜不倦的关注。

感谢以下各位阅读初稿：迈克尔·安吉洛（Michael Angiulo）、汤姆·安诺（Tom Annau）、杰里米·拜伦森（Jeremy Bailenson）、史蒂文·巴克莱（Steven Barclay）、莫琳·多德（Maureen Dowd）、乔治·戴森（George Dyson）、戴夫·埃格斯（Dave Eggers）、马尔·冈萨雷斯·佛朗哥（Mar Gonzales Franco）、爱德华·弗伦克尔（Edward Frenkel）、亚历克斯·吉布尼（Alex Gibney）、肯·戈尔德贝格（Ken Goldberg）、约瑟夫·高登－莱维特（Joseph Gordon-Levitt）、莉娜·拉尼尔、马修·麦考利（Matthew McCauley）、克里斯·米尔克（Chris Milk）、简·罗森塔尔（Jane Rosenthal）、李·斯莫林、玛丽·斯威格和格伦·韦尔（Glen Weyl）。

译后记

　　随着 VR 的发展，它在人类生产生活中的应用日益深入和广泛。VR 不再只是高成本的高级科技，不再只局限于小范围的高端研究，也不再仅存于虚幻的游戏世界。VR 已经进入人们日常生活的方方面面，并将凭借自己独特的力量，在人类未来蓝图中担任举足轻重的角色，发挥无可替代的作用。

　　VR 正在悄无声息地对人类世界产生不可忽略的影响，我们在生活中可能会接触到它，却不识其真面目。到底什么是 VR？ VR 的发展经历了怎样的历史，其现状又如何？ VR 是通过什么技术手段实现的？ VR 的发展面临着怎样的困境，又将如何解决？ VR 的未来在哪里，又将对人类未来产生什么影响？人们对 VR 的种种疑惑急需解答，却苦于缺少相关的专业知识。杰伦·拉尼尔的《虚拟现实》一书另辟蹊径，无论你是知识丰富的专业人士，还是一窍不通的门外汉，都将通过此书窥见自己独有的虚拟世界。

　　《虚拟现实》不仅仅是纯粹的技术宣讲和解读，它还是作者关于虚拟现实的回忆录。国家制造强国建设战略咨询委员会组织相关专业力量翻译此书，旨在向中国读者展现作者杰伦·拉尼尔通过自己和朋友们在 VR 的开发应用中的故事，介绍了 VR 的过去和现在，还展望了它的未来。此书专业知识丰富，内容精彩纷呈，描述引人入胜，情节细腻深刻。作者用一个个鲜活的人物，一件件难忘的事件，娓娓道来关于虚拟世界的种种精彩和神奇。

赛迪研究院专家组